3D动力学院 http://www.3ddl.cn

Pro/ENGINEER Wildfire 5.0 产品设计高级教程

主　编　陈　鹏
副主编　杨　静

北京航空航天大学出版社

内容简介

本书以 Pro/ENGINEER Wildfire 5.0 作为软件设计平台，全面介绍使用 Pro/ENGINEER 进行产品设计的方法和技巧。主要内容包括产品设计概论、塑料制品设计，以及 Pro/ENGINEER 产品设计工具、自由造型曲面设计、自顶向下设计、产品逆向设计、参数化程序设计、装配设计与运动仿真和工程图设计等。

本书适用于产品结构设计人员、大（中）专院校工业与机械设计专业师生、想快速掌握 Pro/ENGINEER 软件并应用于实际产品设计开发的各类读者，同时也可作为社会各类相关专业培训机构和学校的教学参考书。

图书在版编目(CIP)数据

Pro/ENGINEER Wildfire 5.0 产品设计高级教程 / 陈鹏主编. -- 北京：北京航空航天大学出版社，2011.4
 ISBN 978－7－5124－0149－5

Ⅰ. ①P… Ⅱ. ①陈… Ⅲ. ①工业产品－计算机辅助设计－应用软件，Pro/ENGINEER Wildfire 5.0－教材
Ⅳ. ①TB472－39

中国版本图书馆 CIP 数据核字(2010)第 134176 号

版权所有，侵权必究。

Pro/ENGINEER Wildfire 5.0 产品设计高级教程

主　编　陈　鹏
副主编　杨　静
责任编辑　鲁秀敏　胡　敏
*
北京航空航天大学出版社出版发行
北京市海淀区学院路 37 号（邮编 100191）　http://www.buaapress.com.cn
发行部电话：(010)82317024　传真：(010)82328026
读者信箱：bhpress@263.net　邮购电话：(010)82316936
北京时代华都印刷有限公司印装　各地书店经销
*
开本：787×1 092　1/16　印张：21.75　字数：557 千字
2011 年 4 月第 1 版　2011 年 4 月第 1 次印刷　印数：4 000 册
ISBN 978－7－5124－0149－5　定价：45.00 元（含 1 张 DVD 光盘）

前　言

Pro/ENGINEER 软件简介

Pro/ENGINEER Wildfire 5.0(野火版)是美国 PTC(Parametric Technology Corporation,参数技术公司)推出的一款基于 PC 平台的三维 CAD/CAM/CAE 参数化软件,具有工业设计、机械设计、动态仿真、模具设计、模拟加工和数据管理等功能模块。PTC 公司提出的参数化设计、三维实体模型、特征驱动和单一数据库的设计概念彻底改变了 CAD 技术的传统观念,逐渐成为当今世界 CAD/CAM/CAE 领域的新标准。Pro/ENGINEER Wildfire 5.0 以其强大的功能,广泛应用于机械、电子、工业设计、家电和模具、汽车、航空航天等领域。

本书特色

本书作者根据自己多年的产品设计领域工作经验和教学经验,从工程性和实用性出发,通过软件设计技术与产品设计思想、软件基本操作与工程实际应用的有机结合,详细介绍了 Pro/ENGINEER 产品设计的前沿思想和高级方法。归纳起来本书具备以下特点:

(1) 传授先进的设计理念和实用的工程技能

本书融汇了作者多年的工程软件应用的实践经验、设计技巧和研究心得,将产品工程设计经验融于书中,结合软件基准操作,详细剖析了先进的设计理念与方法,让读者深刻领悟到 Pro/ENGINEER 产品设计的流程、方法及设计要点,真正做到以不变应万变,为读者以后的实际工作做好技术储备,使读者能够快速掌握产品设计工程技能。

(2) 设计实例来自工程实践

本书精心安排实用经典、结构复杂、代表性强、技术含量和工程价值均较高的企业产品设计案例,书中大部分实例均来自产品设计工程师的实践,保证很强的工程实用性、应用指导性和良好的可操作性。本书结合大量的工程实例详细讲解 Pro/ENGINEER 产品设计的知识要点,让读者在学习工程实例的过程中潜移默化地掌握 Pro/ENGINEER 软件的操作技巧,开拓思路,掌握方法,真正提高产品设计工程应用能力。

(3) 知识点覆盖面广而深

本书涵盖了 Pro/ENGINEER 软件的产品设计工具、自由造型曲面设计、Top-Down 设计、逆向造型设计以及装配设计与运动仿真、工程图设计等内容,并深入剖析了 Pro/ENGINEER 软件基于约束的参数化设计技术、特征建模思想、自由造型技术、逆向造型技术以及 Top-Down 设计思想,让读者全面系统地掌握企业产品设计开发过程中的典型应用性技术。

本书内容

本书是针对 PTC 公司的最新版本的 Pro/ENGINEER Wildfire 5.0 中文版编写的,详细讲解了 Pro/ENGINEER 产品设计的方法与技巧,通过软件基础技术和大量工程应用实例相结合,软件基本操作与专业设计知识相融合,来深入详细地剖析了 Pro/ENGINEER 软件基于约束的参数化设计技术、特征建模思想、自由造型技术、逆向造型技术以及 Top-Down 设计思想等。本书主要内容如下:

第 1 章　产品设计概论

第 2 章　塑料制品设计

第 3 章　Pro/ENGINEER 产品设计工具

第 4 章　Pro/ENGINEER 自由造型曲面设计

第 5 章　Pro/ENGINEER 自顶向下设计

第 6 章　Pro/ENGINEER 产品逆向设计

第 7 章　Pro/ENGINEER 参数化程序设计

第 8 章　Pro/ENGINEER 装配设计与运动仿真

第 9 章　Pro/ENGINEER 工程图设计

本书适用读者群

本书适用于产品结构设计人员;从事相关行业的工程技术人员;大(中)专院校工业与机械设计专业师生;想快速掌握 Pro/ENGINEER 软件并应用于实际产品设计开发的各类读者,同时也可作为社会各类相关专业培训机构和学校的教学参考书。

除了封面署名作者之外,参与本书编写的人员还有万波、金庆粮、肖东海、刘明亮、刘小亮等,在此向他们表示诚挚的感谢。

本书已力求严谨细致,但由于编者水平有限,加之时间仓促,对于书中存在的疏漏与不妥之处,恳请读者批评指正。

作　者

2010 年 7 月

目　　录

第 1 章　产品设计概论 ··· 1
1.1　产品设计 ··· 1
1.1.1　产品设计概述 ··· 1
1.1.2　产品设计的要求 ··· 1
1.1.3　产品设计的基本原则 ·· 2
1.2　产品设计流程 ··· 3
1.3　CAD 技术在产品设计中的应用 ··· 3
1.3.1　CAD 技术的应用领域 ··· 3
1.3.2　CAD 技术对产品设计的影响 ·· 4
1.3.3　CAD 产品设计的一般过程 ··· 5
1.3.4　Pro/ENGINEER 产品设计解决方案 ·· 5

第 2 章　塑料制品设计 ··· 8
2.1　塑料制品设计原则 ··· 8
2.2　塑料制品材料选用 ··· 8
2.3　塑料制品精度设计 ··· 9
2.3.1　尺寸精度 ·· 9
2.3.2　表面粗糙度 ··· 10
2.4　塑料制品结构设计 ··· 10
2.4.1　分模线 ··· 10
2.4.2　形　状 ··· 11
2.4.3　脱模斜度 ·· 12
2.4.4　壁　厚 ··· 13
2.4.5　加强筋 ··· 15
2.4.6　圆　角 ··· 16
2.4.7　支撑面 ··· 17
2.4.8　凸台与角撑 ·· 18
2.4.9　孔 ·· 18
2.4.10　螺　纹 ··· 18
2.4.11　齿　轮 ··· 19
2.4.12　嵌件设计 ·· 19
2.4.13　花　纹 ··· 20
2.4.14　铰　链 ··· 20
2.4.15　符号、文字和标记 ·· 20
2.5　塑件设计工程实例 ··· 21

第3章 Pro/ENGINEER 产品设计工具 …… 24
3.1 Pro/ENGINEER 特征建模 …… 24
3.2 Pro/ENGINEER 设计工具 …… 25
3.2.1 基准特征工具 …… 25
3.2.2 曲线构建工具 …… 25
3.2.3 曲面构建工具 …… 26
3.2.4 实体建模工具 …… 28
3.3 产品建模工程实例 …… 29
3.3.1 洗洁精瓶盖设计 …… 29
3.3.2 电磁炉后盖设计 …… 36
3.4 产品建模工程实战 …… 56

第4章 Pro/ENGINEER 自由造型曲面设计 …… 58
4.1 自由造型曲面概述 …… 58
4.2 Pro/ENGINEER 自由造型工具 …… 61
4.2.1 创建自由造型曲线 …… 61
4.2.2 创建自由造型曲面 …… 63
4.2.3 编辑自由造型曲线 …… 63
4.3 自由造型曲面工程实例1 …… 67
4.4 自由造型曲面工程小结 …… 82
4.4.1 优质曲线构建原则 …… 82
4.4.2 优质曲面构建原则 …… 83
4.4.3 曲面拆分方法 …… 83
4.5 自由造型曲面工程实例2 …… 102
4.6 自由造型曲面工程实战 …… 132

第5章 Pro/ENGINEER 自顶向下设计 …… 133
5.1 Top-Down 设计技术 …… 133
5.1.1 Top-Down 设计概述 …… 133
5.1.2 Top-Down 设计原则 …… 134
5.1.3 Top-Down 设计系统 …… 134
5.1.4 Top-Down 设计过程 …… 135
5.2 Top-Down 设计方法 …… 136
5.2.1 Top-Down 设计工具 …… 136
5.2.2 Top-Down 设计步骤 …… 137
5.3 Top-Down 设计工程实例 …… 139
5.3.1 创建顶级骨架模型 …… 140
5.3.2 创建产品装配模型 …… 150
5.3.3 创建后盖零件 …… 150
5.3.4 创建上盖骨架模型 …… 155

5.3.5　创建上盖零件 ……………………………………………………… 158
　　5.3.6　创建侧盖零件 ……………………………………………………… 163
5.4　Top-Down 设计工程小结 ……………………………………………………… 165
5.5　Top-Down 设计工程实战 ……………………………………………………… 166

第6章　Pro/ENGINEER 产品逆向设计 …………………………………………… 167
6.1　逆向工程技术 ……………………………………………………………………… 167
　　6.1.1　逆向工程概述 ………………………………………………………… 167
　　6.1.2　逆向工程应用 ………………………………………………………… 168
　　6.1.3　逆向工程实施流程 …………………………………………………… 169
6.2　Pro/ENGINEER 逆向工程应用 ……………………………………………… 169
　　6.2.1　Pro/ENGINEER 逆向工程工具 …………………………………… 170
　　6.2.2　逆向设计工程实例 …………………………………………………… 170
　　6.2.3　跟踪草绘 ……………………………………………………………… 225
6.3　逆向设计工程实战 ……………………………………………………………… 244

第7章　Pro/ENGINEER 参数化程序设计 ………………………………………… 246
7.1　Pro/ENGINEER 参数化技术 ………………………………………………… 246
　　7.1.1　造型技术 ……………………………………………………………… 246
　　7.1.2　参数化模型 …………………………………………………………… 247
　　7.1.3　参数化驱动 …………………………………………………………… 247
　　7.1.4　参数化建模 …………………………………………………………… 247
　　7.1.5　基于特征的参数化设计 ……………………………………………… 248
7.2　关　系 …………………………………………………………………………… 249
　　7.2.1　基本概念 ……………………………………………………………… 249
　　7.2.2　关系中的运算符 ……………………………………………………… 251
　　7.2.3　关系中的函数 ………………………………………………………… 251
　　7.2.4　关系式工程实例 ……………………………………………………… 255
7.3　程序设计 ………………………………………………………………………… 263
　　7.3.1　Pro/Program 编程 …………………………………………………… 263
　　7.3.2　Pro/Program 语句 …………………………………………………… 264
7.4　齿轮参数化精确建模 …………………………………………………………… 266
　　7.4.1　齿轮渐开线方程 ……………………………………………………… 266
　　7.4.2　直齿轮参数化建模 …………………………………………………… 268
　　7.4.3　斜齿轮参数化建模 …………………………………………………… 277
7.5　参数化程序设计工程实例 ……………………………………………………… 285
7.6　参数化程序设计工程实战 ……………………………………………………… 289

第8章　Pro/ENGINEER 装配设计与运动仿真 …………………………………… 291
8.1　装配设计概述 …………………………………………………………………… 291
　　8.1.1　设计方法 ……………………………………………………………… 291

8.1.2 装配设计 ·· 292
8.2 Pro/ENGINEER 参数化装配 ··· 294
　　8.2.1 约束装配 ·· 294
　　8.2.2 连接装配 ·· 295
8.3 Pro/ENGINEER 高级装配 ·· 295
8.4 装配设计工程实例 ··· 296
　　8.4.1 路由器装配设计 ·· 296
　　8.4.2 电饭煲装配设计 ·· 300
8.5 机构设计概述 ··· 302
　　8.5.1 机构设计流程 ·· 302
　　8.5.2 机构设计主界面 ·· 303
　　8.5.3 机构设计工程实例 ·· 305
8.6 装配设计与运动仿真工程实战 ··· 310

第 9 章　Pro/ENGINEER 工程图设计 ·· 311

9.1 Pro/DETAIL 工程图概述 ·· 311
　　9.1.1 Pro/DETAIL 主界面 ·· 311
　　9.1.2 绘图环境设置 ·· 312
9.2 Pro/DETAIL 视图创建 ·· 314
　　9.2.1 布局工具 ·· 314
　　9.2.2 创建一般视图 ·· 314
　　9.2.3 创建投影视图 ·· 316
　　9.2.4 创建辅助视图 ·· 316
　　9.2.5 创建详细视图 ·· 316
　　9.2.6 创建旋转视图 ·· 317
　　9.2.7 创建截面视图 ·· 318
　　9.2.8 视图编辑 ·· 319
9.3 Pro/DETAIL 工程图标注 ·· 320
　　9.3.1 标注工具 ·· 320
　　9.3.2 创建尺寸 ·· 321
　　9.3.3 创建注释 ·· 322
　　9.3.4 尺寸公差 ·· 322
　　9.3.5 几何公差 ·· 323
　　9.3.6 表面粗糙度 ·· 324
9.4 Pro/DETAIL 工程图高级应用 ·· 325
　　9.4.1 草　绘 ·· 325
　　9.4.2 表　格 ·· 326
　　9.4.3 发　布 ·· 326
9.5 工程图设计工程实例 ··· 328
9.6 工程图设计工程实战 ··· 337

第 1 章　产品设计概论

1.1　产品设计

1.1.1　产品设计概述

产品开发是人类出于生产或生活的需要,而从事的一种创造性劳动。设计是人类为了实现某种特定的目的而进行的创造性活动。设计的根本目的是创造一种更加适合人类生存和发展的生活方式。所谓产品设计,指的是把一种计划、规划设想、问题解决方法,通过真实的载体——一种美好的形态表达出来的活动过程。产品设计是一个创造性的综合信息处理过程,它最终的结果是通过线条、符号、数字和色彩把全新的产品显现在图纸和屏幕上。它将人的某种目的或需要转换为一个具体的物理形式或工具的过程,把一种计划、规划设想、问题解决的方法,通过具体的载体,以美好的形式表达出来。产品设计反映着一个时代的经济、技术和文化。

1.1.2　产品设计的要求

一项成功的设计,应满足多方面的要求。这些要求,有社会发展方面的,有产品功能、质量、效益方面的,也有使用要求或制造工艺要求。一些人认为,产品要实用,因此,设计产品首先是功能,其次才是形状;而另一些人认为,设计应是丰富多彩的、异想天开的和使人感到有趣的。设计人员要综合地考虑这些方面的要求。下面详细讲述这些方面的具体要求。

1. 社会发展的要求

设计和试制新产品,必须以满足社会需要为前提。这里的社会需要,不仅是眼前的社会需要,而且要看到较长时期的发展需要。为了满足社会发展的需要,开发先进的产品,加速技术进步是关键。为此,必须加强对国内外技术发展的调查研究,尽可能吸收世界先进技术。有计划、有选择、有重点地引进世界先进技术和产品,有利于赢得时间,尽快填补技术空白,培养人才和取得经济效益。

2. 经济效益的要求

设计和试制新产品的主要目的之一,是为了满足市场不断变化的需求,以获得更好的经济效益。好的设计可以解决顾客所关心的各种问题,如产品功能如何、手感如何、是否容易装配、能否重复利用、产品质量如何等;同时,好的设计可以节约能源和原材料、提高劳动生产率、降低成本等。所以,在设计产品结构时,一方面要考虑产品的功能、质量;另一方面要顾及原料和制造成本的经济性;同时,还要考虑产品是否具有投入批量生产的可能性。

3. 使用的要求

新产品要为社会所承认,并能取得经济效益,就必须从市场和用户需要出发,充分满足使用要求。这是对产品设计的基本要求。使用的要求主要包括以下几方面的内容:

① 使用的安全性。设计产品时,必须对使用过程的种种不安全因素,采取有力措施,加以防止和防护。同时,设计还要考虑产品的人机工程性能,易于改善使用条件。

② 使用的可靠性。可靠性是指产品在规定的时间内和预定的使用条件下正常工作的概率。可靠性与安全性相关联。可靠性差的产品,会给用户带来不便,甚至造成使用危险,使企业信誉受到损失。

③ 易于使用。对于民用产品(如家电等),产品易于使用十分重要。

④ 美观的外形和良好的包装。产品设计还要考虑和产品有关的美学问题,产品外形和使用环境、用户特点等的关系。在可能的条件下,应设计出用户喜爱的产品,提高产品的欣赏价值。

4. 制造工艺的要求

生产工艺对产品设计的最基本要求,就是产品结构应符合工艺原则。也就是在规定的产量规模条件下,能采用经济的加工方法,制造出合乎质量要求的产品。这就要求所设计的产品结构能够最大限度地降低产品制造的劳动量,减轻产品的重量,减少材料消耗,缩短生产周期和制造成本。

1.1.3 产品设计的基本原则

设计应该符合消费潮流,在满足消费者需求的同时,还要为企业带来最大的利益。因此,产品设计的原则体现在如表 1-1 所列的几个方面。

表 1-1 产品设计的原则

符合消费者对美的诉求	不同时代对美的要求是不同的,审美观念随着时间的推移会不断地变化。产品设计要和社会的审美观念保持一致,才能使设计出来的产品为尽可能多的消费者所接受
实用性与艺术性的协调	设计要两者兼顾,不能厚此薄彼。实用性和艺术性在产品的设计过程中往往会产生矛盾,譬如要完善产品的性能,可能会影响到产品造型;要增加产品立体的视觉效果,可能会影响到产品的结构与性能,等等。设计要调和两者的矛盾,一个优秀的设计应该是两者的统一与圆满的结合
便于生产与开发	产品设计要考虑到投产的可能性以及生产工艺流程的复杂性。因此,产品设计人员在设计之前应充分了解与掌握本企业及本行业的生产技术水平及工艺装备水平,并熟悉生产操作流程
成本的合理性	设计的创新不能不顾成本,在成本与效益之间要寻找到一个最佳的结合点,这样才能使设计出来的产品为消费者接受并给企业带来最大的利润。任何一种新的设计所带来的成本增加都必须限制在消费者所能接受的价格幅度之内

1.2 产品设计流程

产品设计的一般流程可分为市场调研阶段、外观设计阶段、结构设计阶段、样机制作阶段和生产服务阶段。其各阶段的设计任务如表1-2所列。

表1-2 产品设计的各阶段设计任务表

市场调研	外观设计	结构设计	样机制作	生产服务
1. 确认设计任务书	1. 结构预分析	1. 整体预装配	1. 制作工程设计图	1. 模具加工
2. 了解产品	2. 提出概念和创意	2. 选定材料	2. 外观模型制作	2. 试模与修模
3. 所在行业的状况	3. 概念草图	3. 生产可行性分析	3. CNC样机加工或快速成型	3. 产品成型
4. 收集资料和研究	4. 三维效果图	4. 三维辅助设计	4. 样机装配调试	4. 印制标签及包装
5. 竞争性分析	5. 颜色、细节、标志	5. 零件设计	5. 完善结构设计	5. 组织生产与优化成型工艺
6. 市场定位	6. 设计检讨	6. 总装设计		6. 协调批量生产
7. 研究使用界面和媒介	7. 确认设计方案	7. CAE分析		7. 投放市场

1.3 CAD技术在产品设计中的应用

1.3.1 CAD技术的应用领域

计算机辅助设计(CAD)是以计算机为主要研究手段来辅助设计者完成某项工作的设计、计算、分析、评价、优化等信息处理的综合性高新技术。它是20世纪60年代以来迅速发展起来的一门新兴的综合性计算机应用技术,从开始只完成一些计算和绘图以及数控加工,发展到辅助工程设计,模拟加工过程和CAD/CAE/CAM一体化。

CAD技术在产品设计中的应用体现在以下几方面:

(1) 产品的数字化设计

进行产品的概念化设计、几何造型、虚拟装配、工程图制作及设计相关文档,应用数字化技术手段,表达产品的设计方案和设计结果。

(2) 优化分析

对产品进行有限元分析、优化设计、可靠性设计运动学及动力学仿真验证等,以实现产品拓扑结构和性能特征的优化。如:结构应力应变计算优化(强度计算);传热和流动分析(模具冷却系统、挤出定型模优化设计、热流道浇注系统的热平衡计算、运用流动分析优化模具成型方案);求解系统的动态性能。

(3) 综合评价

对完成的设计方案进行校核和评价,包括:产品公差分析、质量特性计算、体积和表面积计算、尺寸校核;外观分析;碰撞(干涉)试验;内部结构剖析(内应力、温度分析、翘曲)和加工中的缺陷预测(如熔体充模状态、气穴位置)。

(4) 信息交换

CAD 之间、CAD 与 CAM 之间、CAD 与 CAE 之间、CAD 与 CAPP 之间、CAD 与 RPM 之间以及通过 Internet 进行远程、异地的信息沟通与资源共享。它基于数据交换标准,如 IGES、STEP、SAT 等;CAD 技术应研究如何更合理、更高效、更准确地交换数据。

(5) 产品效果图设计

进行产品外形、结构、材质、颜色的优选及匹配以满足顾客的个性化需求,实现最佳的产品设计效果。

1.3.2　CAD 技术对产品设计的影响

计算机辅助技术和手段用于产品设计,不但拓宽了计算机应用领域,同时也对传统的设计观念和方法产生了很大冲击。具体体现在产品设计上可以概括为几个方面。

(1) 设计表现展示向"无纸笔化"转变

计算机辅助产品设计,不需要各种各样的尺、规、笔、纸等传统工具,计算机操作平台提供了用之不尽的空间,表现的实施过程就是鼠标的点击与键盘的操作,复制、修改等从前繁杂的工作瞬间即可完成,而且干净、简单、高效。数字化仪与手写板的出现和普及,更使得设计在创意草图阶段也可以脱离纸笔手绘的传统模式,从而形成彻底的"无纸笔化"设计。

(2) 设计方案交流方便快捷

网络的发展拉近了人与人的距离,设计者与委托方可以通过计算机网络更加方便地交流设计观点,而且可以在任何地方在第一时间与对方交流。另外,可以通过网上的资源共享进行分工合作。

(3) 整体设计程序更具灵活性和高效性

在计算机上,产品的创意方案可以通过快速的三维建模、渲染实现立体设计,并且在形体感觉、形态调整、色彩、肌理等方面进行随时的改变调整。设计中,设计人员大量的时间、精力可用在分析、评价、调整上,使传统的设计程序在侧重点上有了变化。同时,计算机的内容都是数字化的,文件复制没有任何损失,这样便于其他人共享同一设计,设计任务也可分阶段、分人、分地点完成,从而大大提高了工作效率。

(4) 产品开发周期缩短、设计成果更为真实可靠

工作效率的提高使产品开发周期明显缩短,计算机辅助制造使样机的制作周期也大大缩短。计算机辅助设计的结果具有真实的立体效果和质量感,尤其是数字技术的迅速发展,使虚拟现实成为可能,计算机虚拟现实技术能使静止的设计结果成为虚拟的真实世界,人置身于真实的产品模拟使用环境中,以检验产品的各方面性能。计算机辅助产品设计中,产品的生产工艺过程也可以通过计算机模拟出来,由此可以极大地增强生产计划的科学性和可靠性,并能及时发现和纠正设计阶段不易察觉的错误。

(5) 设计仿真和设计检验

利用 CAD 系统的三维图形功能,设计师可在计算机屏幕上模拟出所设计产品的外形状态,在设计之初就对产品进行优化。这样就不但可使产品具有优越的品质、最低的消耗和最漂亮的外观,而且在新产品试投产前,就可以对其制造过程中的结构、加工、装配、装饰和动态特征做到恰如其分的分析和检验,从而提高了产品设计的一次成型。

(6) 设计与制造的有机集成

CAD 的设计数据既可用于设计仿真 CAE(计算机辅助工程),也可以通过数据传输系统与数控加工设备联结,将设计数据直接用于产品零配件的加工,即 CAM。计算机辅助设计(CAD)的引入可自动完成从设计到加工程序的转换。

1.3.3　CAD 产品设计的一般过程

CAD 产品设计的过程一般从概念设计、零部件三维建模到二维工程图。有的产品(特别是民用产品),对外观要求比较高(如汽车和家用电器),在概念设计以后,往往还需进行工业外观造型设计。在进行零部件三维建模时或三维建模完成以后,根据产品的特点和要求,要进行大量的分析和其他工作,以满足产品结构强度、运动、生产制造与装配等方面的需求。这些分析和工作包括运动仿真、结构强度分析、疲劳分析、塑料流动、热分析、公差分析与优化、NC 仿真及优化、动态仿真等。

产品的设计方法一般可分为两种:自底向上(Down-Top)和自顶向下(Top-Down),这两种方法也可同时进行。自底向上:这是一种从零件开始,然后到子装配、总装配、整体外观的设计过程。自顶向下:与自底向上(Down-Top)相反,它是从整体外观(或总装配)开始,然后到子装配、零件的设计方式。

随着信息技术的发展,同时面对日益激烈的竞争,企业采用并行、协同设计势在必行,只有这样,企业才能适应迅速变化的市场需求,提高产品竞争力,解决所谓的 TQCS 难题,即以最快的上市速度(T,Time to Market)、最好的质量(Q,Quality)、最低的成本(C,Cost)、最优的服务(S,Service)来满足市场的需求。

1.3.4　Pro/ENGINEER 产品设计解决方案

Pro/ENGINEER 是一套涵盖了由设计至生产的机械自动化软件,是新一代的产品造型系统,是一个参数化、基于特征的实体造型系统,并且具有单一数据库功能。PTC 系列软件已经深入工业设计和机械设计等各项领域,包括对大型装配体的管理、功能仿真、制造和产品数据管理,并提供了最全面、集成最紧密的产品开发环境。

(1) Pro/ENGINEER Interactive Surface Design Extension(ISDX,交互式曲面设计扩展)

利用 Pro/ENGINEER Interactive Surface Design Extension 的自由形状曲面设计功能,设计者和工程师可以快速轻松地创建极为准确并且具有独特美感的产品设计。

该模块的优点如下:

① 在一个环境中结合自由形状曲面设计和专业曲面设计。
② 无须在设计和工程环节之间传输数据。
③ 设计精确的曲线和曲面以获得精心研制的可制造产品。
④ 在任何时候所做的变更均完全关联,满怀信心地研究不同的设计。
⑤ 直观的用户界面提供了直接的曲面编辑功能和实时的反馈。
⑥ 使您能快速设计出极具创意的产品。
⑦ 创造外观更美、销量更好、上市更快的产品。

(2) Pro/ENGINEER Advanced Assembly Extension（AAX，高级装配）

创新产品的设计通常涉及创建和管理一系列元件和子装配。Pro/ENGINEER 高级装配通过设计标准管理、自顶向下的装配设计和装配过程规划等功能，提高了分布式团队的生产效率。

该模块的优点如下：

① 使用功能强大的工具支持任何自上向下的设计过程设计复杂产品。
② 有计划地创建备用的产品变型，允许快速地进行批量产品定制。
③ 使用关键的工程数据创建文档化和驱动模型配置的布局。
④ 为详细的制造说明、修复和维护手册创建装配图和进程计划。
⑤ 有效的装配管理改善了详细设计、变型设计和生成过程。

(3) Pro/ENGINEER Advanced Rendering（ARX，高级渲染包）

设计作品带给人的视觉印象与产品的外形和功能同样重要。利用 Pro/ENGINEER Advanced Rendering，可以迅速创建出令人吃惊的如照片般逼真的产品图像，并且能在更短的时间内进行更有吸引力的设计审查，而无须使用昂贵的物理原型或搭建的背景布景。

该模块的优点如下：

① 高端产品渲染功能包括光线跟踪和景深。
② 200 多种类型的材料使设计达到最逼真的程度。
③ 高性能的动态渲染可快速获得结果。
④ 高级的光照效果、逼真的反射、贴花、纹理和阴影。
⑤ 增强的设计表现力使产品在市场上更受欢迎。
⑥ 使客户在制作昂贵的原型之前作出更明智的决策。

(4) Pro/ENGINEER Behavioral Modeling Extension（BMX，优化设计）

低劣的设计做法通常会导致物料浪费、运输费用过高和产品性能低下，因而增大了产品开发成本。理想状态下，工程活动将能在数字化模型内嵌入真实世界的设计需求（即使是针对多个目标），从而能在产品开发过程中永久满足这些标准。

有了 Pro/ENGINEER Behavioral Modeling，这种最佳设计方法变成了现实。Pro/ENGINEER 强大的设计优化功能支持面向 6 西格玛的设计和可靠设计计划，帮助用户改善详细设计、逆向工程以及检验和认证过程。

该模块的优点如下：

① 在模型中嵌入设计要求，以求解涉及多个设计目标的优化问题，并永久地满足性能标准。
② 评估模型敏感性以了解变更对设计目标的影响。
③ 将结果与外部应用程序集成。
④ 不管采用何种构造方法，均允许考虑所有设计需求，从而产生出最佳设计。
⑤ 跨 Pro/ENGINEER 产品开发软件的多个功能区域进行试验性的设计研究。

(5) Pro/ENGINEER Mechanica（结构和热传导分析）

费钱费力的原型研制过程阻碍了设计团队，从而导致时间表和预算受到不利影响。但是，利用 Pro/ENGINEER Mechanica，设计工程师可以更好地了解产品性能，并相应地调整数字化设计，这一切都无须具有专家的 FEA 背景。工程部门及早洞察产品特性、改善检验和认证过程,以及交付成本更低、质量更高的产品。

该模块的优点如下:
① 执行标准分析,类型包括线性静态、模态、弯曲、接触和稳态热学性能。
② 通过将条件直接应用到几何设计中获得真实的性能数据,而无须数据转换。
③ 快速自动汇聚解决方案(准确对应到基础的 CAD 几何)。
④ 第三方解算器的输出。
⑤ 通过同时设计和仿真设计变体的结果提高创新能力。
⑥ 通过减少甚至消除物理原型的研制工作量。
⑦ 提供利于工程开发的高效用户界面,降低了开发成本。

(6) Pro/ENGINEER Manikin Analysis Extension(分析人机交互)

优化产品及其用户之间的关系可能会给各行各业中的产品设计师带来挑战,特别是在用户需要反复推、拉、携带或举起产品时。使用 Pro/ENGINEER Manikin Extension 在 3D 产品模型中插入数字化人体模型后,可以使用 Pro/ENGINEER Manikin Analysis Extension 分析人机交互方案,以获得最佳性能。

Pro/ENGINEER Manikin Analysis Extension 是易于使用、功能强大的附加模块,可让用户在产品开发过程的早期根据多个定量的人体因素、工作场所标准和准则测试设计方案。

该模块的优点如下:
① 模拟、传递和优化手工处理的任务,例如举起、放低、推、拉和携带。
② 利用简化的工作流程和已保存的分析设置更快速地分析设计方案。
③ 通过减少物理原型数量缩短时间和降低成本。
④ 利用高级报告功能提供为人体设计和优化的产品。
⑤ 确保遵守健康和安全准则及人机工程标准。

第 2 章 塑料制品设计

2.1 塑料制品设计原则

塑料制品亦称塑件、塑料件、塑料制件等。一个结构良好的塑件,在保证满足使用要求的前提下,应具备材料廉价适用、成型优质便利、综合成本最低、外观造型美观等特点。塑件设计应从选材、成型、使用等方面达到高效率、高质量和高性能价格比的目的。

塑件设计既应考虑所用塑料的性能特点,还应考虑模具结构特点。合理地设计塑件结构是保证塑件符合使用要求和满足成型条件的一个关键问题。模具设计必须首先对塑件的结构进行分析,并能提出符合模具设计及制造要求工艺结构,以便设计出合理的模具结构。

塑件设计中应遵循的基本原则如下:

① 在保证满足使用要求的前提下,尽可能有利于成型和简化模具结构,应考虑其模具总体结构,使模具型腔易于制造,模具抽芯和推出机构简单。

② 应考虑原材料的成型工艺性,如流动性、收缩率等。

③ 在保证塑件的功能和性能前提下,应尽量选择成本廉价适用的材料。

④ 在保证塑件的功能和性能前提下,力求结构简单,壁厚均匀,使用方便。

⑤ 当设计的塑件外观要求较高时,应先通过造型,然后逐步绘制图样。

⑥ 塑件大都经过加热成型后固化,要考虑聚合物流变过程和形态变化对塑料制品的影响。

塑件设计的主要内容包括塑件的选材、形状、壁厚、尺寸精度、表面粗糙度以及塑件上的加强筋、支撑面和凸台、圆角、嵌件、孔、螺纹等的设置。

塑件设计的主要内容包括塑料制品的选材、形状、壁厚、尺寸精度、表面粗糙度、脱模斜度、加强筋、支撑面、凸台、圆角、孔、螺纹、齿轮、嵌件、文字、符号和标志等。

2.2 塑料制品材料选用

塑料的选材包括选定塑料基体聚合物(树脂)种类、塑料具体牌号、添加剂种类与用量等。塑件材料选用考虑如下因素:

① 塑料的力学性能,如强度、刚性、韧性、弹性、弯曲性能、冲击性能及对应力的敏感性。

② 塑料的物理性能,如对使用环境温度变化的适用性、光学特性、绝热和电气绝缘的程度、精加工和外观的圆满程度等。

③ 塑料的化学性能,如对接触物(水、溶剂、油、药品)的耐性、卫生程度以及使用上的安全性等。

④ 必要的精度,如收缩率的大小及各向收缩率的差异。

⑤ 成型工艺性,如塑料的流动性、结晶性、热敏性等。

2.3 塑料制品精度设计

2.3.1 尺寸精度

塑件的尺寸精度是指所获得的塑件尺寸与图样中尺寸的符合程度,即所得塑件尺寸的准确度。影响塑件尺寸精度的因素主要有模具的制造精度、使用磨损程度及其安装误差、塑料收缩率的波动、成型工艺条件的变化、塑件成型后的时效变化和模具的结构形状等。从模具设计和制造的角度看,影响塑件尺寸精度的因素主要有以下五个方面:
① 模具成型零部件的制造误差;
② 模具成型零件的表面磨损;
③ 由塑料收缩率波动所引起的塑料制品的尺寸误差;
④ 模具活动成型部件的配合间隙变化引起的误差;
⑤ 模具成型部件的安装误差。

塑件的尺寸精度的确定应该合理,在满足使用要求的前提下,尽可能选用低精度等级。常用塑件的公差等级和选用可参考我国现在应用较广的部颁标准 SJ 1372—1978。塑件的尺寸公差推荐值如表 2-1 所列,塑件精度等级的选用如表 2-2 所列。对于塑件上孔的公差可采用基孔制取正值,塑料制品上轴的公差可采用基轴制取负值,中心距尺寸公差取表中数值之半并冠以"±"号。

表 2-1 塑件尺寸公差(SJ 1372—1978)

公称尺寸/mm	精度等级							
	1	2	3	4	5	6	7	8
	公差数值/mm							
~3	0.04	0.06	0.08	0.12	0.16	0.24	0.32	0.48
>3~6	0.05	0.07	0.08	0.14	0.18	0.28	0.36	0.56
>6~10	0.06	0.08	0.10	0.16	0.20	0.32	0.40	0.64
>10~14	0.07	0.09	0.12	0.18	0.22	0.36	0.44	0.72
>14~18	0.08	0.10	0.12	0.20	0.24	0.40	0.48	0.80
>18~24	0.09	0.11	0.14	0.22	0.28	0.44	0.56	0.88
>24~30	0.10	0.12	0.16	0.24	0.32	0.48	0.64	0.96
>30~40	0.11	0.13	0.18	0.26	0.36	0.52	0.72	1.04
>40~50	0.12	0.14	0.20	0.28	0.40	0.56	0.80	1.20
>50~65	0.13	0.16	0.22	0.32	0.46	0.64	0.92	1.40
>65~80	0.14	0.19	0.26	0.38	0.52	0.76	1.04	1.60
>80~100	0.16	0.22	0.30	0.44	0.60	0.88	1.20	1.80
>100~120	0.18	0.25	0.34	0.50	0.68	1.00	1.36	2.00
>120~140		0.28	0.38	0.56	0.76	1.12	1.52	2.20
>140~160		0.31	0.42	0.62	0.84	1.24	1.68	2.40
>160~180		0.34	0.46	0.68	0.92	1.36	1.84	2.70

续表 2-1

公称尺寸/mm	精度等级							
	1	2	3	4	5	6	7	8
	公差数值/mm							
>180~200		0.37	0.50	0.74	1.00	1.50	2.00	3.00
>200~225		0.41	0.56	0.82	1.10	1.64	2.20	3.30
>225~250		0.45	0.62	0.90	1.20	1.80	2.40	3.60
>250~280		0.50	0.68	1.00	1.30	2.00	2.60	4.00
>280~315		0.55	0.74	1.10	1.40	2.20	2.80	4.40
>315~355		0.60	0.82	1.20	1.60	2.40	3.20	4.80
>355~400		0.65	0.90	1.30	1.80	2.60	3.60	5.20
>400~450		0.70	1.00	1.40	2.00	2.80	4.00	5.60
>450~500		0.80	1.10	1.60	2.20	3.20	4.40	6.40

表 2-2 塑件精度等级的选用(SJ 1372—1978)

类 别	塑料名称	建议采用的精度等级		
		高精度	一般精度	低精度
1	聚苯乙烯、ABS、聚甲基丙烯酸甲酯、聚碳酸酯、酚醛塑料粉、氨基塑料粉、30%玻璃纤维增强塑料	3	4	5
2	聚酰胺 6,66,610,9,1010、氯化聚醚聚氯乙烯(硬)	4	5	6
3	聚甲醛、聚丙烯、高密度聚乙烯	5	6	7
4	聚氯乙烯(软)、低密度聚乙烯	6	7	8

2.3.2 表面粗糙度

塑件的表面粗糙度,与其成型加工方法、模具结构、成型工艺条件、塑料材料性能等一系列因素有关。以注射成型为例,它与注射压力、熔融温度、模具温度、保压时间及塑件在模具中的冷却时间等有关。成型模具对塑料制品表面粗糙度影响较大,目前注射成型塑料制品的表面粗糙度值通常为 Ra $0.02\sim1.25$ μm,模腔表面的粗糙度值应为塑料制品的一半,即 Ra $0.01\sim0.63$ μm。不是在所有情况下,塑料制品均能准确地转移模具的表面加工状况。塑料制品的表面粗糙度选用原则:在不影响使用要求的前提下,应选用较经济的表面粗糙度等级。

2.4 塑料制品结构设计

2.4.1 分模线

凸模和凹模的接合线称为分模线,位于产品的外围。任何塑件都有分模线印痕,为了保证

塑件外观质量,必须设计分模线的位置。分模线设计要点如下:
① 尽量设计在隐蔽位置,以便隐藏产品表面分模线的痕迹。
② 尽量设计在塑件最外侧的棱边上,以便清除成型飞边。
③ 尽量设计简洁的分模线,以便提高模具闭合时的配合精度。
塑件分模线的设计示例如表 2-3 所列。

表 2-3 塑件分模线的设计示例

序 号	不良型设计	改进型设计	说 明
1			设计简洁的分模线,以提高模具闭合时的配合精度
2			分模线的设计考虑简化模具的结构设计
3			尽量设计在塑件隐蔽位置,以及塑件最外侧的棱边上

2.4.2 形　状

塑件内外表面的形状在满足使用性能的前提下,应尽量使其有利于成型,尽量不采用侧向抽芯机构。因此塑件设计时应尽量避免侧向凸凹或侧孔,以简化模具结构设计。某些塑件通过适当改变形状,即可避免模具采用侧向抽芯机构,表 2-4 所列为改变塑料形状以有利于塑件成型的典型实例。塑件有侧孔或内外侧凹的设计示例如表 2-4 所列。

表 2-4 塑件有侧孔或内外侧凹的设计示例

序 号	不良型设计	改进型设计	说 明
1	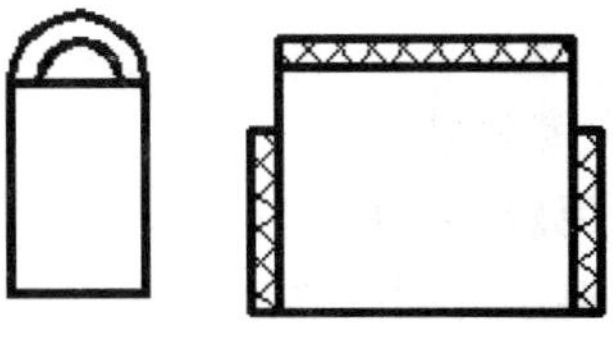	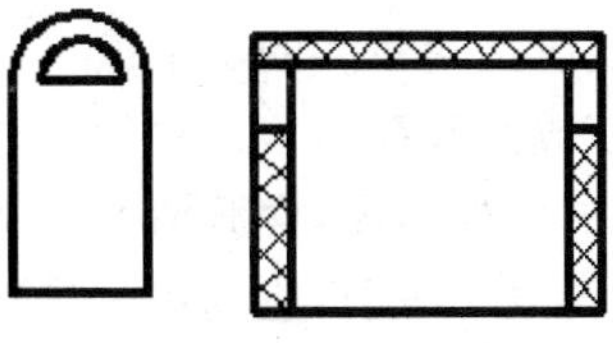	改变塑件形状避免成型侧孔采用侧抽芯

续表 2-4

序号	不良型设计	改进型设计	说　明
2	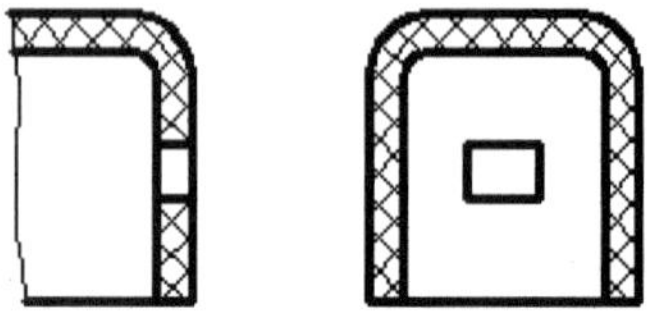	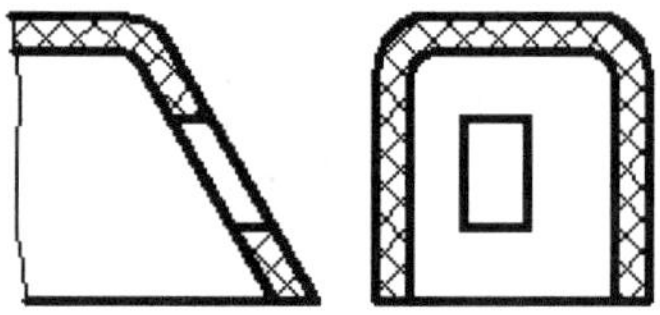	改变塑件形状避免侧抽芯。增加脱模斜度易于脱模
3	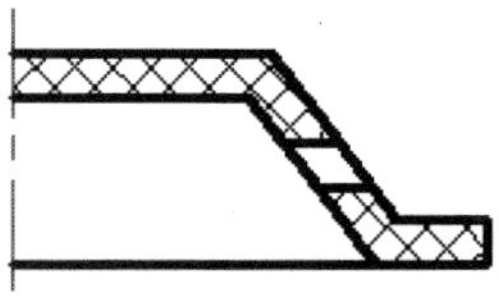	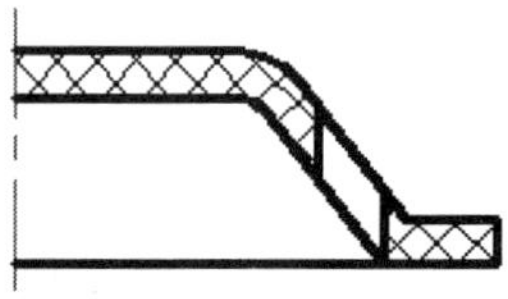	横向孔改成纵向孔可避免采用侧抽芯
4	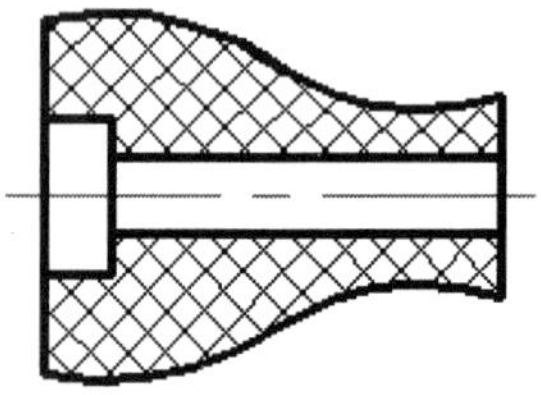	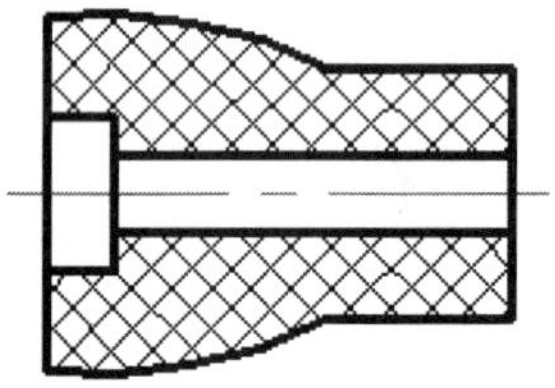	成型外侧凹时必须采用瓣合凹模，且外表有接痕
5	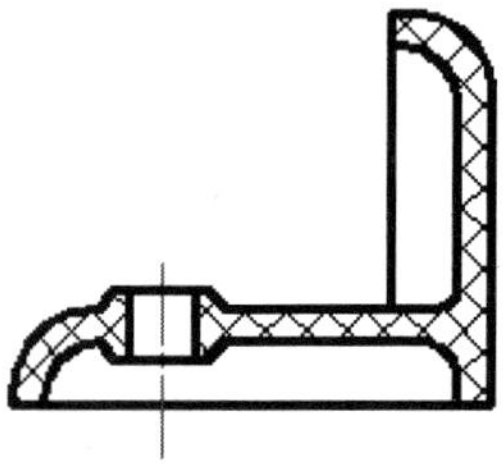	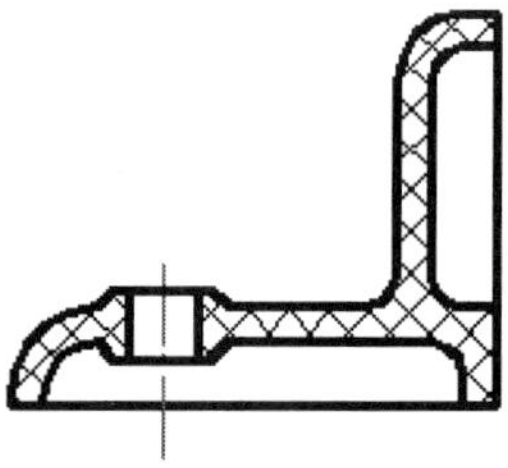	内凹侧孔改为外凹侧孔，易于抽芯

2.4.3　脱模斜度

为了便于塑件脱模，防止脱模时擦伤塑件，设计时必须在塑件内外壁脱模方向上留有足够的斜度(如图 2-1 所示)，以确保塑件顺利脱模，该斜度称为脱模斜度。脱模斜度取决于塑件的形状、壁厚及塑料的收缩率，一般取 $30'\sim1\ 030'$。

塑件壁厚设计原则如下：

① 塑件精度要求高时，应选用较小的脱模斜度。
② 较高、较大的塑件尺寸，应选用较小的脱模斜度。
③ 塑件形状复杂不易脱模，应选用较大的脱模斜度。
④ 塑件的收缩率较大，应选用较大的斜度值。
⑤ 塑件壁较厚时，会使成型收缩增大，应采用较大的脱模斜度。
⑥ 增强塑料采用较大的脱模斜度，含润滑剂的塑料采用较小的脱模斜度。
⑦ 热固性塑料塑件在高温下脱模，应选用较热塑性塑料小的脱模斜度。
⑧ 如果要求脱模后塑件保持在型芯的一侧，塑件的内表面的脱模斜度可选的比外表面小。

脱模斜度的方向(如图 2-2 所示)，一般内孔以小端为基准，符合图样，斜度由扩大方向取得。外形以大端为基准,符合图样,斜度由缩小方向取得。一般情况下,脱模斜度不包括在塑件公差范围内。表2-5所列为塑件脱模斜度。

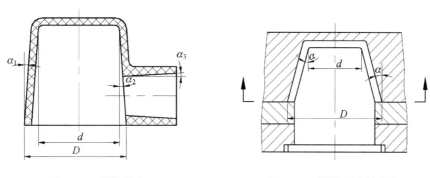

图2-1 脱模斜度　　　　　　　图2-2 脱模斜度的方向

表2-5 塑件脱模斜度

塑料名称	脱模斜度	
	塑件外表面(型腔)	塑件内表面(型芯)
聚酰胺(尼龙)(PA)	$25'\sim40'$	$20'\sim40'$
聚乙烯(PE)	$25'\sim45'$	$20'\sim45'$
氯化聚醚(CPT)	$25'\sim45'$	$20'\sim45'$
有机玻璃(PMMA)	$35'\sim1°30'$	$30'\sim1°$
聚碳酸酯(PC)	$35'\sim1°$	$30'\sim50'$
聚苯乙烯(PS)	$35'\sim1°30'$	$30'\sim1°$
ABS	$40'\sim1°20'$	$35'\sim1°$
聚甲醛(POM)	$35'\sim1°30'$	$30'\sim1°$
热固性塑料	$25'\sim1°$	$20'\sim50'$

2.4.4 壁　厚

在满足塑件工作要求和工艺要求的前提下,塑件壁厚设计应遵循如下原则:
① 保证使用中具有足够的强度和刚度要求下,尽量减少壁厚。
② 塑件连接紧固处、嵌件埋入处等具有足够的厚度。
③ 满足成型时熔体充模所需的壁厚,充分考虑在成型过程中塑料的流动性,保证塑件在成型时保持良好的流动状态。
④ 塑件能承受足够的脱模力,能承受推出机构等的冲击和振动,防止塑件在脱模时开裂、发白、变形。
⑤ 同一塑件的壁厚应尽可能保持均匀一致,以防塑件因冷却或固化速度不同产生内应力,使其产生翘曲变形、缩孔及凹陷等缺陷。
⑥ 应满足塑件在装配、贮存、运输以及使用时的强度要求。

塑件的壁厚热塑性塑件一般为1～4 mm,最常用的值为2～3 mm。热固性塑件一般为1～6 mm。常用塑件的壁厚如表2-6和表2-7所列,供设计时参考。表2-8所列为塑件壁厚设计示例。

表2-6 常用热塑性塑件的最小壁厚和推荐壁厚值　　　　　　　　　　　　　　　mm

塑料种类	最小壁厚	小型塑件壁厚	中型塑件壁厚	大型塑件壁厚
聚酰胺(尼龙)	0.45	0.76	1.5	2.4～3.2
聚乙烯	0.6	1.25	1.6	2.4～3.2
聚苯乙烯	0.75	1.25	1.6	3.2～5.4
改性聚苯乙烯	0.75	1.25	1.6	3.2～5.4
有机玻璃	0.8	1.5	2.2	4～6.5
硬聚氯乙烯	1.15	1.6	1.8	3.2～5.8
聚丙烯	0.85	1.45	1.75	2.4～3.2
氯化聚醚	0.85	1.35	1.8	2.5～3.4
聚碳酸酯	0.95	1.8	2.3	3～4.5
聚苯醚	1.2	1.75	2.5	3.5～6.4
聚甲醛	0.8	1.40	1.6	3.2～5.4

表2-7 常用热固性塑件的壁厚　　　　　　　　　　　　　　　mm

塑料种类	塑件高度		
	～50	＞50～100	＞100
粉末填料的酚醛塑料	0.7～2.0	2.0～3.0	5.0～6.5
纤维状填料的酚醛塑料	1.5～2.0	2.5～3.5	6.0～8.0
氨基塑料	1.0	1.3～2.0	3.0～4.0
聚酯玻纤填料的塑料	1.0～2.0	2.4～3.2	＞4.8
聚酯无机物填料的塑料	1.0～2.0	3.2～4.8	＞4.8

表2-8 塑件壁厚设计示例

序号	不良型设计	改进型设计	说明
1			塑件壁厚不均匀,成型时冷却速度不同,脱模后塑件易产生翘曲且在厚壁处产生缩痕。改进后,塑件壁厚均匀,不易产生气泡及缩孔,且塑件不易变形
2			

续表 2-8

序号	不良型设计	改进型设计	说 明
3			塑件的壁过厚,在成型过程中会产生缩孔或凹陷,改进后塑件壁厚较均匀,不仅保证塑件强度,节约材料,而且还可避免产生缩孔、凹陷、翘曲等缺陷
4			壁厚不均匀,在容易产生凹痕的塑件表面设计成波纹形式或在厚壁处开设工艺孔

2.4.5 加强筋

在塑件壁面上或在壁与壁之间设置一些条形突起部分称之为加强筋,起到在不增加壁厚的前提下,提高塑件的强度和刚度、防止和避免塑料翘曲变形作用。

图 2-3 所示为加强筋形式和尺寸。表 2-9 所列为塑件加强筋设计示例。

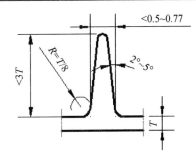

图 2-3 加强筋形式和尺寸

表 2-9 塑件加强筋设计示例

序号	不良型设计	改进型设计	说 明
1			加强筋起到提高塑件的强度的作用
2			过厚的壁厚应设置加强筋,以减少壁厚并保持原有强度

续表 2-9

序号	不良型设计	改进型设计	说 明
3			平板状塑件,加强筋应与料流的方向一致,以免造成充填阻力过大和降低塑件韧性
4			非平板状塑件,加强筋应交错排列,以免造成塑件翘曲变形
5			加强筋应设计得相对短一些,与支撑面的间隙应大于 0.5 mm

2.4.6 圆 角

在满足使用要求的前提下,塑件各内外表面的连接处,尽可能设计成圆角,或者用圆弧过渡。圆角尺寸的确定如图 2-4 所示。

圆角的作用:
① 圆角可避免应力集中,提高塑件的强度。
② 圆角可改善熔体的流动状况,有利于充模和脱模。
③ 圆角有利于模具制造,避免开裂提高模具强度。
④ 圆角使塑件造型美观,更富有流线型。

圆角的确定:
① 内壁圆角半径应为壁厚的一半。
② 外壁圆角半径可为壁厚的 1.5 倍。
③ 一般圆角半径不应小于 0.5 mm。
④ 壁厚不等的两壁转角可按平均壁厚确定内、外圆角半径。
⑤ 理想的内圆角半径应为壁厚的 1/3 以上。

图 2-4 所示为圆角半径。表 2-10 所列为塑件圆角设计示例。

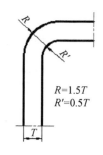

图 2-4 圆角半径

表 2-10 塑件圆角设计示例

无圆角设计	有圆角设计

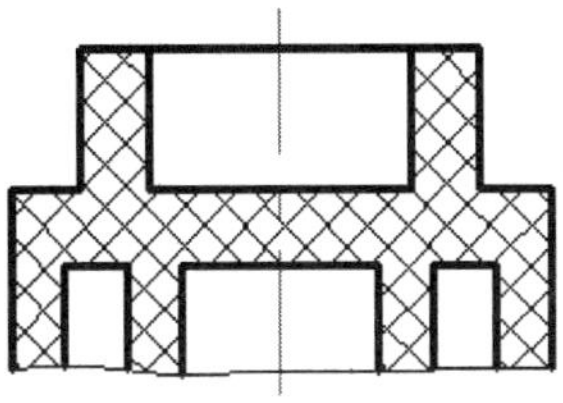

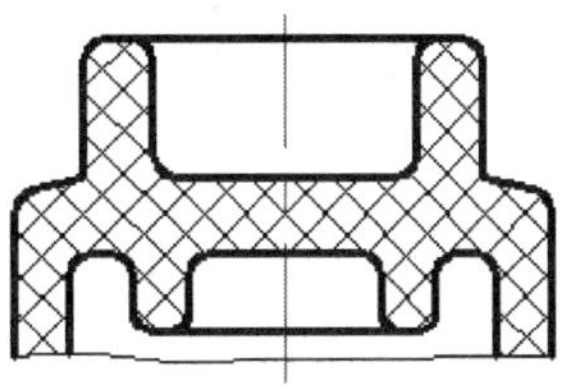

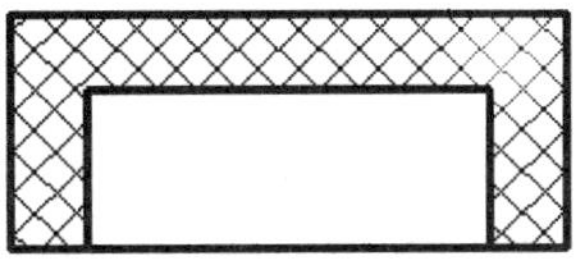

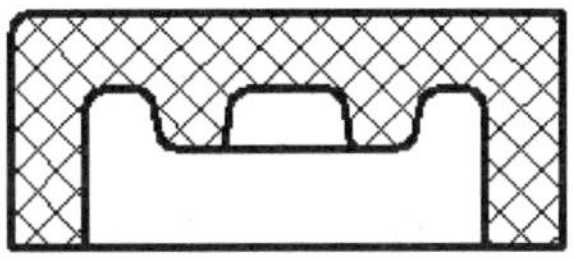

2.4.7 支撑面

以塑件的整个底面作为支撑面是不合理的,因为塑件稍许翘曲或变形就会使底面不平。通常采用凸起的底脚(三点或四点)支撑或边框支撑。表 2-11 所列为塑件支撑面设计示例。

表 2-11 塑件支撑面设计示例

序号	不良型设计	改进型设计	说明
1		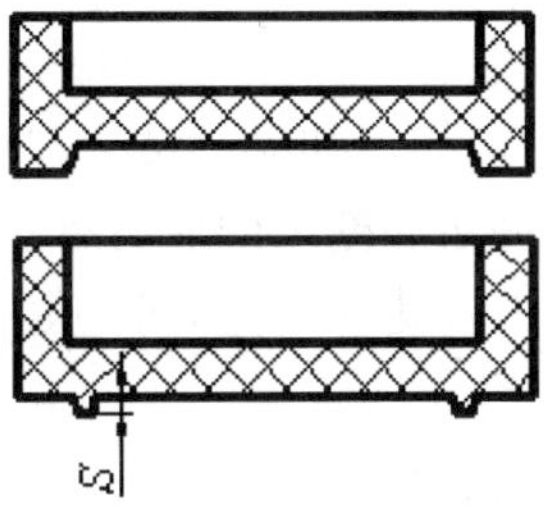	塑件以整个底面作为支撑面,成型后不易保证面上各点在同一平面上,采用加强筋或凸台作为支撑,设计较为合理
2	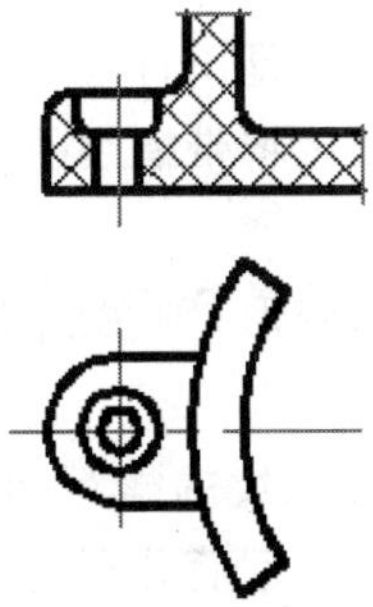	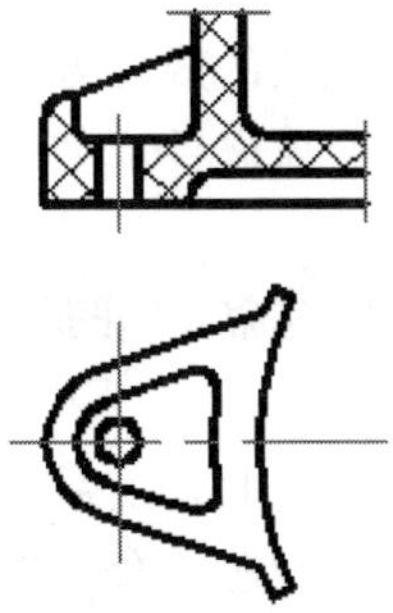	塑件以整个底面作为支撑面,成型后不易保证在同一平面上,采用加支脚作为支撑,设计较为合理

2.4.8 凸台与角撑

凸台是塑件上用来增强孔的使用强度，或为装配紧固件提供坐落部位的凸起部分。凸台的设计要点如下：

① 尽可能将凸台设计在塑件的转角处，且尽量靠近塑件侧壁面。
② 保证设计的凸台能承受相应的工作载荷。
③ 可以用角撑或加强筋与塑件侧壁相连的办法增加强度。
④ 应具有足够的脱模斜度，以利于塑件脱模。
⑤ 凸台与塑件壁面接合处应有足够的圆角。
⑥ 凸台外径至少应为孔径的 2 倍，高度一般不超过其外径的 1 倍。

角撑是用于塑件边角、凸台和壁面的支撑，增大塑件的强度和刚度，其实角撑本质上是在特定场合下的加强筋。因此，加强筋的设计原则也适用于角撑，为增强角撑的支撑作用，一般不采用增大其高度和宽度的方法，而是采取增加其个数、减少其间距的措施。角撑的尺寸设计，通常按塑件壁厚来确定。

2.4.9 孔

塑件上设计的孔，目的是装配零件、散热或者通风。塑件上常见的孔有通孔、盲孔、异形孔（形状复杂的孔）和螺纹孔等。通孔可用一端固定的单一型芯成型，或用两端分别固定的对头型芯成型。盲孔则用一端支撑的芯来成型，但在成型过程中，由于物料流动产生的不平衡压力，容易使成型芯折断或弯曲，所以，盲孔的深度不宜过大。异形孔则用拼合型芯成型。

孔的设计要点如下：

① 孔的形状和设计的位置力求不增加模具结构和成型工艺的复杂性。
② 保证孔与孔之间、孔与塑件边缘壁之间应留有足够的距离。
③ 孔应设置在不易削弱塑件强度的位置，可通过在孔的周围设置凸台以提高孔的使用强度。

2.4.10 螺　纹

塑件上的螺纹一般用于静连接，螺纹的成型方法主要有四种：一是用自攻丝攻出螺纹；二是模塑成型螺纹，包括使用带内螺纹的金属嵌件成型螺纹；三是模塑后将带螺纹的嵌件压入塑件；四是切削加工。螺纹的设计要点如下：

① 为了使用方便和提高塑件使用寿命，防止最外螺纹崩裂和变形，则在螺纹端部有 0.2～0.8 mm 的无螺纹区台阶孔。
② 在同一塑件的同一部位的同轴线上有前后两段螺纹时，其螺纹的螺距和旋转方向应一致。螺纹不等或旋转方向相反，则螺纹型芯应分别做出组合装配，成型后分别旋出。
③ 由于塑件的强度相对不高，外螺纹的直径应大于 4 mm，内螺纹直径应大于 2 mm，精度不超过三级，直径较小时尽量避免使用细牙螺纹。

④ 为了减小螺距的积累误差,应尽量缩短配合长度,模塑螺纹的螺距应≥0.75 mm,配合长度≤12 mm。

⑤ 如果模塑螺纹的螺距未考虑收缩率,塑料螺纹与金属螺纹的配合长度通常取螺纹直径的1.5～2倍,否则因干涉造成附加内应力,降低螺纹连接强度。

⑥ 塑件螺纹孔到边缘的距离应大于螺纹外径的1.5倍,且应大于塑件壁厚的1/2,螺纹孔间距离应大于螺纹外径的0.75倍,且应大于塑件壁厚的1/2。

2.4.11 齿 轮

塑料齿轮具有质量轻、弹性模量小、在同样制造精度下比钢和铸铁齿轮传动噪声小等特点,在机电产品、民用产品及其精度和强度要求不太高的传动机构中应用越来越广。用作齿轮的塑料有聚酰胺、聚甲醛、聚碳酸酯和聚砜等。

① 相同结构的齿轮应该使用相同的塑料,以防止因收缩率不同而引起的啮合不佳的情况。

② 为了使塑料齿轮适应注射成型工艺,齿轮的轮缘、辐板和轮毂应有一定的厚度,应尽量避免截面的突然变化,各表面相接或转折处应尽可能用大的圆角过渡。

③ 为了避免装配时产生内应力,齿轮内孔与轴的配合尽可能不采用过盈配合,而采用过渡配合,应避免用键槽连接方式,而用月形孔配合或销孔配合固定形式。

④ 薄壁齿轮,如果厚度不均,可引起齿轮歪斜,可采用无轮毂无轮缘的设计结构,或者在轮毂与轮缘之间采用薄筋结构。

齿轮各部分的尺寸关系如下:
① 辐板厚度 H_1 应不大于轮缘厚度 H。
② 轮毂厚度 H_2 应不小于轮缘厚度 H。
③ 轮毂厚度 H_2 应相当于轴径 D。
④ 最小轮缘宽度 t_1 应为齿高 t 的3倍。
⑤ 最小轮毂外径 D_1 应为轴孔直径的1.5～3倍。

图2-5所示为塑料齿轮的主要尺寸。图2-6所示为塑料齿轮的固定形式。

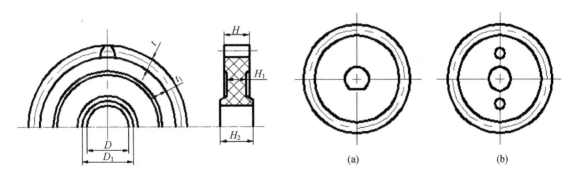

图2-5 塑料齿轮的主要尺寸　　　　图2-6 塑料齿轮的固定形式

2.4.12 嵌件设计

塑件中镶入嵌件的目的是增强其局部的强度、硬度、耐磨性、导电性、导磁性等,或者是增加其尺寸及形状的稳定性,或者是降低塑料的消耗。嵌件的材料有金属、玻璃、木材和已成型的塑料等,其中金属嵌件用得最为普遍。

金属嵌件的设计原则如下:

① 嵌件应牢固地固定在塑件中。为了防止嵌件受力时在塑件内转动或脱出,其表面必须设计有适当的凸凹状,且应尽可能采用圆形或对称形状,这样可以保证收缩均匀。

② 嵌件周围的壁厚应足够大。由于金属嵌件与塑料制品的收缩率相差较大,因此会使嵌件周围产生很大的内应力而造成塑件开裂。金属嵌件周围的塑料壁厚越大,则制品开裂的可能性越小,嵌件的顶部也应保持一定厚度的塑料层,否则嵌件顶部塑件表面会出现鼓泡或裂纹。

③ 金属嵌件嵌入部分的周边应有倒角,以减少周围塑料冷却时产生的应力集中。

④ 嵌件在模具内应定位可靠。成型时嵌件要承受高压熔体流的冲击,可能发生位移和变形,且嵌件自由伸出的长度不宜超过其定位部分直径的两倍。

⑤ 成型带嵌件的塑件会降低生产效率,使塑件的生产不易实现自动化,因此在设计塑件时,能避免的嵌件尽可能不用。

嵌件在模具中的固定:通常在成型前先把嵌件安放于模具中,然后再进行模塑成型,为此必须考虑嵌件在模具中的安装固定问题。从嵌件结构上保证其在模具中安装容易、固定可靠,不被熔体渗入其上的预设孔眼及螺纹槽中去。嵌件在模具内安装的配合形式常采用H8/f8,长度一般为3～5 mm。

2.4.13 花　纹

为了改善塑件表面质量,增加塑件的外形美观,常对塑件表面加以装饰。在塑件表面上做出凹槽纹、皮革纹、桔皮纹、图案、木纹等装饰花纹,遮掩成型过程中在塑件表面上形成的疵点、丝痕、波纹等缺陷。在手柄、旋钮等塑件的表面上,设置花纹及其他凸凹纹,其目的是增大摩擦力,便于工作时施力。

2.4.14 铰　链

常见塑件的铰链设计如图2-7所示。设计要点如下:

① 铰链部分厚度应减薄,一般为0.2～0.4 mm,且其厚度必须均匀一致,壁厚的在减薄处应以圆弧过渡。

② 铰链部分的长度不宜过长,否则折弯线不在一处,会影响闭合效果。

③ 在成型过程中,熔体流向必须垂直于铰链轴线方向,以使大分子沿流动方向取向,脱模后应立即折弯数次。

2.4.15 符号、文字和标记

由于装潢或某些特殊使用要求,需要在塑件上做出文字、图案之类的标记。在塑件上做出标记的通常办法,是在成型塑件的过程中直接成型出来,用这种办法做出的标记号坚固耐用、轮廓清晰、美观。塑件上标记的凸出高度不小于0.2 mm,线条宽度一般不小于0.3 mm,通常以

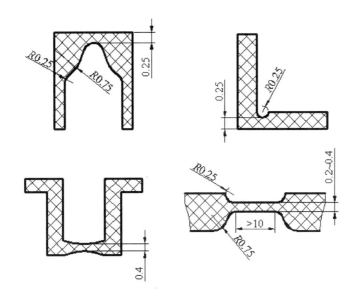

图 2-7 常见塑件铰链设计

0.8 mm 为宜。两条线的间距不小于 0.4 mm，边框可比字高出 0.3 mm 以上，标记的脱模斜度可大于 10°。

图 2-8 所示为塑料标记。

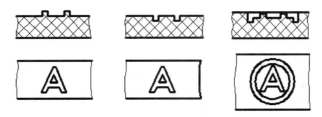

图 2-8 塑料标记

2.5 塑件设计工程实例

塑件设计工程实例如表 2-12 所列。

表 2-12 塑件设计工程实例

产品名称	产品图片	设计要点
塑料食用油瓶		1. 材料选用：力学性能、电性能优良，耐酸碱力极强，化学稳定性好，具有很好透明性的聚氯乙烯（PVC）。 2. 成型工艺：吹塑成型，瓶盖、把手注射成型。 3. 结构设计： ① 瓶盖设计采用推进式。 ② 瓶体侧壁设计，在侧壁水平方向设计凹凸波纹，以提高瓶体径向强度。 ③ 瓶底采用内凹形设计，具有较好的抗内压性能

续表 2-12

产品名称	产品图片	设计要点
塑料桶		1. 材料选用:高密度聚乙烯(HDPE)。 2. 成型工艺:吹塑成型,瓶盖注射成型。 3. 结构设计: ① 外形设计采用矩形结构,提高存储与运输空间利用率,堆垛稳定性好。 ② 桶盖设计采用旋紧式,盖子纵向周面设计凹凸花纹,方便使用者施力开启与旋紧。 ③ 桶颈部位设计有与桶盖配合的螺纹。 ④ 桶底采用内凹形设计,具有较好的抗内压性能,并设置加强筋提高强度
塑料椅子		1. 材料选用:耐腐蚀性、电绝缘性优良的聚乙烯。 2. 成型工艺:注射成型。 3. 结构设计: ① 椅子底部采用加强筋设计,提高其强度。 ② 椅子顶面采用纹理设计,造型美观,并设计有透气孔。 ③ 椅子设计四只脚支撑,并有侧板连接,使之结实、稳定
塑料周转箱		1. 材料选用:高密度聚乙烯(HDPE)。 2. 成型工艺:注射成型。 3. 结构设计: ① 采用直型外形设计;尺寸设计应符合人机工程学的要求;壁厚设计,取 3 mm;加强筋设计,厚度为塑件厚度的 2 倍。 ② 便于搬运的结构设计,塑件两侧上部设计有便于双手搬运的空间位置。 ③ 便于堆垛的设计:在箱体底部以及上部设计有凸缘结构,方便上下周转箱嵌合
路由器		1. 材料选用:耐热性较好,具有良好的电性能和高频绝缘性的聚丙烯(PP)。 2. 成型工艺:注射成型。 3. 产品造型与结构设计: ① 造型设计简洁,形态现代硬朗。整体是方形,然而在两侧面的转折也圆弧过渡。指示灯凹槽的形态,合理地运用分割线条,与整体形态配合巧妙,统一而富有变化。 ② 结构设计保证壁厚均匀,便于注塑成型

续表 2-12

产品名称	产品图片	设计要点
真空吸尘器		1. 材料选用：坚韧、耐冲击、化学稳定性好、电气绝缘性良好、染色性电镀性良好的工程塑料 ABS。 2. 成型工艺：注射成型。 3. 产品造型与结构设计： ① 造型设计要求美观时尚，圆角过渡。 ② 结构设计保证壁厚均匀，便于注塑成型。 ③ 产品设计经济、安全且实用
无线鼠标		1. 材料选用：工程塑料 ABS 或者 PC＋ABS。 2. 成型工艺：注射成型。 3. 产品造型与结构设计： ① 利用逆向工程技术进行鼠标造型，以获得舒适自然的手感，采用了左右对称的外形设计，双手通用。 ② 仿跑车造型设计具有时尚感，顶盖弧度自然，贴合手型，操控鼠标的感觉自然舒适。适中的尺寸更适合亚洲人的手形。两个侧面都有十字形交错的防滑纹路，可以让用户更牢靠、稳定地操控鼠标
电钻		1. 材料选用：玻璃纤维增强尼龙。 2. 成型工艺：注射成型。 3. 产品造型与结构设计： ① 满足人机工程学的要求，包胶设计，握感舒适。 ② 造型曲线饱满流畅，造型功能分区明确。 ③ 产品整体庄重时尚，富有个性
直板手机		1. 材料选用：PC、ABS、PC＋ABS、POM、PMMA 等。 2. 成型工艺：注射成型。 3. 产品结构设计： ① 手机产品的结构设计主要考虑的因素有材料选用、表面处理、加工手段和包装装潢等。 ② 评审造型设计可行性，包括制造方法，塑件脱模方向、脱模斜度、抽芯、结构强度，电路安装等是否合理。根据造型要求确定制造工艺是否能实现，包括模具制造、产品装配、外壳的喷涂、丝印等。 ③ 进行具体的结构设计、确定每个零件的制造工艺。要注意塑件的结构强度、安装定位、紧固方式、产品变型、元器件的安装定位、安装要求，确定最佳装配路线。要尽量减小模具设计和制造难度

第 3 章 Pro/ENGINEER 产品设计工具

3.1 Pro/ENGINEER 特征建模

特征建模是建立在实体建模基础之上,加入包含实体的精度信息、材料信息、技术要求及其他相关信息,另外包含一些动态信息,如零件加工过程中工序图的生成、工序尺寸的确定等信息,以完整地表达实体信息。

传统造型的不足是只含物体的几何信息和拓扑信息。特征建模将特征作为产品描述的基本单元,并将产品描述成特征的集合。每一个特征,通常又用若干属性来描述,以说明形成特征的制造工序类别及特征的形状、长、宽、直径、角度等满足生产的要求。除几何信息和拓扑信息外,还包含能反映物体属性的非几何信息等,如尺寸公差、表面处理工艺、制造信息。其功能有参数化设计功能,基于特征设计思想和采用通用数据交换标准。

特征是由具有一定拓扑关系的一组实体元素构成的特定形状,它还包括附加在形状之上的工程信息,对应于零件上的一个或多个功能,能被固定的方法加工成形。从产品的整个生命周期来看,可分为设计特征、分析特征、加工特征、公差特征及检测特征、装配特征;从产品功能上看,可分为形状特征、精度特征、材料特征、技术特征、装配特征和管理特征等;从复杂程度分有基本特征、组合特征和复合特征。

在 Pro/ENGINEER 系统中特征是每次创建一个单独几何,包括基准、拉伸、孔、倒圆角、倒角、曲面特征、切口、阵列、扫描等特征,一个零件可包含多个特征。Pro/ENGINEER 常用的特征建模工具如表 3-1 所列。

表 3-1 Pro/ENGINEER 常用的特征建模工具

特征类别	特征建模工具	建模功能
草绘特征	草绘	绘制 2D 截面
基准特征	基准点、基准轴、基准曲线、基准平面、基准坐标系	创建基准特征
基础特征	拉伸、旋转、扫描、混合	创建基础实体和曲面特征
高级特征	螺旋扫描、扫描混合、可变截面扫描、折弯特征、管道、耳特征、唇特征	创建高级实体和曲面特征
工程特征	倒角、倒圆角、拔模、筋、壳、孔	创建工程特征
复制特征	复制、镜像、移动、阵列等	特征操作的基本工具
编辑特征	投影、相交、填充、包络、修剪、延伸、偏移、合并、加厚、实体化	特征编辑的基本工具
逆向特征	独立几何特征、小平面特征	逆向造型工具
其他特征	修饰特征、注释特征、参照特征、扭曲特征等	创建修饰、注释、参照、扭曲等特征

3.2 Pro/ENGINEER 设计工具

3.2.1 基准特征工具

在 Pro/ENGINEER 系统中常用的基准特征工具如表 3-2 所列。

表 3-2 基准特征工具

序号	基准特征工具	工具栏图标	访问方式	作用
1	基准点		选择系统主菜单中的"插入"→"模型基准"→"点"命令,并选择所需的基准点创建类型,系统弹出"基准点/偏移坐标系基准点/域基准点"对话框,选择相应参照来创建基准点	① 特征建模时用作构造元素 ② 进行计算和模型分析的已知点 ③ 作为其他基准特征创建的参照
2	基准轴		选择系统主菜单中的"插入"→"模型基准"→"基准轴"命令,系统弹出"基准轴"对话框,选择相应参照创建基准轴	① 用作特征创建的参照 ② 创建基准平面 ③ 同轴放置项目 ④ 创建径向阵列特征
3	基准曲线		选择系统主菜单中的"插入"→"模型基准"→"基准曲线"命令,系统弹出"曲线选项"菜单管理器,可通过"通过点"、"自文件"、"使用剖切面"及"从方程"等方式创建基准曲线	① 特征建模时用作构造元素 ② 作为其他基准特征创建的参照
4	基准平面		选择系统主菜单中的"插入"→"模型基准"→"平面"命令,系统弹出"基准平面"对话框,选择相应参照特征,可创建基准平面	创建 2D 草绘、3D 模型的基准参照。创建基准点、基准轴和基准曲线、坐标系的参照。装配建模时的参照面;特征操作的参照等
5	基准坐标系		选择系统主菜单中的"插入"→"模型基准"→"坐标系"命令,系统弹出"坐标系"对话框,设置相应的原点、方向及属性,以创建新的坐标系	计算质量属性。零件和组件中的参照特征。装配元件或子组件。用作定位其他特征的参照。对于大多数普通的建模任务,可作为方向参照

3.2.2 曲线构建工具

在 Pro/ENGINEER 系统中常用的曲线构建工具如表 3-3 所列。

表 3-3 曲线构建工具

序号	工具	工具栏图标	访问方式
1	基准曲线	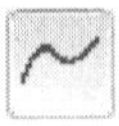	选择系统主菜单中的"插入"→"模型基准"→"基准曲线"命令
2	草绘曲线		选择系统主菜单中的"插入"→"模型基准"→"草绘"命令
3	相交曲线		选择系统主菜单中的"编辑"→"相交"命令
4	投影曲线		选择系统主菜单中的"编辑"→"投影"命令
5	复制曲线		选择系统主菜单中的"编辑"→"复制"命令 选择系统主菜单中的"编辑"→"粘贴"命令

3.2.3 曲面构建工具

在 Pro/ENGINEER 系统中常用的曲面建模工具如表 3-4 所列。

表 3-4 曲面建模工具

序号	建模工具	访问方式	应用实例
1	拉伸曲面		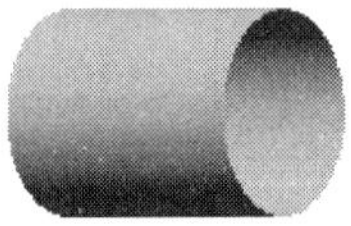
2	旋转曲面		
3	扫描曲面	选择系统主菜单中的"插入"→"扫描"→"曲面"命令	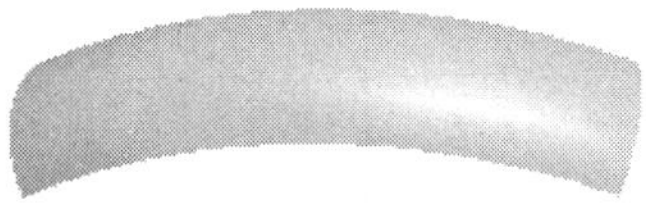
4	混合曲面	选择系统主菜单中的"插入"→"混合"→"曲面"命令	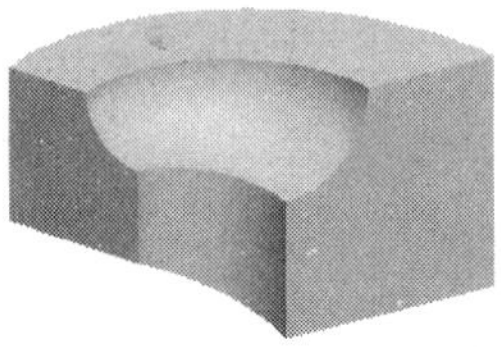
5	扫描混合曲面	选择系统主菜单中的"插入"→"曲面"命令	

续表 3-4

序 号	建模工具	访问方式	应用实例
6	螺旋扫描曲面	选择系统主菜单中的"插入"→"螺旋扫描"→"曲面"命令	
7	边界混合曲面		
8	可变截面扫描曲面		
9	N 侧曲面	选择系统主菜单中的"插入"→"高级"→"圆锥曲面和 N 边曲面片"命令	

在 Pro/ENGINEER 系统中常用的曲面编辑工具如表 3-5 所列。

表 3-5 曲面编辑工具

序 号	编辑工具	图标	访问方式	作 用
1	复制曲面		选择系统主菜单中的"编辑"→"复制"命令	通过复制现有面组或曲面来创建面组
2	延伸曲面		选择系统主菜单中的"编辑"→"延伸"命令	通过延伸现有面组或曲面创建面组或曲面。指定要延伸的现有曲面的边界边的链。也可指定所延伸的曲面或面组的延伸类型、长度和方向
3	修剪曲面		选择系统主菜单中的"编辑"→"修剪"命令	剪切或分割面组
4	填充曲面		选择系统主菜单中的"编辑"→"填充"命令	通过草绘边界创建平整面组
5	镜像曲面		选择系统主菜单中的"编辑"→"镜像"命令	创建关于指定平面的现有面组或曲面的镜像副本
6	阵列曲面		选择系统主菜单中的"编辑"→"阵列"命令	创建若干个阵列成员特征
7	合并曲面		选择系统主菜单中的"编辑"→"合并"命令	通过相交或连接合并两个面组。生成的面组是一个单独的面组,与两个原始面组一致
8	偏移曲面		选择系统主菜单中的"编辑"→"偏移"命令	通过由面组或曲面偏移来创建面组

续表 3-5

序号	编辑工具	图标	访问方式	作用
9	曲面加厚		选择系统主菜单中的"编辑"→"加厚"命令	将曲面特征或面组几何加厚至一定厚度,或从其中移除一定厚度的材料
10	曲面实体化		选择系统主菜单中的"编辑"→"实体化"命令	将曲面特征或面组几何转换为实体几何。可使用其添加、移除或替换实体材料

3.2.4 实体建模工具

实体建模工具如表 3-6 所列。

表 3-6 实体建模工具

序号	建模工具	访问方式	应用实例
1	拉伸实体		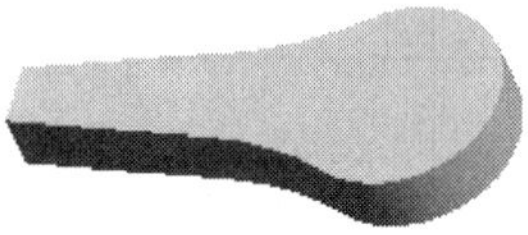
2	旋转实体		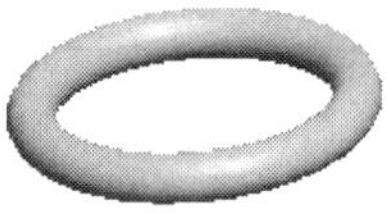
3	扫描实体	选择系统主菜单中的"插入"→"扫描"→"伸出项"命令	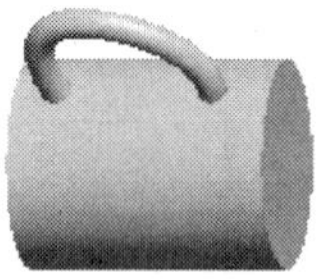
4	混合实体	选择系统主菜单中的"插入"→"混合"→"伸出项"命令	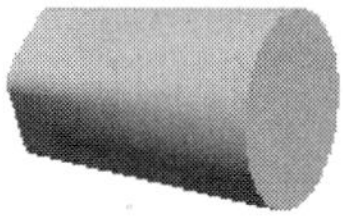
5	扫描混合实体	选择系统主菜单中的"插入"→"扫描混合"命令	
6	螺旋扫描实体	选择系统主菜单中的"插入"→"螺旋扫描"→"伸出项"命令	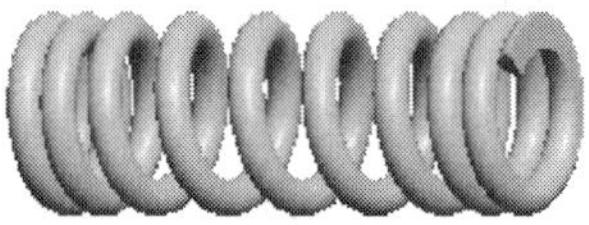
7	可变截面扫描实体		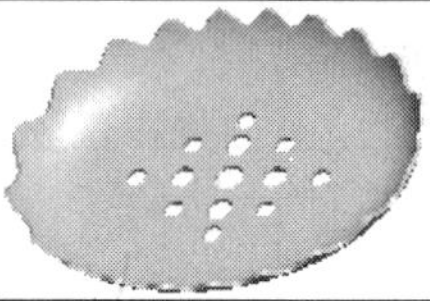

3.3 产品建模工程实例

3.3.1 洗洁精瓶盖设计

具体操作步骤如下所述。

① 选择系统主菜单中的"文件"→"新建"命令,系统弹出"新建"对话框,在"类型"选项组中选择"零件"选项,在对应的"子类型"选项组中选择"设计"选项,输入文件名称"3-1",取消"使用缺省模板",在弹出的"新文件选项"对话框中选择公制模板"mmns_prt_design",单击"确定"按钮,进入零件设计模块。

② 单击"拉伸"工具按钮,系统打开拉伸特征操控板。单击"放置"下滑面板中的"定义"按钮,系统弹出"草绘"对话框,选择"TOP"基准平面作为草绘平面,选择"RIGHT"基准平面作为左参照平面,进入草绘界面。如图3-1(a)所示绘制拉伸截面,完成草绘后单击工具栏中的按钮,如图3-1(b)所示,设置单侧拉伸深度为"12",单击操控板中的按钮,完成拉伸实体特征1的创建。

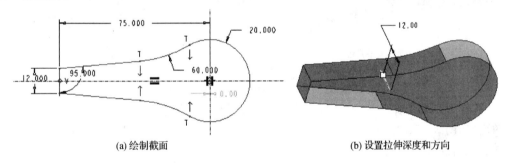

(a) 绘制截面   (b) 设置拉伸深度和方向

图 3-1 创建拉伸实体特征 1

③ 单击"拉伸"工具按钮,系统打开拉伸特征操控板,单击其中的按钮,单击"放置"下滑面板中的"定义"按钮,系统弹出"草绘"对话框,选择"FRONT"基准平面作为草绘平面,选择"RIGHT"基准平面作为右参照平面,进入草绘界面。如图3-2(a)所示绘制拉伸截面,完成草绘后单击工具栏中的按钮,如图3-2(b)所示,设置两侧对称拉伸深度为"20",单击操控板中的按钮,完成拉伸切除特征1的创建,如图3-2(c)所示。

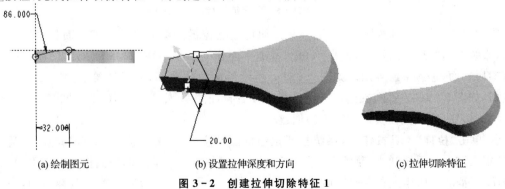

(a) 绘制图元   (b) 设置拉伸深度和方向   (c) 拉伸切除特征

图 3-2 创建拉伸切除特征 1

④ 单击"拔模"工具按钮，系统打开拔模特征操控板。如图3-3所示选择模型侧面作为拔模曲面,选择"TOP"基准平面作为拔模枢轴。在操控板的文本框中输入拔模角度值"1"。单击操控板中的按钮。

工程点拨:拔模角度即是塑料产品的脱模斜度,脱模斜度取决于塑件的形状、壁厚及塑料的收缩率,一般取30′～1°30′。拔模斜度的角度方向的设置,必须保证塑件能够顺利脱模。

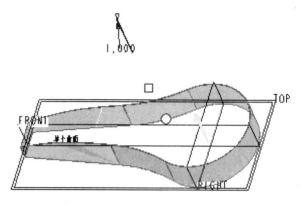

图3-3 创建拔模特征1

⑤ 如图3-4所示选择模型的边,创建倒圆角特征,圆角半径为R3。

(a) 选择模型的边　　　　　　　　　(b) 创建倒圆角

图3-4 创建倒圆角特征

⑥ 单击"壳"工具按钮，系统打开壳特征操控板。在模型中选择零件的底部曲面作为要移除的面,如图3-5(a)所示。在操控板"厚度"文本框中输入厚度值为"1"。单击操控板中的按钮,完成抽壳特征的创建,如图3-5(b)所示。

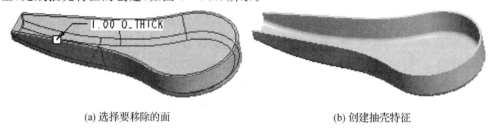

(a) 选择要移除的面　　　　　　　　　(b) 创建抽壳特征

图3-5 创建抽壳特征

⑦ 单击"拉伸"工具按钮，系统打开拉伸特征操控板。单击"放置"下滑面板中的"定义"按钮,系统弹出"草绘"对话框,选择"TOP"基准平面作为草绘平面,选择"RIGHT"基准平面作为右参照平面,进入草绘界面。如图3-6(a)所示绘制拉伸截面,完成草绘后单击工具栏中的按钮,如图3-6(b)所示,在选项下滑面板中设置拉伸深度,侧1为，侧2为"20"。单击操控板中的按钮,完成拉伸实体特征2的创建。

⑧ 单击"拉伸"工具按钮，系统打开拉伸特征操控板,单击按钮,单击"放置"下滑面板中的"定义"按钮,系统弹出"草绘"对话框,选择拉伸实体特征2的底部平面作为草绘平面,选择"RIGHT"基准平面作为右参照平面,进入草绘界面。如图3-7(a)所示绘制拉伸截面,完成草

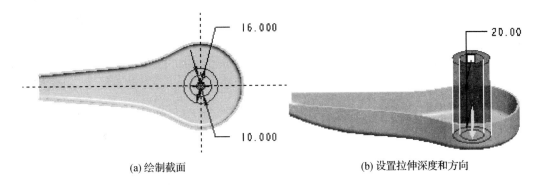

图 3-6 创建拉伸实体特征 2

绘后单击工具栏中的 ✓ 按钮,如图 3-7(b)所示。设置两侧对称拉伸深度为"20",单击操控板中的 ✓ 按钮,完成拉伸切除特征 2 的创建,如图 3-7(c)所示。

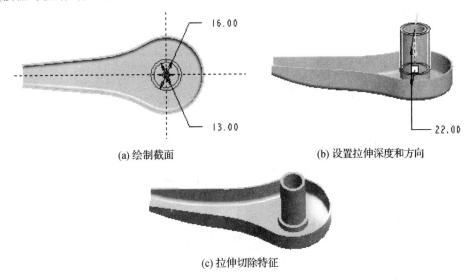

图 3-7 创建拉伸切除特征 2

⑨ 单击"拔模"工具按钮 ,系统打开拔模特征操控板。如图 3-8 所示选择模型两个圆柱面作为拔模曲面,选择"TOP"基准平面作为拔模枢轴。在操控板的文本框中输入拔模角度值"1"。单击操控板中的 ✓ 按钮。

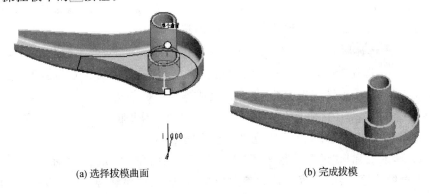

图 3-8 创建拔模特征 2

⑩ 单击"轮廓筋"工具按钮，打开轮廓筋工具特征操控板。单击参照下滑面板中的"定义"按钮，系统弹出"草绘"对话框，选择"FRONT"基准平面为草绘平面，草绘参照平面及方向默认，单击"确定"按钮。系统进入草绘环境，草绘筋特征图元，如图3-9(a)和图3-9(b)所示，草绘完毕单击草绘工具栏中的✓按钮，如图3-9(c)所示设置筋特征的厚度为"1.2"。单击操控板中的✓按钮，完成筋特征创建。

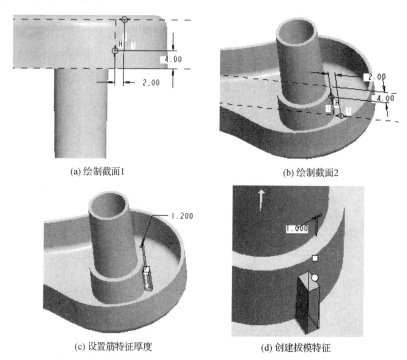

(a) 绘制截面1　　　　　　　　(b) 绘制截面2

(c) 设置筋特征厚度　　　　　　(d) 创建拔模特征

图3-9　创建筋特征

工程点拨：有效的筋特征草绘必须满足以下标准：单一的开放环；连续的非相交草绘图元；草绘端点必须与形成封闭区域的连接曲面对齐。筋特征，可执行普通的特征操作，这些操作包括阵列、修改、重定参照和重定义等。

⑪ 单击"拔模"工具按钮，系统打开拔模特征操控板。如图3-9(d)所示选择筋特征两侧面作为拔模曲面，选择筋特征顶面作为拔模枢轴。在操控板的文本框中输入拔模角度值"1"。单击操控板中的✓按钮。在模型树中按Shift键，选择步骤⑨和⑩所创建的筋特征和拔模特征并右击，在弹出的右键快捷菜单中选择"组"命令，创建组特征。

⑫ 在模型树中选择所创建的组特征，单击"阵列"工具按钮，系统打开阵列特征操控板。如图3-10(a)所示，选择"轴"选项，在绘图区单击轴"A_7"，在第1方向设置阵列成员数为"6"，阵列角度设置为"60"，单击操控板中的✓按钮，完成阵列特征创建。

⑬ 选择系统主菜单中的"插入"→"螺旋扫描"→"伸出项"命令，系统弹出"伸出项：螺旋扫描"对话框，如图3-11(a)所示，以及"属性"菜单管理器，如图3-11(b)所示。接受默认设置，选择"完成"命令，系统弹出"设置草绘平面"菜单管理器，如图3-11(c)所示。选择"FRONT"基准平面作为草绘草绘，接受系统默认的参照方向后，进入草绘环境，如图3-11(d)所示绘制轴线和扫描轨迹线。定义螺距为"2.5"。然后如图3-11(e)所示绘制扫描截面，完成扫描特征

的创建,如图3-11(f)所示。

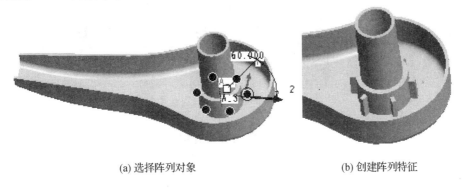

(a) 选择阵列对象　　　　　　　(b) 创建阵列特征

图3-10　创建阵列特征

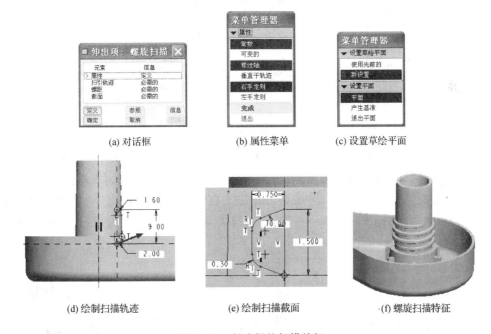

图3-11　创建螺旋扫描特征

⑭ 选择系统主菜单中的"插入"→"扫描"→"伸出项"命令。在"扫描轨迹"菜单中选择"草绘轨迹",选择"FRONT"基准平面作为草绘平面,参照和方向按系统默认设置,进入草绘环境,如图3-12(a)所示绘制轨迹线,草绘完毕单击✓按钮,在弹出的"属性"菜单中选择"自由端"命令,草绘截面,如图3-12(b)所示。应当注意的是,草绘截面尺寸的标注必须以轨迹起点的十字线的中心为基准,草绘完毕后单击✓按钮,单击扫描对话框中的"预览"按钮,观察扫描特征结果,单击"确定"按钮完成扫描特征的创建,如图3-12(c)所示。

⑮ 单击"草绘"工具按钮,系统弹出"草绘"对话框。选择"FRONT"基准平面作为草绘平面,草绘参照和方向按系统默认设置,进入草绘环境,如图3-13所示绘制轨迹线。

⑯ 选择系统主菜单中的"插入"→"扫描混合"→"切口"命令,系统弹出扫描混合特征操控板。单击"参照"选项,弹出参照下滑面板,在"轨迹"文本框中选取步骤⑰草绘的轨迹曲线,作为原点轨迹,剖面控制设置为垂直于轨迹,在截面下滑面板中单击"插入"按钮,选择曲线起始点作

33

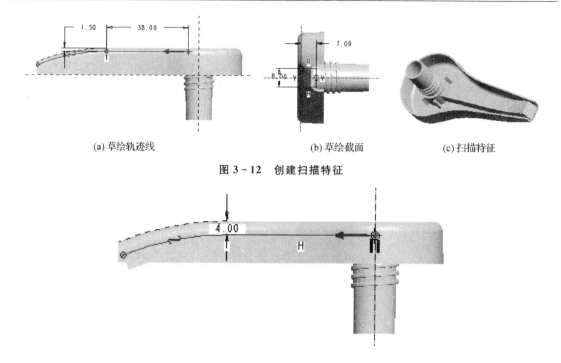

(a) 草绘轨迹线　　　　　(b) 草绘截面　　　　　(c) 扫描特征

图 3-12　创建扫描特征

图 3-13　绘制轨迹线

为截面位置 1,单击"草绘"按钮,如图 3-14(a)所示绘制截面 1。再次单击"插入"按钮,选择中间点作为截面位置 2,单击"草绘"按钮,如图 3-14(b)所示绘制截面 2,再次单击"插入"按钮,选择终止点作为截面位置 3,单击"草绘"按钮,如图 3-14(c)所示绘制截面 3。三个截面的位置如图 3-14(d)所示。单击操控板中的 按钮,完成扫描混合特征的创建,如图 3-14(e)所示。

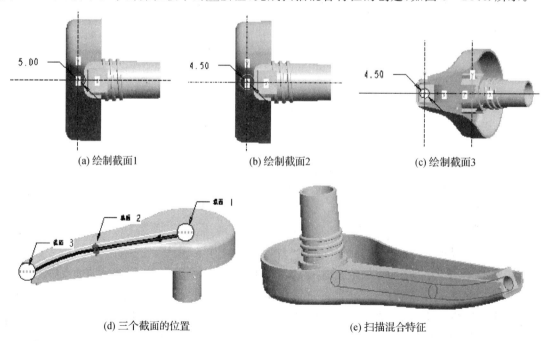

(a) 绘制截面1　　　　　(b) 绘制截面2　　　　　(c) 绘制截面3

(d) 三个截面的位置　　　　　(e) 扫描混合特征

图 3-14　创建扫描混合特征

⑰ 单击"拉伸"工具按钮,系统打开拉伸特征操控板,单击按钮,单击"放置"下滑面板中的"定义"按钮,系统弹出"草绘"对话框。选择拉伸实体特征 2 的底部平面作为草绘平面,选择"RIGHT"基准平面作为右参照平面,进入草绘界面。如图 3-15(a)所示绘制拉伸截面,完成草绘后单击工具栏中的按钮,如图 3-15(b)所示,设置两侧对称拉伸深度为"30"。单击操控板中的按钮,完成拉伸切除特征 2 的创建,如图 3-15(c)所示。

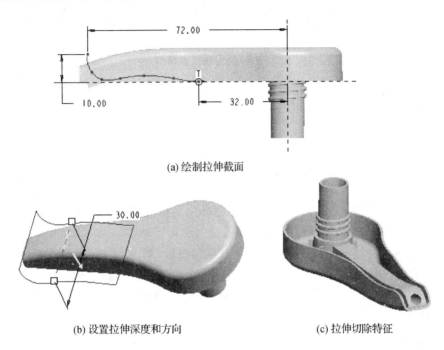

(a) 绘制拉伸截面

(b) 设置拉伸深度和方向　　　　(c) 拉伸切除特征

图 3-15　创建拉伸切除特征 2

⑱ 单击"拉伸"工具按钮,系统打开拉伸特征操控板,单击按钮,单击"放置"下滑面板中的"定义"按钮,系统弹出"草绘"对话框。选择模型顶部平面作为草绘平面,选择"RIGHT"基准平面作为右参照平面,进入草绘界面。如图 3-16(a)所示绘制拉伸截面,完成草绘后单击工具栏中的按钮,如图 3-16(b)所示,设置单侧拉伸深度为"0.3"。单击操控板中的按钮,完成拉伸切除特征 3 的创建,如图 3-16(c)所示。

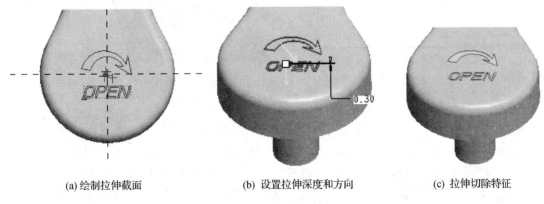

(a) 绘制拉伸截面　　　　(b) 设置拉伸深度和方向　　　　(c) 拉伸切除特征

图 3-16　创建拉伸切除特征 3

⑲ 完成的模型如图 3-17 所示，保存文件并退出。

图 3-17　洗洁精瓶盖模型

3.3.2　电磁炉后盖设计

具体操作步骤如下所述。

① 选择系统主菜单中的"文件"→"新建"命令，系统弹出"新建"对话框，在"类型"选项组中选择"零件"选项，在对应的"子类型"选项组中选择"设计"选项，输入文件名称"3-2"，取消"使用缺省模板"，在弹出的"新文件选项"对话框中选择公制模板"mmns_prt_design"，单击"确定"按钮，进入零件设计模块。

② 单击"拉伸"工具按钮，系统打开拉伸特征操控板，单击"放置"下滑面板中的"定义"按钮，系统弹出"草绘"对话框，选择"TOP"基准平面作为草绘平面，选择"RIGHT"基准平面作为右参照平面，进入草绘界面。如图 3-18(a)所示绘制拉伸截面，完成草绘后单击工具栏中的"完成"按钮，如图 3-18(b)所示，设置单侧拉伸深度为"2"，单击操控板中的"完成"按钮，完成拉伸实体特征 1 的创建。

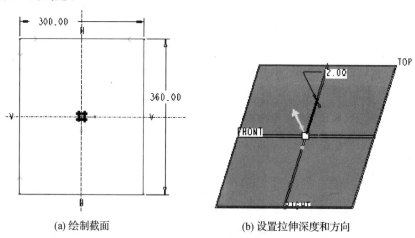

(a) 绘制截面　　　　　(b) 设置拉伸深度和方向

图 3-18　创建拉伸实体特征 1

③ 单击"拉伸"工具按钮，系统打开拉伸特征操控板，单击"放置"下滑面板中的"定义"按钮，系统弹出"草绘"对话框，选择拉伸实体特征 1 的顶部平面作为草绘平面，选择"RIGHT"基准平面作为右参照平面，进入草绘界面。如图 3-19(a)所示绘制拉伸截面，完成草绘后单击工具栏中的"完成"按钮，如图 3-19(b)所示，设置单侧拉伸深度为"35"，单击操控板中的"完成"按钮，完成拉伸实体特征 2 的创建。

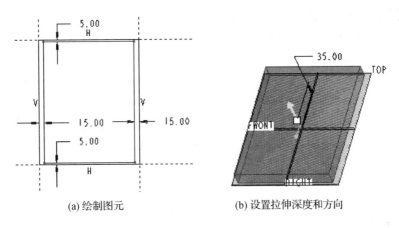

(a) 绘制图元　　　　(b) 设置拉伸深度和方向

图 3-19　创建拉伸实体特征 2

④ 单击"拉伸"工具按钮，系统打开拉伸特征操控板，单击"切除材料"工具按钮，单击"放置"下滑面板中的"定义"按钮，系统弹出"草绘"对话框，如图 3-20(a)所示选择拉伸实体特征 2 的侧面作为草绘平面，选择拉伸实体特征 2 的顶面作为顶参照平面，进入草绘界面。如图 3-20(b)所示绘制拉伸截面，完成草绘后单击工具栏中的"完成"按钮，如图 3-20(c)所示，设置拉伸深度为"穿透"，单击操控板中的"完成"按钮，完成拉伸切除特征 1 的创建，如图 3-20(d)所示。

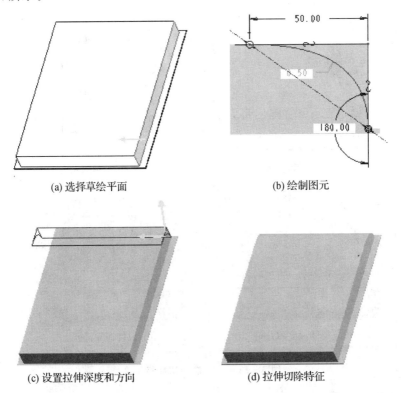

(a) 选择草绘平面　　　　(b) 绘制图元

(c) 设置拉伸深度和方向　　　　(d) 拉伸切除特征

图 3-20　创建拉伸切除特征 1

工程点拨：圆锥弧的绘制　单击"草绘器"工具栏中的"圆锥弧"绘制按钮 ⌒，可绘制圆锥弧。通过控制曲线的斜率（rho），可以绘制出抛物线（rho＝0.5）、双曲线（0.5＜rho＜0.95）、椭圆（0.05＜rho＜0.5）等图形。

绘制圆锥弧的步骤：单击"草绘器"工具栏中"圆锥弧"绘制按钮 ⌒。依次单击鼠标左键，分别选择两点作为圆锥曲线的两个端点。移动鼠标，以决定圆锥弧的形状，单击鼠标左键，完成圆锥弧的绘制。圆锥弧的绘制如图 3－21 所示。

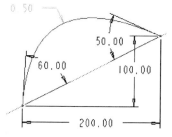

图 3－21　圆锥弧的绘制方式

⑤ 单击"拉伸"工具按钮，系统打开拉伸特征操控板，单击"切除材料"工具按钮，单击"放置"下滑面板中的"定义"按钮，系统弹出"草绘"对话框，如图 3－22(a)所示选择拉伸实体特征 2 的侧面作为草绘平面，选择拉伸实体特征 2 的顶面作为顶参照平面，进入草绘界面。如图 3－22(b)所示绘制拉伸截面，完成草绘后单击工具栏中的"完成"按钮 ✓，如图 3－22(c)所示，设置拉伸深度为"穿透（⫤）"，单击操控板中的"完成"按钮 ✓，完成拉伸切除特征 2 的创建，如图 3－22(d)所示。

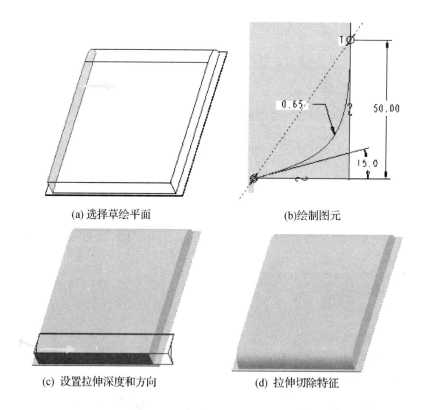

(a) 选择草绘平面　　　　(b) 绘制图元

(c) 设置拉伸深度和方向　　　　(d) 拉伸切除特征

图 3－22　创建拉伸切除特征 2

⑥ 单击"拉伸"工具按钮，系统打开拉伸特征操控板，单击"切除材料"工具按钮，单击"放置"下滑面板中的"定义"按钮，系统弹出"草绘"对话框，选择拉伸实体特征 2 的侧面作为草绘平面，选择拉伸实体特征 2 的顶面作为底部参照平面，进入草绘界面。如图 3－23(a)所示绘

制拉伸截面,完成草绘后单击工具栏中的"完成"按钮☑,如图3-23(b)所示,设置单侧拉伸深度为"6",单击操控板中的"完成"按钮☑,完成拉伸切除特征3的创建,如图3-23(c)所示。

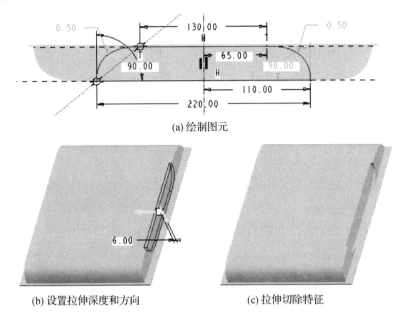

图 3-23 创建拉伸切除特征 3

⑦ 单击"特征"工具栏中的"镜像"工具按钮❋,系统打开镜像特征操控板,选择所创建的"RIGHT"基准平面作为镜像平面,镜像所创建的拉伸切除特征3,如图3-24(a)所示。

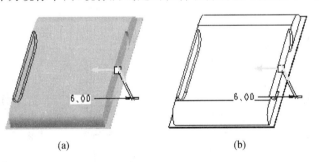

图 3-24 创建镜像特征 1

⑧ 单击"拔模"工具按钮,系统打开拔模特征操控板。如图3-25(a)所示选择模型四个侧面作为拔模曲面,如图3-25(b)所示选择拉伸实体特征1的顶部平面作为拔模枢轴。在操控板的文本框中输入拔模角度值"-12"。单击操控板中的"完成"按钮☑,完成拔模特征1的创建。

⑨ 单击"拉伸"工具按钮,系统打开拉伸特征操控板,单击"放置"下滑面板中的"定义"按钮,系统弹出"草绘"对话框,如图3-26(a)所示选择零件顶面作为草绘平面,选择"RIGHT"基准平面作为右参照平面,进入草绘界面。如图3-26(b)所示绘制拉伸截面,完成草绘后单击工具栏中的"完成"按钮☑,如图3-26(c)所示,设置单侧拉伸深度为"5",单击操控板中的"完成"按钮☑,完成拉伸实体特征3的创建。

⑩ 单击"拉伸"工具按钮,系统打开拉伸特征操控板,单击"放置"下滑面板中的"定义"按

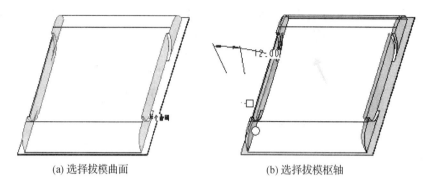

(a) 选择拔模曲面　　(b) 选择拔模枢轴

图 3-25　创建拔模特征 1

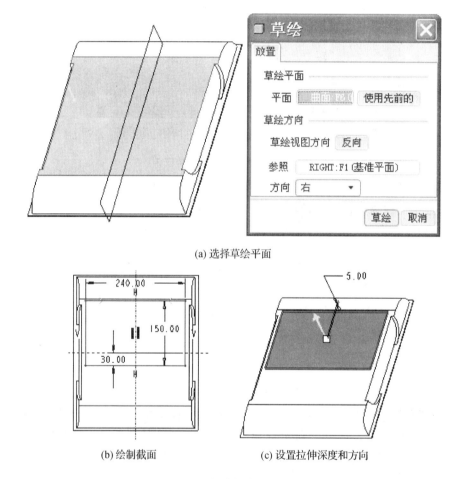

(a) 选择草绘平面

(b) 绘制截面　　(c) 设置拉伸深度和方向

图 3-26　创建拉伸实体特征 3

钮,系统弹出"草绘"对话框,单击"使用先前的"按钮 使用先前的 ,进入草绘界面。如图3-27(a)所示绘制拉伸截面,完成草绘后单击工具栏中的"完成"按钮 ✓,如图3-27(b)所示,设置单侧拉伸深度为"5",单击操控板中的"完成"按钮 ✓,完成拉伸实体特征4的创建,如图3-27(c)所示。

工程点拨:在"草绘"对话框中,"使用先前的"按钮 使用先前的 意义是使用上一次所创建草绘

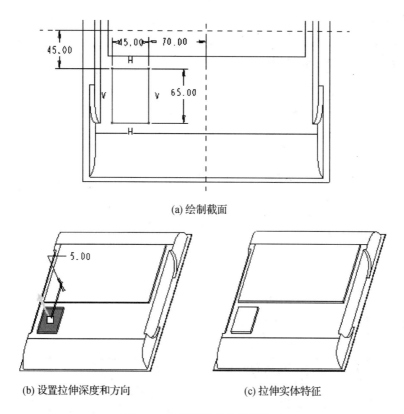

图 3-27 创建拉伸实体特征 4

的草绘平面和方向设置。

⑪ 单击"拉伸"工具按钮,系统打开拉伸特征操控板,单击"切除材料"工具按钮,单击"放置"下滑面板中的"定义"按钮,系统弹出"草绘"对话框,单击"使用先前的"按钮 使用先前的 ,进入草绘界面。如图 3-28(a)所示绘制拉伸截面,完成草绘后单击工具栏中的"完成"按钮,如图 3-28(b)所示,设置单侧拉伸深度为"15",单击操控板中的"完成"按钮,完成拉伸切除特征 4 的创建,如图 3-28(c)所示。

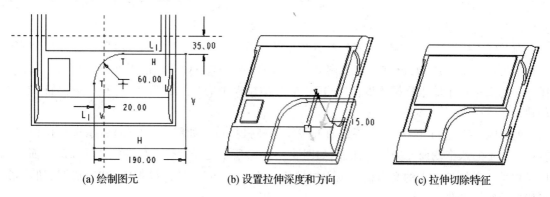

图 3-28 创建拉伸切除特征 4

⑫ 单击"拉伸"工具按钮,系统打开拉伸特征操控板,单击"放置"下滑面板中的"定义"按钮,系统弹出"草绘"对话框,如图 3-29(a)所示选择模型平面作为草绘平面,选择"RIGHT"基

准平面作为右参照平面,进入草绘界面。如图3-29(b)所示绘制拉伸截面,完成草绘后单击工具栏中的"完成"按钮☑,如图3-29(c)所示,设置单侧拉伸深度为"14",单击操控板中的"完成"按钮☑,完成拉伸实体特征5的创建,如图3-29(d)所示。

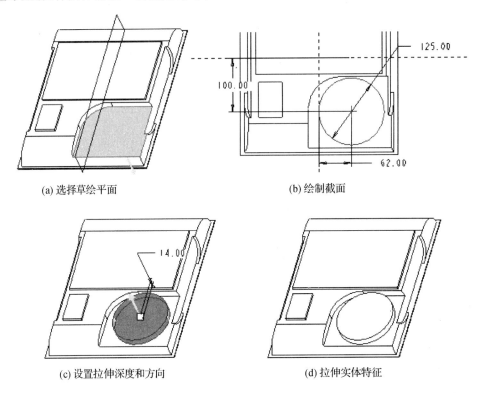

图3-29 创建拉伸实体特征5

⑬ 单击"拉伸"工具按钮,系统打开拉伸特征操控板,单击"放置"下滑面板中的"定义"按钮,系统弹出"草绘"对话框,选择"TOP"基准平面作为草绘平面,选择"RIGHT"基准平面作为右参照平面,进入草绘界面。如图3-30(a)所示绘制拉伸截面,完成草绘后单击工具栏中的"完成"按钮☑,如图3-30(b)设置单侧拉伸深度为"30",单击操控板中的"完成"按钮☑,完成拉伸实体特征6的创建,如图3-30(c)所示。

⑭ 单击"拔模"工具按钮,系统打开拔模特征操控板。如图3-31(a)所示选择拉伸实体特征1的四个侧面作为拔模曲面,如图3-31(b)所示选择"TOP"基准平面作为拔模枢轴。在操控板的文本框中输入拔模角度值"-1"。单击操控板中的"完成"按钮☑,完成拔模特征3的创建。

⑮ 单击"拔模"工具按钮,系统打开拔模特征操控板。如图3-32(a)所示选择拉伸实体特征3和4的八个侧面作为拔模曲面,如图3-32(b)所示选择拉伸实体特征2的顶部平面作为拔模枢轴。在操控板中的文本框中输入拔模角度值"-1.5"。单击操控板的"完成"按钮☑,完成拔模特征4的创建。

⑯ 单击"壳"工具按钮,系统打开壳特征操控板。在模型中选择模型的底部曲面作为要移除的面,如图3-33(a)所示,在操控板的"厚度"文本框中输入厚度值为"2"。单击操控板中的"完成"按钮☑,完成抽壳特征的创建,如图3-33(b)所示。

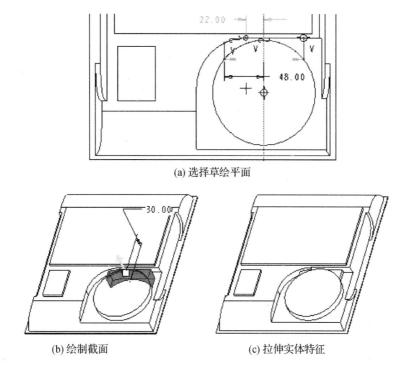

(a) 选择草绘平面

(b) 绘制截面　　　　　　(c) 拉伸实体特征

图 3-30　创建拉伸实体特征 6

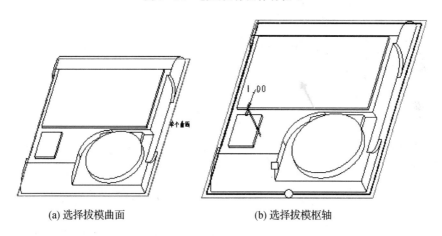

(a) 选择拔模曲面　　　　　　(b) 选择拔模枢轴

图 3-31　创建拔模特征 3

⑰ 单击"拉伸"工具按钮，系统打开拉伸特征操控板，单击"放置"下滑面板中的"定义"按钮，系统弹出"草绘"对话框，选择拉伸实体特征 5 的顶部平面作为草绘平面，选择"RIGHT"基准平面作为右参照平面，进入草绘界面。如图 3-34(a)所示绘制拉伸截面，完成草绘后单击工具栏中的"完成"按钮，如图 3-34(b)所示设置单侧拉伸深度为"3"，单击操控板中的"完成"按钮，完成拉伸实体特征 7 的创建。

⑱ 单击"拉伸"工具按钮，系统打开拉伸特征操控板，单击"切除材料"工具按钮，单击"放置"下滑面板中的"定义"按钮，系统弹出"草绘"对话框。如图 3-35(a)所示选择拉伸实体特征 1 的前侧面作为草绘平面，选择"RIGHT"基准平面作为右参照平面，进入草绘界面。如

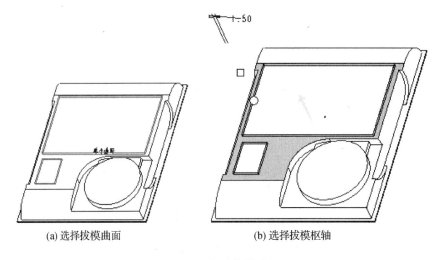

(a) 选择拔模曲面　　　　　　　(b) 选择拔模枢轴

图 3-32　创建拔模特征 4

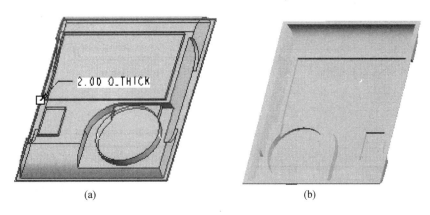

(a)　　　　　　　　　　(b)

图 3-33　创建抽壳特征

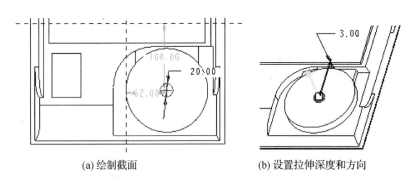

(a) 绘制截面　　　　　　　(b) 设置拉伸深度和方向

图 3-34　创建拉伸实体特征 7

图 3-35(b)所示绘制拉伸截面,完成草绘后单击工具栏中的"完成"按钮。如图 3-35(c)所示,设置单侧拉伸深度为"45",单击操控板中的"完成"按钮,完成拉伸切除特征 5 的创建,如图 3-35(d)所示。单击"特征"工具栏中的"镜像"工具按钮,系统打开镜像特征操控板,选择"RIGHT"基准平面作为镜像平面,镜像所创建的拉伸切除特征 5,创建镜像特征 2。

⑲ 在模型树中选择所创建的"拉伸切除特征 5",单击"阵列"工具按钮,系统打开阵列特

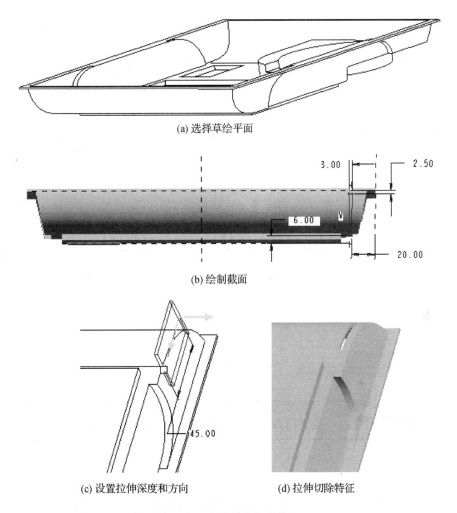

图 3-35 创建拉伸切除特征 5

征操控板,选择"尺寸"选项,如图 3-36(a)所示在绘图区单击尺寸"20",选择此尺寸作为在第 1 方向的阵列尺寸,输入阵列增量值为"6",在操控板中设置第 1 方向的阵列成员数为"30",单击操控板中的"完成"按钮 ☑,完成阵列特征的创建,如图 3-36(b)所示。选择所创建的镜像特征 2,单击"阵列"工具按钮 ▦,系统打开阵列特征操控板,选择"尺寸"选项,如图 3-36(c)所示在绘图区单击尺寸"20",选择此尺寸作为在第 1 方向的阵列尺寸,输入阵列增量值为"6",在操控板中设置第 1 方向的阵列成员数为"6",单击操控板中的"完成"按钮 ☑,完成阵列特征 1 的创建,如图 3-36(d)所示。

⑳ 单击"特征"工具栏中的"基准平面"工具按钮 ▱,系统弹出"基准平面"对话框,如图 3-37(a)所示选择基模型平面作为偏移参照,输入平移值为"3",创建基准平面 DTM1。

㉑ 单击"拉伸"工具按钮 ▱,系统打开拉伸特征操控板,单击"放置"下滑面板中的"定义"按钮,系统弹出"草绘"对话框,选择"DTM1"基准平面作为草绘平面,选择"RIGHT"基准平面作为顶参照平面,单击"反向"按钮 反向,进入草绘界面。如图 3-38(a)所示绘制拉伸截面,完成草绘后单击工具栏中的"完成"按钮 ☑,设置单侧拉伸深度为"拉伸至下一曲面(▤)",单击操控板中的"完成"按钮 ☑,完成拉伸实体特征 8 的创建,如图 3-38(b)所示。

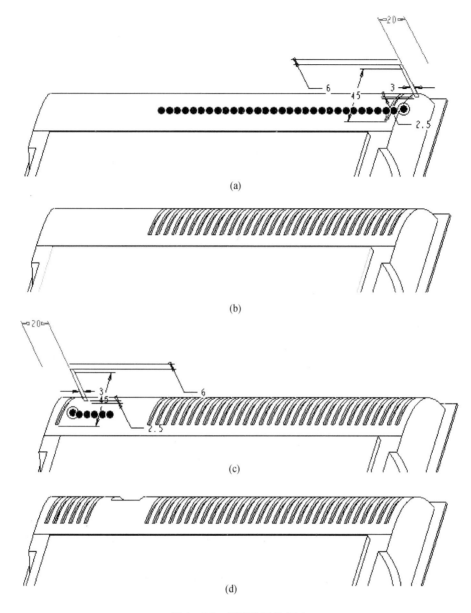

图 3-36 创建阵列特征 1

㉒ 单击"拔模"工具按钮，系统打开拔模特征操控板。如图 3-39(a)所示选择拉伸实体特征 8 的两个侧面作为拔模曲面，如图 3-39(b)所示选择模型内部平面作为拔模枢轴。在操控板的文本框中输入拔模角度值"-1"。单击操控板中的"完成"按钮，完成拔模特征 5 的创建。

㉓ 单击"拉伸"工具按钮，系统打开拉伸特征操控板，单击"切除材料"工具按钮，单击"放置"下滑面板中的"定义"按钮，系统弹出"草绘"对话框，单击"使用先前的"按钮 使用先前的 ，进入草绘界面。如图 3-40(a)所示绘制拉伸截面，完成草绘后单击工具栏中的"完成"按钮，如图 3-40(b)所示，设置单侧拉伸深度为"穿透( )"，单击操控板中的"完成"按钮，完成拉伸切除特征 6 的创建，如图 3-40(c)所示。

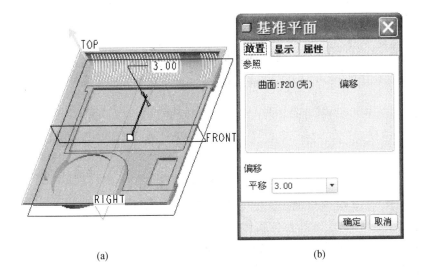

图 3-37 创建基准平面 DTM1

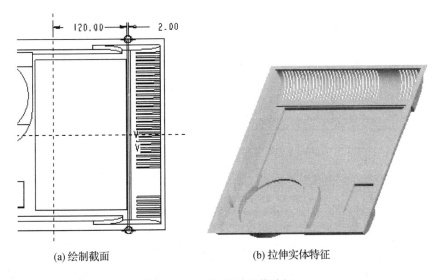

图 3-38 创建拉伸实体特征 8

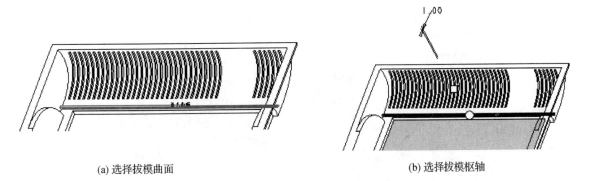

图 3-39 创建拔模特征 5

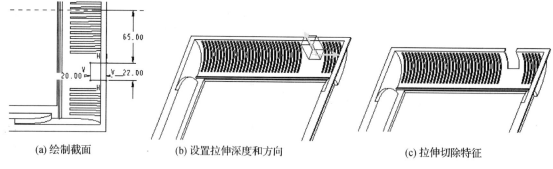

(a) 绘制截面　　　　(b) 设置拉伸深度和方向　　　　(c) 拉伸切除特征

图 3-40　创建拉伸切除特征 6

㉔ 单击"拉伸"工具按钮，系统打开拉伸特征操控板，单击"放置"下滑面板中的"定义"按钮，系统弹出"草绘"对话框，选择拉伸实体特征 1 的底部平面作为草绘平面，选择"RIGHT"基准平面作为左参照平面，单击"反向"按钮，进入草绘界面。如图 3-41(a)所示绘制拉伸截面，完成草绘后单击工具栏中的"完成"按钮，设置单侧拉伸深度为"拉伸至下一曲面(≡)"，单击操控板中的"完成"按钮，完成拉伸实体特征 9 的创建，如图 3-41(b)所示。

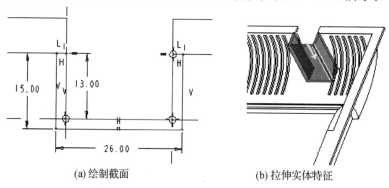

(a) 绘制截面　　　　(b) 拉伸实体特征

图 3-41　创建拉伸实体特征 9

㉕ 单击"拉伸"工具按钮，系统打开拉伸特征操控板，单击"放置"下滑面板中的"定义"按钮，系统弹出"草绘"对话框，单击"使用先前的"按钮，进入草绘界面。如图 3-42(a)所示绘制拉伸截面，完成草绘后单击工具栏中的"完成"按钮，设置单侧拉伸深度为"拉伸至下一曲面(≡)"，单击操控板中的"完成"按钮，完成拉伸实体特征 10 的创建，如图 3-42(b)所示。

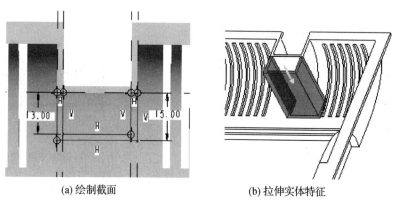

(a) 绘制截面　　　　(b) 拉伸实体特征

图 3-42　创建拉伸实体特征 10

㉖ 单击"拉伸"工具按钮，系统打开拉伸特征操控板，单击"切除材料"工具按钮，单击"放置"下滑面板中的"定义"按钮，系统弹出"草绘"对话框，如图3-43(a)所示，选择模型平面作为草绘平面，接受默认方向参照，进入草绘界面。选择"TOP"基准平面作为参照，如图3-43(b)所示绘制拉伸截面，完成草绘后单击工具栏中的"完成"按钮，如图3-43(c)所示，设置单侧拉伸深度为"拉伸至曲面"，选择如图3-43(c)所示的平面，单击操控板中的"完成"按钮，完成拉伸切除特征7的创建，如图3-43(d)所示。

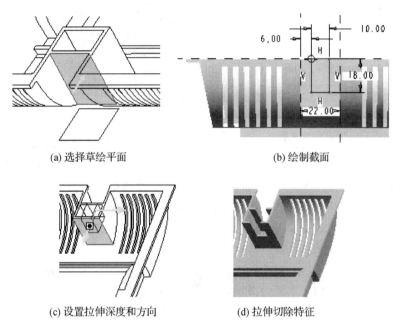

图3-43 创建拉伸切除特征7

㉗ 单击"拔模"工具按钮，系统打开拔模特征操控板。如图3-44(a)所示选择模型的9个侧面作为拔模曲面，如图3-44(b)所示选择模型"TOP"基准平面作为拔模枢轴。在操控板的文本框中输入拔模角度值"1"。单击操控板中的"完成"按钮，完成拔模特征6的创建。

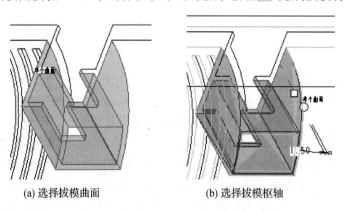

图3-44 创建拔模特征6

㉘ 在绘图区中选择拔模特征1的四个拔模曲面，如图3-45(a)所示。选择系统主菜单中的"编辑"→"偏移"命令，系统打开偏移特征操控板，单击"展开特征"按钮，在操控板中输入偏

移距离值为"2",如图3-45(b)所示。单击操控板中的"完成"按钮☑,完成偏移特征的创建。

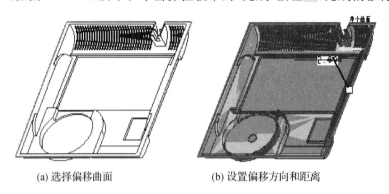

(a) 选择偏移曲面　　　　(b) 设置偏移方向和距离

图3-45　创建偏移特征

㉙ 单击"拉伸"工具按钮☐,系统打开拉伸特征操控板,单击"放置"下滑面板中的"定义"按钮,系统弹出"草绘"对话框,选择"TOP"基准平面作为草绘平面,选择"RIGHT"基准平面作为左参照平面,单击"反向"按钮 反向 ,进入草绘界面。如图3-46(a)所示绘制拉伸截面,完成草绘后单击工具栏中的"完成"按钮☑,如图3-46(b)所示设置单侧拉伸深度为"2",单击操控板中的"完成"按钮☑,完成拉伸实体特征11的创建,如图3-46(c)所示。

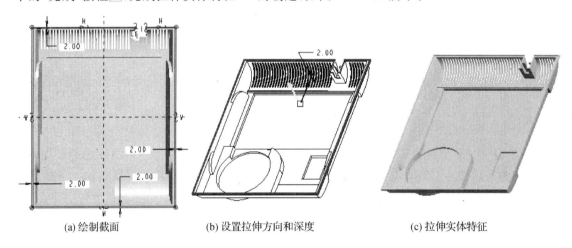

(a) 绘制截面　　　　(b) 设置拉伸方向和深度　　　　(c) 拉伸实体特征

图3-46　创建拉伸实体特征11

㉚ 如图3-47所示选择模型的边,分别创建倒圆角特征。

㉛ 单击"特征"工具栏中的"基准平面"工具按钮☐,系统弹出"基准平面"对话框,如图3-38(a)所示选择"TOP"基准平面作为偏移参照,输入平移值为"3.5",创建基准平面DTM2。

㉜ 单击"拉伸"工具按钮☐,系统打开拉伸特征操控板,单击"放置"下滑面板中的"定义"按钮,系统弹出"草绘"对话框,选择"DTM2"基准平面作为草绘平面,选择"RIGHT"基准平面作为顶参照平面,单击"反向"按钮 反向 ,进入草绘界面。如图3-49(a)、(b)所示绘制拉伸截面,完成草绘后单击工具栏中的"完成"按钮☑,如图3-49(c)所示设置单侧拉伸深度为"45",单击操控板中的"完成"按钮☑,完成拉伸实体特征12的创建,如图3-49 d所示。

㉝ 单击"拉伸"工具按钮☐,系统打开拉伸特征操控板,单击"放置"下滑面板中的"定义"按钮,系统弹出"草绘"对话框,选择拉伸实体特征12的端面作为平面,选择"RIGHT"基准平面作

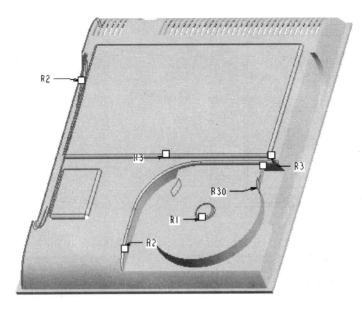

图 3-47 创建倒圆角特征

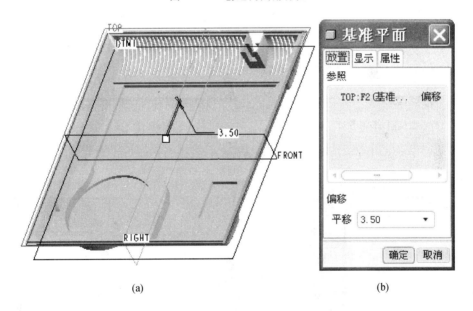

(a)　　　　　　　　　　　　(b)

图 3-48 创建基准平面 DTM2

为顶参照平面,单击"反向"按钮 反向 ,进入草绘界面。如图 3-50(a)、(b)所示绘制拉伸截面,完成草绘后单击工具栏中的"完成"按钮 ✓ ,如图 3-50(c)所示设置单侧拉伸深度为"3",单击操控板中的"完成"按钮 ✓ ,完成拉伸实体特征 13 的创建。

㉞ 单击"特征"工具栏中的"基准平面"工具按钮 ⃞ ,系统弹出"基准平面"对话框,如图 3-51(a)所示选择拉伸实体特征 13 的端面作为偏移参照,输入平移值为"8",创建基准平面 DTM3。

㉟ 单击"拉伸"工具按钮 ⃞ ,系统打开拉伸特征操控板,单击"切除材料"工具按钮 ⃞ ,单击"放置"下滑面板中的"定义"按钮,系统弹出"草绘"对话框,选择"DTM3"基准平面作为草绘平

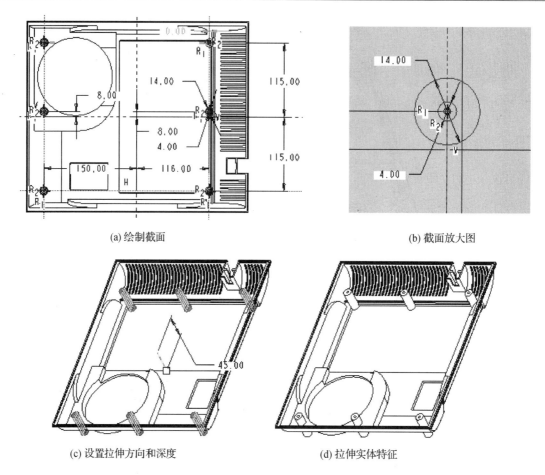

图 3-49 创建拉伸实体特征 12

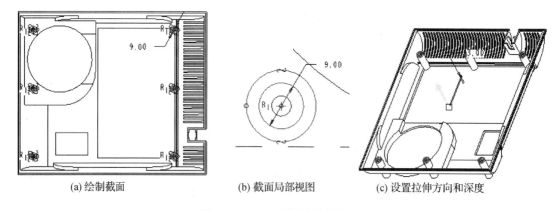

图 3-50 创建拉伸实体特征 13

面,选择"RIGHT"基准平面作为顶草绘参照,进入草绘界面。如图 3-52(a)所示绘制拉伸截面,完成草绘后单击工具栏中的"完成"按钮,如图 3-52(b)所示,设置单侧拉伸深度为"穿透",单击操控板中的"完成"按钮,完成拉伸切除特征 8 的创建。

㊱ 单击"拔模"工具按钮,系统打开拔模特征操控板。如图 3-53(a)所示选择模型的 9 个侧面作为拔模曲面,如图 3-53(b)所示选择模型平面作为拔模枢轴。在操控板中的文本框

第 3 章 Pro/ENGINEER 产品设计工具

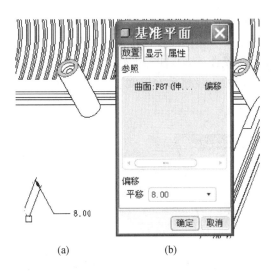

(a)   (b)

图 3-51 创建基准平面 DTM3

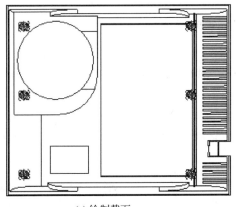

(a) 绘制截面

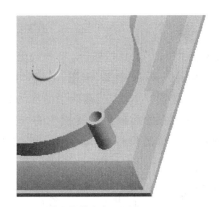

(b) 设置拉伸方向和深度

图 3-52 创建拉伸切除特征 8

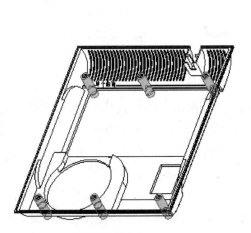

(a) 选择拔模曲面

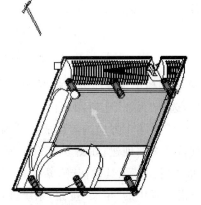

(b) 选择拔模枢轴

图 3-53 创建拔模特征 7

中输入拔模角度值"－1"。单击操控板的"完成"按钮☑,完成拔模特征7的创建。

㊲ 单击"拔模"工具按钮,系统打开拔模特征操控板。如图3－54(a)所示选择模型拉伸切除特征8的9个侧面作为拔模曲面,如图3－54(b)所示选择模型"DTM3"基准平面作为拔模枢轴。在操控板中的文本框中输入拔模角度值"2"。单击操控板的"完成"按钮☑,完成拔模特征8的创建。

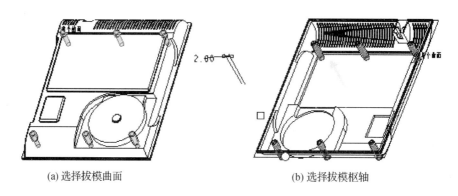

(a) 选择拔模曲面　　　　　　　(b) 选择拔模枢轴

图3－54　创建拔模特征8

㊳ 单击"拉伸"工具按钮,系统打开拉伸特征操控板,单击"切除材料"工具按钮,单击"放置"下滑面板中的"定义"按钮,系统弹出"草绘"对话框,选择拉伸实体特征5的顶部平面作为草绘平面,选择"RIGHT"基准平面作为右草绘参照,进入草绘界面。如图3－55(a)所示绘制拉伸截面,完成草绘后单击工具栏中的"完成"按钮☑,如图3－55(b)所示,设置单侧拉伸深度为"穿透(╬)",单击操控板中的"完成"按钮☑,完成拉伸切除特征9的创建,如图3－55(c)所示。

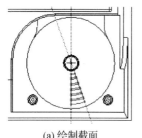 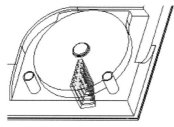 

(a) 绘制截面　　　(b) 设置拉伸方向和深度　　　(c) 拉伸切除特征

图3－55　创建拉伸切除特征9

㊴ 在模型树中选择所创建的"拉伸切除特征9",单击"阵列"工具按钮,系统打开阵列特征操控板,选择"尺寸"选项,如图3－56(a)所示在绘图区选择"A_1"轴作为阵列中心的基准轴,在操控板中设置第1方向的阵列成员数为"15",角度为"24"。单击操控板中的"完成"按钮☑,完成阵列特征2的创建,如图3－56(b)所示。

㊵ 单击"拉伸"工具按钮,系统打开拉伸特征操控板,单击"切除材料"工具按钮,单击"放置"下滑面板中的"定义"按钮,系统弹出"草绘"对话框,选择拉伸实体特征5的顶部平面作为草绘平面,选择"RIGHT"基准平面作为右草绘参照,进入草绘界面。如图3－57(a)所示绘制拉伸截面,完成草绘后单击工具栏中的"完成"按钮☑,如图3－57(b)所示,设置单侧拉伸深度

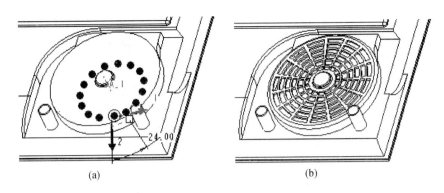

图 3-56 创建阵列特征 2

为"拉伸至下一曲面(⬒)",单击操控板中的"完成"按钮☑,完成拉伸切除特征 10 的创建,如图 3-57(c)所示。

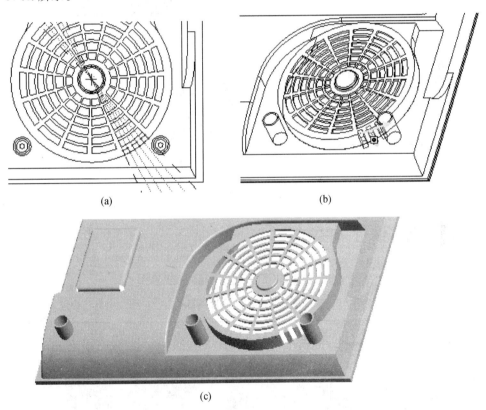

图 3-57 创建拉伸切除特征 10

㊶ 在模型树中选择所创建的"拉伸切除特征 10",单击"阵列"工具按钮▦,系统打开阵列特征操控板,选择"尺寸"选项,如图 3-58(a)所示在绘图区选择"A_1"轴作为阵列中心的基准轴,在操控板中设置第 1 方向的阵列成员数为"15",角度为"24"。单击操控板中的"完成"按钮☑,完成阵列特征 3 的创建,如图 3-58(b)所示。

㊷ 选择模型拉伸切除特征 5 的边,创建倒圆角特征。最终创建的电磁炉后盖如图 3-59 所示。保存文件并退出。

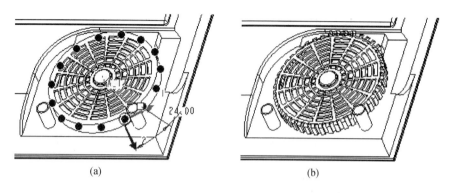

图 3-58 创建阵列特征 3

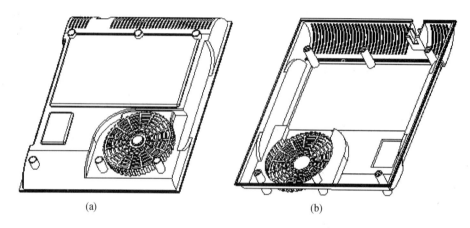

图 3-59 电磁炉后盖

3.4 产品建模工程实战

在 Pro/ENGINEER 系统中进行表 3-7 所列的产品特征建模。

表 3-7 产品设计项目

名　称	产品图
面板	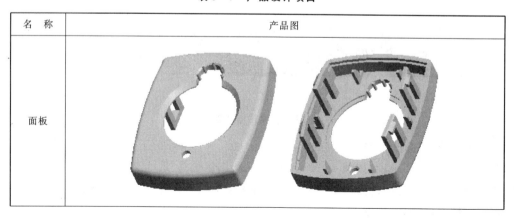

续表 3-7

名 称	产品图
后盖	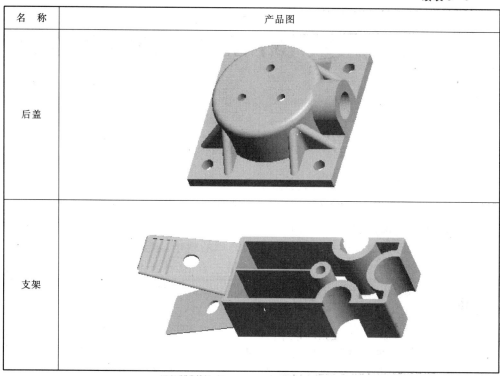
支架	

第4章 Pro/ENGINEER 自由造型曲面设计

4.1 自由造型曲面概述

自由造型曲面是 Pro/ENGINEER 中的设计环境,可以方便而迅速地创建自由造型的曲线和曲面,并能将多个元素组合成超级特征。"自由造型曲面"特征之所以被称为超级特征,因为它们可以包含无限数量的曲线和曲面。

新"自由造型曲面"用户界面提供了两种建模环境的精华,它是一个功能齐全、直观的建模环境,也是 Pro/ENGINEER 的特征。用户可创建真正自由的"自由造型曲面"特征并使用参数化和相关 Pro/ENGINEER 功能。"自由形式曲面"特征非常灵活,它们有其自己的内部父子关系,并可与其他 Pro/ENGINEER 特征具有关系。

选择 Pro/ENGINEER 系统主菜单中的"插入"→"造型"命令,或者单击"特征"工具栏中按钮 ,可进入"自由造型曲面"模块,如图 4-1 所示。"自由造型曲面"模块有其自己的用户界面,其中"造型工具"工具栏位于绘图区右侧垂直位置,"分析工具"工具栏位于绘图区顶部水平位置。造型工具和分析工具具体在"自由造型曲面"设计中的功用,分别如表 4-1 和表 4-2 所列。显示工具如表 4-3 所列。

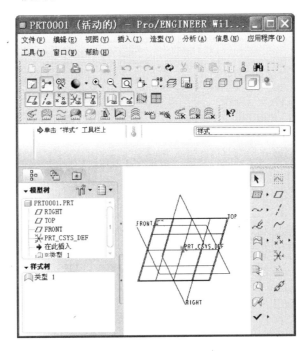

图 4-1 自由造型曲面主界面

表 4-1 造型工具

工具栏	按钮	功 能	定 义
		选取	选择特征
		设置活动平面	选择一平面/基准平面作为活动平面
		内部平面	创建一基准平面用于定义活动平面
		曲线	创建曲线
		圆	创建圆
		圆弧	创建圆弧
		编辑曲线	编辑所创建的曲线
		下落曲线	通过将曲线投影到曲面上而创建 COS 曲线
		通过相交产生 COS	通过相交曲面创建 COS 曲线
		曲面	选择曲线创建曲面
		曲面连接	定义曲面连接
		曲面修剪	修剪所选的曲面
		曲面编辑	选择曲面进行编辑
		完成	完成当前造型操作
		退出	取消当前造型操作

表 4-2 分析工具

工具栏	按钮	功能	定义
		曲率	显示曲线的曲率、半径、相切选项;曲面的曲率、垂直选项等
		截面	检测截面的曲率、半径、相切、位置选项与加亮的位置
		偏移	偏移曲线或曲面
		着色曲率	分析曲面的着色曲率:高斯、最大、剖面选项
		反射	分析曲面与曲面之间的连接
		斜度	检测曲面的拔模角度
		斜率	斜率检测
		曲面节点	分析曲面节点
		保存的分析	显示"保存的分析"对话框
		全部隐藏	隐藏所有已保存的分析
		删除全部曲率	删除全部已保存的曲率分析
		删除全部截面	删除全部已保存的截面分析
		删除全部曲面节点	删除全部已保存分析的曲面节点

表 4-3 显示工具

工具栏	按钮	功能	定义
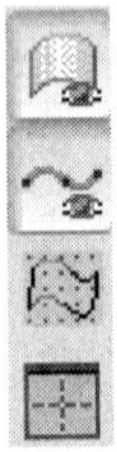		曲面显示	样式曲面的打开/关闭
		显示曲线	样式曲线的打开/关闭
		跟踪草绘	设置跟踪草绘
		显示所有视图	在显示所有视图与全屏显示一个视图之间切换

1. 曲线 G1、G2、G3 连续

在自由造型曲线中,曲线和曲线之间的连接关系有三种:位置(G0)、相切(G1)和曲率(G2)。

① G0 连续表示两条曲线有公共端点但法线方向不一致;
② G1 连续表示两条曲线公共端点处法线方向一致但曲率半径大小不等;
③ G2 连续表示两条曲线公共端点处法向和曲率半径均一致的连接情况。

2. 曲面 G1、G2、G3 连续

Gn 表示两个几何对象间的实际连续程度。

G0 表示两个对象相连或两个对象的位置是连续的。G0 连续(也称为点连续)在每个表面上产生一次反射,这种连续仅仅保证曲面间没有缝隙而是完全接触。

G1 表示两个对象光顺连续,一阶微分连续,或者是相切连续的。G1 连续(也称为切线连续)将产生一次完整的表面反射,反射线连续但是呈扭曲状,这种连续仅是方向的连续而没有半径连续。倒圆角就是这种情况。

G2 表示两个对象光顺连续,二阶微分连续,或者两个对象的曲率是连续的。G2 连续(也称为曲率连续)将产生横过所有边界的完整的和光滑的反射纹。曲率连续意味着在任何曲面上的任一"点"中沿着边界有相同的曲率半径。外观质量要求高的产品需要曲率做到 G2 连续,其实曲面做到这一点难度是很大的。在一般的产品设计中 G1 连续就能满足大部分产品开发需要。

G3 两边对象光顺连续,三阶微分连续等。

Gn 的连续性是独立于表示(参数化)的。G1 意味着切向矢量的方向相同,但模量不同。G2 意味着曲率相同,但二阶导数不同。

在 Pro/ENGINEER 软件中用以下手段来检测和评估曲面的连续性:

(1) 用着色曲率分析

两个面之间公共线左右如果颜色有分界线就是 G1 连续,如果没有分界线就是 G2 连续。

(2) 用加亮曲线分析

如果加亮曲线条纹在公共线左右断开就是 G1 连续,如果没有分界线就是 G2 连续。

(3) 用反射分析

如果反射分析斑马纹连续但有突变就是 G1 连续,如果没有突变光滑连续就是 G2 连续。

4.2 Pro/ENGINEER 自由造型工具

4.2.1 创建自由造型曲线

1. 设置工作平面

如果正在"自由造型曲面"模块中工作,则在将模型视图设置为活动平面方向之前,请确保已将其中的一个基准平面指定为活动平面。

单击"特征"工具栏中的按钮，或选择系统主菜单中的"造型"→"设置活动平面"命令。选取一个基准平面，如图 4-2 所示，选择"FRONT"基准平面，指定的"FRONT"基准平面成为活动平面。"自由造型曲面"绘图区中将显示此平面的水平和垂直方向。

2. 点的类型

可使用"曲线"工具创建曲线。有以下两种类型的点可用于定义曲线。

（1）自由点

未受约束的点。

（2）约束点

以某种方式被约束的点，即软点或固定点。

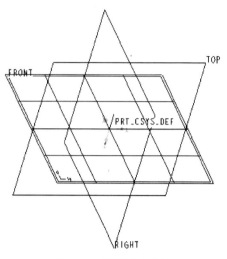

图 4-2 设置活动平面

① 软点。可通过将点捕捉到任一曲线、边、面组或实体曲面、扫描曲线、小平面或基准轴来创建软点。创建软点时，正在捕捉的图元将被短暂加亮显示。软点受部分约束，也就是说它可以在其父对象上滑动。当软点参照其他曲线和边时显示为圆。当软点参照曲面和基准平面时显示为正方形。

注意：当拖动点进行捕捉时，按住 Shift 键，或选择系统主菜单中的"造型"→"捕捉"命令。

② 固定点。固定点是完全约束的软点。固定点以十字叉丝显示。它不可在其父对象上滑动，因为它受 x 轴、y 轴和 z 轴的约束。

将软点变为固定点，有以下几种方法：

① 将曲线捕捉到基准点或顶点上。

② 如果使用"锁定到点"选项，则自由曲线上的软点将转变为固定点。"锁定到点"会将软点移动到其父曲线上最近的定义点。

③ 当平面曲线被捕捉到现有图元上时，点被固定，因为此平面与其他图元相交。

3. 创建新曲线

创建新曲线的步骤如下：

① 单击"特征"工具栏中的按钮，或选择系统主菜单中的"造型"→"曲线"命令，系统打开"自由造型曲线"操控板。

② 选择"自由"、"平面"及"COS"之一，以指定要创建的曲线的类型。

自由曲线：创建位于三维空间中的曲线，且不受任何几何图元约束。

平面曲线：创建位于指定平面上的曲线。

曲面上的曲线（COS 曲线）：创建一条被约束于指定单一曲面上的"曲面上的曲线"。

③ 可以使用控制点和插值点来创建自由造型曲线。

选中"控制点"复选框以便使用控制点来定义曲线。

选中"按比例更新"复选框。按比例更新的曲线允许曲线上的自由点比照软点移动。在曲线编辑过程中，曲线按比例保持其形状。没有按比例更新的曲线，在编辑过程中只在软点处改变形状。

4.2.2 创建自由造型曲面

可利用"曲面"工具,用一条或多条定义的曲线或边创建如表 4-4 所列的类型的曲面。

表 4-4 创建自由造型曲面

曲面类型	创建方式	内部曲线	封闭环	选择快捷键
边界曲面	选取三条或四条边界曲线,相应地创建三角形或矩形边界曲面。这些曲线必须相交以构成相连的边界	无或有多条内部曲线	是	按住 Ctrl 键,独立地选取多个边界以创建链。按住 Shift 键在单个边界中选取多条曲线
放样曲面	由指向同一方向的一组非相交曲线以创建放样曲面	无内部曲线	不是	
混合曲面	由一条或两条主曲线和至少一条交叉曲线创建而得。交叉曲线是与一条或多条主曲线相交的曲线	无或有多条内部曲线	不是	

在创建或重定义期间,可通过选取定义曲线的其他组将任何类型的自由形式曲面(即边界、放样或混合)转换为其他类型。"自由曲面"的定义曲线必须有软点连接,或无论何时两条曲线需要相交时会在端点处共享顶点。

如果选取了两条主曲线,则将创建放样曲面。选取一条或多条相交曲线时,此放样曲面会更改为混合曲面。

4.2.3 编辑自由造型曲线

1. 编辑约束点的移动

1) 单击"特征"工具栏中的 按钮,或选择系统主菜单中的"造型"→"曲线编辑"命令,系统打开"编辑自由造型曲线"操控板。

2) 选择要编辑的曲线。

3) 操控板上的"点"以显示点移动选项。在"点"下滑面板中,如图 4-3 所示,在"拖动"选项中选择下列选项之一:

① 自由。移动不受约束。

② 水平/垂直。点移动仅被约束在水平或垂直方向上。在拖动点的同时按住 Ctrl 和 Alt 键,使其仅沿着水平方向或垂直方向平行于活动基准平面移动。

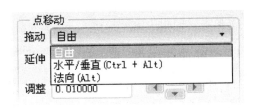

图 4-3 约束点的移动

③ 法向。点移动被约束在垂直于当前基准平面的方向上。或者,拖动点时按住 Alt 键,使其沿着活动基准平面的法向移动。

2. 编辑曲线点

1）单击"特征"工具栏中的 按钮，系统打开"编辑自由造型曲线"操控板。

2）选择要编辑的曲线。

3）可按照以下方式来编辑曲线点：

① 要创建软点，按住 Shift 键，选取一个自由点，将其拖动到最靠近的几何图元，将该点捕捉到几何图元上。或者，选择系统主菜单中的"造型"→"捕捉"命令，选取一个自由点，然后将其拖动到最靠近的几何图元，将该点捕捉到几何图元上。

② 沿曲线、边、基准平面或曲面单击并拖动软点。单击操控板上的"点"下滑面板，然后更改"类型"和"值"的值。

③ 在屏幕上任意位置单击并拖动自由点。自由点在平行于当前基准平面的平面中移动，并通过点的原始位置。拖动点时按住 Alt 键，可使其沿着活动基准平面的法向移动。在拖动点的同时按住 Ctrl 和 Alt 键，使其仅沿着水平方向或垂直方向平行于活动基准平面移动。

④ 在操控板上的"点"选项卡下指定 x、y 和 z 坐标值，移动自由点。可选中"相对"复选框，将 x、y 和 z 坐标值视为距离点的原始位置的偏距。

4）单击操控板中的 按钮。

3. 向曲线添加点

在向曲线添加点时，"自由曲面"会通过定义点重新调整曲线。有时曲线的形状会得到明显的改变。

1）单击"特征"工具栏中的 按钮，系统打开"编辑自由造型曲线"操控板。

2）选择要编辑的曲线。

3）在曲线上的任意位置右击，系统弹出如图 4-4 所示的右键快捷菜单，然后选取下列选项之一：

① 添加点。在所选位置添加一点。

② 添加中点。在所选位置两侧的两个现有点的中点添加一个点。

图 4-4　快捷菜单

4）单击操控板中的 按钮。

4. 改变曲线类型

可以将自由曲线更改为平面曲线，也可以将平面曲线更改为自由曲线。无法将自由曲线和平面曲线更改为曲面上的曲线（COS）。

1）单击"特征"工具栏中的 按钮，系统打开"编辑自由造型曲线"操控板。

2）选择要编辑的曲线。

3）选取下列选项之一：自由、平面和 COS。如果将自由曲线更改为平面曲线，则必须定义曲线将位于其上的基准平面或偏距。曲线将投影在当前的基准平面上。

4）单击操控板中的 按钮，则曲线类型更改为所选的类型。

5. 改变软点类型

1) 单击特征工具栏中的按钮 ，系统打开"编辑自由造型曲线"操控板。
2) 选择要编辑的曲线。
3) 选中软点并右击,系统弹出如图4-5(a)所示的右键快捷菜单,选择下列选项之一。或者,在如图4-5(b)所示的操控板中的"点"下滑面板中选择下列选项之一。

(a) 右键快捷菜单

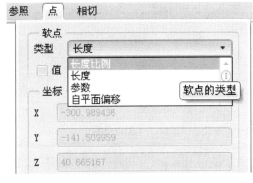
(b) "类型"下拉列表框

图 4-5 软点类型选项

① 在"软点"的右键快捷菜单中选择以下选项之一。默认值是"长度比例"选项。
- 长度比例。通过保持从曲线起点到点的长度相对于曲线总长度的百分比来保持软点的位置。此为默认设置。
- 长度。确定从参照曲线起点到点的距离。
- 参数。通过保持点沿曲线常量的参数,来保持点的位置。
- 自平面偏移。通过使参照曲线与给定偏距处的平面相交来确定点的位置。如果找到多个交点,将使用在参数上与上一个值最接近的值。
- 锁定到点。将软点锁定到参照曲线上的定义点,查找父曲线上最近的定义点(一般为端点)。
- 链接。表示该点是软点,但以上软点类型均不适用。这包括曲面或平面上的软点和相对于基准点或顶点的软点。
- 断开链接。断开软点与父项几何之间的连接。此点变成自由点,并定义在当前位置。

② 在"值"框中为相应的软点类型输入一个值。也可选中"值"复选框,导出要在"造型"特征外进行修改的值。

6. 改变切线的方向约束

通过改变曲线的切线方向可改变曲线形状,方法有两种,在屏幕上单击并拖动切向量,或使用"编辑自由造型曲线"操控板中的"切线"选项。

1) 单击"特征"工具栏中的 按钮,系统打开"编辑自由造型曲线"操控板。
2) 选择要编辑的曲线。
3) 曲线的端点,显示带有插值点的曲线的切向量。对于带控制点的曲线,选取介于端点与端点前面的点之间的曲线段。

4）在操控板上单击"切线",如图4-6(a)所示从"约束"选项组中的"第一"下拉列表框中选取其中一个主切线约束。或者右击切向量,系统弹出如图4-6(b)所示的右键快捷菜单,然后选取下列选项之一:

(a)

(b) 右键快捷菜单

图4-6 切线的方向约束选项

① 自然。使用定义点的自然数学切线。对于新创建的曲线,该项为默认值。修改定义点时,切线可能改变方向。

② 自由。使用用户定义的切线。操作时,自然切线将立即变为自由切线。修改后,将按照指定的方向和长度,然后可自由拖动切线。

③ 固定角度。设置当前方向,但允许通过拖动改变长度。

④ 水平。相对于当前基准平面的网格,将当前方向设置为水平,但允许通过拖动改变长度。

⑤ 竖直。相对于当前基准平面的网格,将当前方向设置为竖直,但允许通过拖动改变长度。

⑥ 垂直。设置当前方向垂直于所选的参照基准平面。

⑦ 对齐。设置当前方向指向另一曲线上的参照位置。

⑧ 对称。设置当前方向对称于另一曲线上的参照位置。

⑨ 相切。设置当前方向相切于另一曲线上的参照位置。

⑩ 曲率。设置当前方向曲率于另一曲线上的参照位置。

⑪ 曲面相切。设置当前方向相切于另一曲面上的参照位置。

⑫ 曲面曲率。设置当前方向曲率于另一曲面上的参照位置。

⑬ 相切拔模。设置当前方向相切拔模于另一曲面上的参照位置。

5）在操控板上"相切"下滑面板中的"属性"下指定下列内容:

① 长度。如果需要,在"长度"文本框中输入值,指定切线的确切长度。

② 角度。如果需要,在"角度"文本框中输入角度,指定切线的确切角度。

③ 高度。在"高度"框中输入一个值(如果需要)。仰角是切线相对切线参照基准平面的超出量的度量,单位为度。

6）在"相切"下滑面板中的"拖动"中,指定在屏幕上直接操控切向量的方式:

① 自由。相切运动无约束。

② 长度。锁定切线的当前方向,以便只能改变长度。也可以在拖动切线时按住 Ctrl 和 Alt 键。

③ 角度+仰角。锁定切线的当前长度,使得只有角度和仰角能够改变。也可以在拖动切线时按住 Alt 键。

注意:拖动设置不向当前选定的切线应用任何约束,只影响使用鼠标拖动的切线。

7) 单击操控板中的 ✓ 按钮。

工程点拨:每条切线都可以有其自己独特的参照平面,用于约束主角度和仰角。用户可以约束控制点切线,也可以约束插值点切线。如果切线仰角值为 90°,则修改切线角度对于切线方向没有影响,因为仰角控制切线方向。

4.3 自由造型曲面工程实例 1

下面以鼠标的造型曲面设计为例,详细介绍产品曲面造型的方法与技巧。

1) 选择系统主菜单中的"文件"→"新建"命令,系统弹出"新建"对话框。在"类型"选项组中选择"零件"选项,在对应的"子类型"选项组中选择"设计"选项,输入文件名称"mouse_skel",取消"使用缺省模板",在弹出的"新文件选项"对话框中,选择公制模板"mmns_prt_design",单击"确定"按钮,进入零件设计模块。

2) 单击"草绘"工具按钮 ,系统弹出"草绘"对话框,如图 4-7 所示。选择"FRONT"基准平面作为草绘平面,选择"RIGHT"基准平面作为右参照平面,如图 4-8 所示绘制图元,完成草绘后单击工具栏中的 ✓ 按钮。

图 4-7 "草绘"对话框

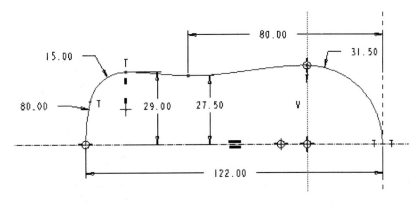

图 4-8 绘制图元 1

3) 单击"草绘"工具按钮 ,系统弹出"草绘"对话框。选择"FRONT"基准平面作为草绘平面,选择"RIGHT"基准平面作为右参照平面,如图 4-9 所示绘制图元,完成草绘后单击工具栏中的 ✓ 按钮。

工程点拨:标注 90°的方法是,单击工具栏中的 按钮,单击所创建的样条曲线,然后单击交

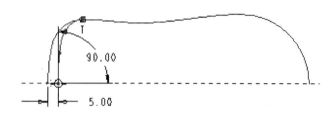

图 4-9 绘制图元 2

点,再单击中心线,按鼠标中键即可显示角度值,对其修改即可。

4）选择前面所创建的曲线,依次按 Ctrl＋C 和 Ctrl＋V 组合键,系统打开粘贴特征操控板,在"曲线类型"选项中选择"逼近",单击操控板中的 ✓ 按钮,完成该曲线的复制,如图 4-10 所示。

图 4-10 逼近复制曲线

工程点拨：在粘贴曲线操控板"曲线类型"选项中,"精确"选项是创建选定基准曲线的精确副本；"逼近"选项是创建通过单一连续曲率样条逼近于相切曲线链的基准曲线。采用逼近复制可以得到连续性较好的曲线,有利于提高曲线质量。

5）单击"拉伸"工具按钮 ,系统打开拉伸特征操控板。单击操控板中的 按钮,单击"放置"下滑面板中的"定义"按钮,系统弹出"草绘"对话框。选择"FRONT"基准平面作为草绘平面,选择"RIGHT"基准平面作为右参照平面,进入草绘界面。如图 4-11(a)所示绘制拉伸图元,完成草绘后单击工具栏中的 ✓ 按钮,如图 4-11(b)所示,设置单侧拉伸深度为"36"。单击操控板中的 ✓ 按钮,完成拉伸曲面特征 1 的创建。

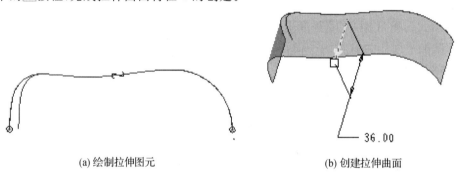

(a) 绘制拉伸图元   (b) 创建拉伸曲面

图 4-11 创建拉伸曲面 1

6）单击"拉伸"工具按钮 ,系统打开拉伸特征操控板。单击操控板中的 和 按钮,选择步骤 5 所创建的拉伸曲面 1 作为修剪面组,单击"放置"下滑面板中的"定义"按钮,系统弹出"草绘"对话框。选择"TOP"基准平面作为草绘平面,选择"RIGHT"基准平面作为右参照平面,单击"反向"按钮进入草绘界面。如图 4-12(a)所示绘制拉伸图元,完成草绘后单击工具栏中的 ✓ 按钮,如图 4-12(b)所示,设置单侧拉伸深度为"120"。单击操控板中的 ✓ 按钮,完成拉伸曲面特征 2 的创建,如图 4-12(c)所示。

7）选择如图 4-13 所示的曲线,依次按 Ctrl＋C 和 Ctrl＋V 组合键,系统打开粘贴曲面操控板。在"曲线类型"选项中选择"逼近",单击操控板中的 ✓ 按钮,完成曲线的复制。

8）单击"草绘"按钮 ,系统弹出"草绘"对话框。选择"TOP"基准平面作为草绘平面,选择

第 4 章 Pro/ENGINEER 自由造型曲面设计

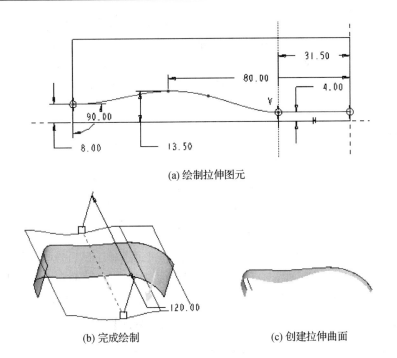

(a) 绘制拉伸图元

(b) 完成绘制　　　　(c) 创建拉伸曲面

图 4-12　创建拉伸曲面 2

"RIGHT"基准平面作为底参照平面。如图 4-14(a)所示绘制图元,完成草绘后单击工具栏中的✓按钮,创建的曲线如图 4-14(b)所示。

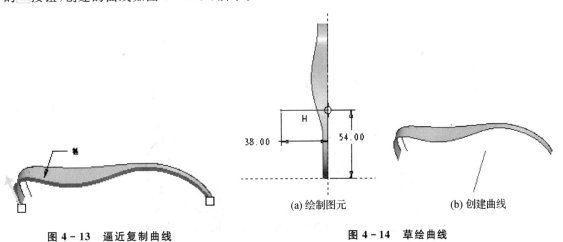

图 4-13　逼近复制曲线　　　　　　　(a) 绘制图元　　　　(b) 创建曲线

　　　　　　　　　　　　　　　　　　图 4-14　草绘曲线

9) 单击"造型"工具按钮 ,进入自由造型曲面界面,构建鼠标控制曲线。具体步骤如下:

① 单击"设置活动平面"按钮 ,选择"TOP"基准平面作为活动平面并右击,在弹出的快捷菜单中选择"活动平面方向"命令。

② 单击"创建曲线"按钮 ,系统弹出创建曲线操控板。单击 按钮,在 TOP 平面上单击左键三次创建三个点,绘制如图 4-15(a)所示的自由曲线。

③ 单击"编辑曲线"按钮 ,系统打开曲线编辑操控板。在绘图区选择所创建的平面曲线,按 Shift 键,单击鼠标左键选择曲线右端点移动至复制曲线的右端点。按 Shift 键,单击选择曲

线左端点移动至复制曲线的左端点。按 Shift 键,单击鼠标左键选择曲线中间点移动至草绘曲线的终点。单击曲线的左右两个端点,选择显示的切线并右击,系统弹出快捷菜单,选择"曲面相切"命令。分别单击曲线的左右端点,在操控板的"相切"选项中,分别设置切线固定长度为"14"和"26"。编辑后的曲线如图 4-15(b)所示。单击操控板中的✓按钮。

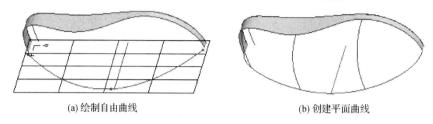

(a) 绘制自由曲线　　　　　　　　(b) 创建平面曲线

图 4-15　创建平面曲线 1

④ 单击"特征"工具栏中的□按钮,系统弹出"基准平面"对话框。选择基准平面"RIGHT"作为参照,设置偏离为"31.5",如图 4-16 所示,创建内部基准平面"DTM2"。同上设置平移距离为"76"、"115",分别创建"DTM3"、"DTM4"基准平面,如图 4-17 所示。

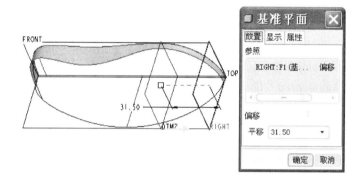

图 4-16　创建的基准平面 DTM2

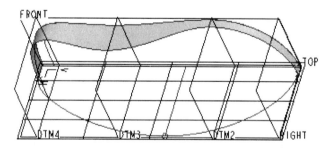

图 4-17　创建基准平面 DTM3 和 DTM4

⑤ 单击"设置活动平面"按钮▱,选择"DTM2"作为活动平面。单击"创建曲线"按钮~,系统打开创建曲线操控板。单击☑按钮,绘制如图 4-18(a)所示的平面曲线。单击"编辑曲线"按钮✎,系统打开曲线编辑操控板,将曲线的两个端点约束至如图 4-18(b)所示的曲线上。曲线的两个上下端点切线分别设定为"曲面相切"和"法向",在操控板的"相切"选项中,分别设置上下端点切线固定长度为"14.5"和"15"。

工程点拨:端点切线分别设定为"曲面相切"和"法向",上端点设置与相邻曲面相切,下端点设置法向于"TOP"基准平面。

第 4 章　Pro/ENGINEER 自由造型曲面设计

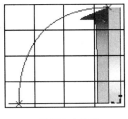

(a) 绘制自由曲线　　　　　(b) 创建平面曲线

图 4-18　创建平面曲线 2

⑥ 同上步骤，如图 4-19(a)、图 4-19(b)所示在"DTM3"上创建平面曲线，曲线的两个上下端点切线分别设定为"曲面相切"和"法向"，在操控板的"相切"选项中，分别设置切线固定长度为"12"和"13"。同上步骤，如图 4-20(a)、图 4-20(b)所示在"DTM4"上创建平面曲线，曲线的两个上下端点切线分别设定为"曲面相切"和"法向"，在操控板的"相切"选项中，分别设置上下端点切线固定长度为"6.6"和"4.4"。单击工具栏中的 ✓ 按钮完成，创建的四条自由造型曲线如图 4-21 所示。

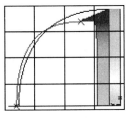 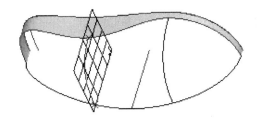

(a) 绘制自由曲线　　　　　(b) 创建平面曲线

图 4-19　创建平面曲线 3

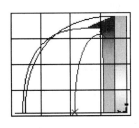 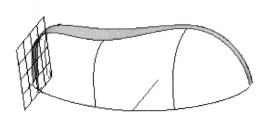

(a) 绘制自由曲线　　　　　(b) 创建平面曲线

图 4-20　创建平面曲线 4

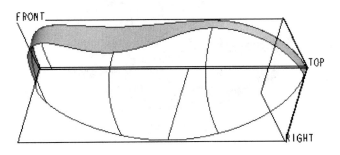

图 4-21　创建的自由造型曲线

10) 创建边界混合曲面1。单击"边界混合"工具按钮,系统打开边界混合特征操控板,如图4-22(a)所示选择第一方向的两条曲线,如图4-22(b)所示选择第二方向的三条曲线,在

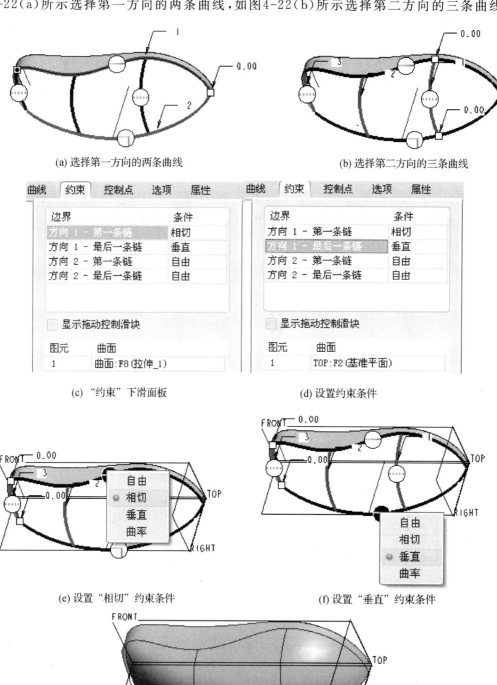

图 4-22 创建边界混合曲面1

"约束"下滑面板,设置如图4-22(c)和图4-22(d)所示的边界约束条件,也可以直接在绘图区,在◯和⊖按钮上右击,在弹出的快捷菜单中如图4-22(e)和图4-22(f)所示设置边界约束条件。创建的边界混合曲面1如图4-22(g)所示。

11) 选择系统主菜单中的"分析"→"几何"→"着色曲率"命令,系统弹出"着色曲率"对话框。如图4-23所示,选择上一步所创建的边界混合曲面,发现曲面两处发生收敛,曲面质量欠佳。

12) 拉伸切除发生收敛的曲面局部。单击"拉伸"工具按钮,系统打开拉伸特征操控板。单击操控板中的和按钮,选择步骤10所创建

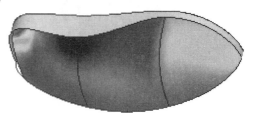

图4-23 曲面高斯曲率分析

的边界混合曲面1作为修剪面组,单击"放置"下滑面板中的"定义"按钮,系统弹出"草绘"对话框。选择"RIGHT"基准平面作为草绘平面,选择"TOP"基准平面作为右参照平面,进入草绘界面。如图4-24(a)所示绘制拉伸图元,完成草绘后单击工具栏中的按钮,如图4-24(b)所示,设置单侧拉伸深度为"15"。单击操控板中的按钮,完成拉伸曲面特征3的创建,如图4-24(c)所示。

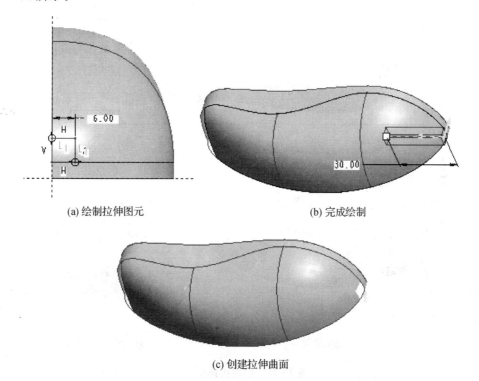

(a) 绘制拉伸图元　　(b) 完成绘制

(c) 创建拉伸曲面

图4-24 创建拉伸曲面3

13) 创建边界混合曲面2。单击"边界混合"工具按钮,系统打开边界混合特征操控板。选择如图4-25(a)所示的四条边界曲线作为第一方向和第二方向的曲线,单击"约束"下滑面板,设置如图4-25(b)所示的边界约束条件,其中三条边与相邻曲面相切,底边与"TOP"基准平面垂直。创建的曲面如图4-25(a)所示。

14) 拉伸切除发生收敛的曲面。单击"拉伸"工具按钮,系统打开拉伸特征操控板。单击

(a) 选择四条边界曲线　　　　(b) 设置"约束"下滑面板

图 4-25　创建边界混合曲面 2

操控板中的 按钮和 按钮，选择步骤 10 所创建的边界混合曲面 1 作为修剪面组，单击"放置"下滑面板中的"定义"按钮，系统弹出"草绘"对话框。选择"FRONT"基准平面作为草绘平面，选择"RIGHT"基准平面作为右参照平面，进入草绘界面。如图 4-26(a)所示绘制拉伸图元，完成草绘后单击工具栏中的 按钮，如图 4-26(b)所示，设置单侧拉伸深度为"30"。单击操控板中的 按钮，完成拉伸曲面特征 4 的创建，如图 4-26(c)所示。

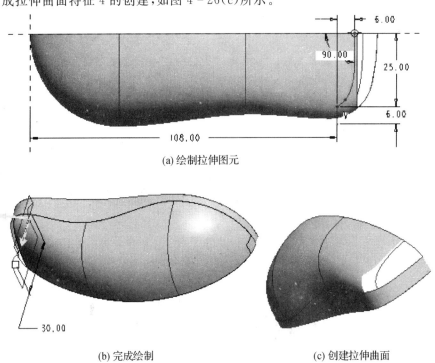

(a) 绘制拉伸图元

(b) 完成绘制　　　　　　　　(c) 创建拉伸曲面

图 4-26　创建拉伸曲面 4

15) 创建边界混合曲面 3。单击"边界混合"工具按钮 ，系统打开边界混合特征操控板。选择如图 4-27(a)所示的四条边界曲线作为第一方向和第二方向的曲线，单击"约束"下滑面板，设置如图 4-27(b)所示的边界约束条件，其中三条边与相邻曲面相切，侧边与"TOP"基准平面垂直。创建的曲面如图 4-27(a)所示。

16) 单击"特征"工具栏中的 按钮，系统弹出"基准点"对话框，选择如图 4-28 所示曲线的端点，单击"确定"按钮，创建基准点"PNT0"，如图 4-28 所示。

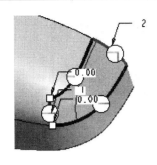

(a) 选择四条边界曲线　　　　(b) 设置"约束"下滑面板

图 4-27　创建边界混合曲面 3

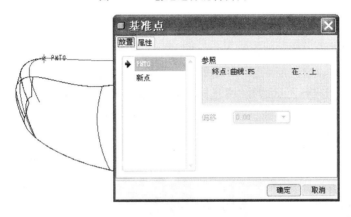

图 4-28　创建基准点 PNT0

17) 单击"基准平面创建"工具按钮 ▱，系统弹出"基准平面"对话框，如图 4-29 所示，分别选择"PNT0"和"RIGHT"基准平面作为参照，单击"确定"按钮，创建基准平面"DTM5"。

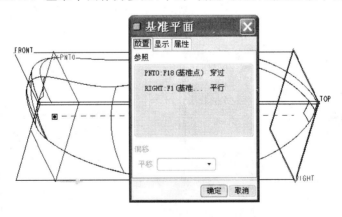

图 4-29　创建基准平面 DTM5

18) 单击"特征"工具栏中的 ✕ 按钮，系统弹出"基准点"对话框，如图 4-30 所示，分别选择曲线和"DTM5"基准平面作为参照，单击"确定"按钮，创建基准点"PNT1"。

19) 单击工具栏中的"基准曲线"按钮 ～，在弹出的如图 4-31(a)所示"曲线选项"菜单管理器中选择"通过点"→"完成"命令，系统弹出"曲线:通过点"对话框和"连接类型"菜单管理器，如图 4-31(b)所示。接受默认设置，依次分别选择"PNT1"和"PNT0"两点，选择"完成"命令。在

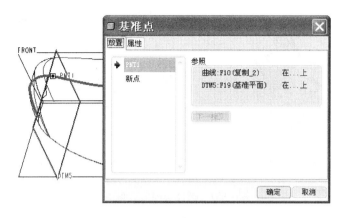

图 4-30 创建基准点 PNT1

"曲线:通过点"对话框中选择"相切"→"定义"命令,系统弹出如图 4-31(c)所示的"定义相切"菜单管理器。如图 4-31(d)所示选择"起始"→"曲面"→"相切"命令,选择所创建的拉伸曲面特征 2,然后如图 4-31(e)所示选择"终止"→"曲线/边/轴"命令,再次选择所创建的拉伸曲面特征 2,选择"完成/返回"命令,在"曲线选项"菜单管理器中,单击"确定"按钮,完成基准曲线的创建。

(a) "曲线选项"菜单管理器　　(b) "曲线:通过点"对话框　　(c) "连接类型"菜单管理器

      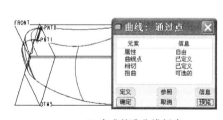

(d) 设置"起始"　　　　(e) 设置"终止"　　　　(f) 完成基准曲线创建

图 4-31 创建基准曲线

20) 单击"造型"工具按钮 进入自由造型曲面界面,创建自由曲线。具体步骤如下:

① 单击"设置活动平面"按钮 ,选择"FRONT"基准平面作为活动平面并右击,在弹出的快捷菜单中选择"活动平面方向"命令。

② 单击"创建曲线"按钮 ,系统弹出创建曲线操控板。单击 按钮,在 FRONT 平面上单

击左键五次创建五个点,绘制如图4-32(a)所示的自由曲线。

③ 单击"编辑曲线"按钮,系统打开曲线编辑操控板。在绘图区选择所创建的平面曲线,按Shift键,单击鼠标左键选择曲线左端点移动至PNT0。按Shift键,单击鼠标左键选择曲线另一个端点移动至步骤3创建的草绘曲线端点。同上把其余三个中间点也分别移动至步骤3创建的草绘曲线上。单击PNT0处的曲线端点,选择显示的切线并右击,系统弹出右键快捷菜单,选择"曲面相切"命令。单击另一端点,选择显示的切线并右击,在系统弹出的右键快捷菜单选择"法向"命令,选择"TOP"基准平面作为法向参照。分别单击曲线的两个端点,在操控板的"相切"选项中,分别设置切线固定长度为"8.6"和"12.3"。编辑后的曲线如图4-32(b)所示。单击操控板中的按钮。

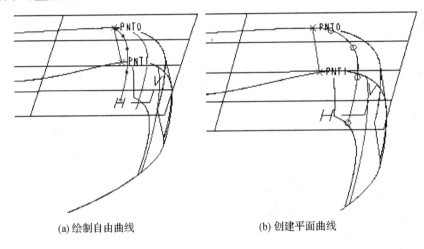

(a) 绘制自由曲线　　　　　(b) 创建平面曲线

图4-32　创建平面曲线5

21) 单击"造型"工具按钮进入自由造型曲面界面,创建自由曲线。具体步骤如下:

① 单击"设置活动平面"按钮,选择"TOP"基准平面作为活动平面并右击,在弹出的快捷菜单中选择"活动平面方向"命令。

② 单击"创建曲线"按钮,系统弹出创建曲线操控板。单击按钮,在TOP平面上单击左键三次创建三个点,绘制如图4-33(a)所示的自由曲线。

③ 单击"编辑曲线"按钮,系统打开曲线编辑操控板。在绘图区选择所创建的平面曲线,按Shift键,单击鼠标左键选择曲线左端点移动至步骤20创建的曲线端点。按Shift键,单击鼠标左键选择曲线右端点移动至步骤7复制曲线的端点。单击曲线的右端点,选择显示的切线并右击,在弹出的右键快捷菜单中选择"自由相切"命令,设置固定长度为"2.46"和"298"。单击曲线的左端点,在操控板的"相切"选项中,设置切线固定长度为"2.35"。编辑后的曲线如图4-33(b)所示。单击操控板中的按钮。

22) 创建边界混合曲面4。单击"边界混合"工具按钮,系统打开边界混合特征操控板。选择如图4-34(a)所示的四条边界曲线作为第一方向和第二方向的曲线,单击"约束"下滑面板,设置如图4-34(b)所示的边界约束条件,其中两条边与相邻曲面相切,一条侧边与"TOP"基准平面垂直。创建的曲面如图4-34(a)所示。

23) 在绘图区选择所创建的"拉伸曲面2"与"边界混合曲面4",单击"合并"工具按钮,系统打开合并特征操控板。如图4-35(a)所示设置合并方向,单击操控板中的按钮,创建合并

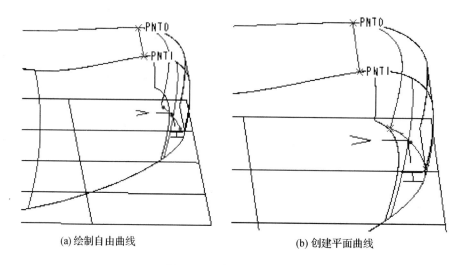

(a) 绘制自由曲线　　　　　　　　(b) 创建平面曲线

图 4-33　创建平面曲线 6

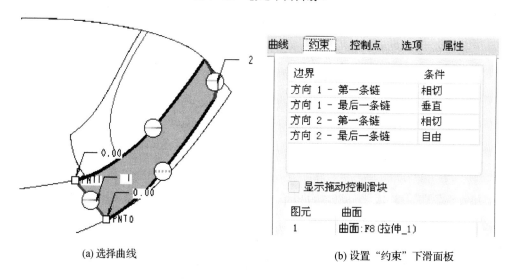

(a) 选择曲线　　　　　　　　(b) 设置"约束"下滑面板

图 4-34　创建边界混合曲面 4

曲面1。在绘图区选择所创建的"边界混合曲面1"与"边界混合曲面3",单击"合并"工具按钮,系统打开合并特征操控板。如图4-35(b)所示设置合并方向,单击操控板中的✓按钮,创建合并曲面2。在绘图区选择所创建的"合并曲面2"与"边界混合曲面2",单击"合并"工具按钮,系统打开合并特征操控板。如图4-35(c)所示设置合并方向,单击操控板中的✓按钮,创建合并曲面3。在绘图区选择所创建的"合并曲面1"与"合并曲面3",单击"合并"工具按钮,系统打开合并特征操控板。如图4-35(d)所示设置合并方向,单击操控板中的✓按钮,创建合并曲面4。

24) 选择系统主菜单中的"编辑"→"填充"命令,系统弹出填充特征操控板。单击"参照"下滑面板中的"定义"按钮,系统弹出"草绘"对话框。选择"FRONT"基准平面作为草绘平面,选择"RIGHT"基准平面作为草绘左参照,进入草绘界面。绘制截面如图4-36(a)所示,完成草绘后单击工具栏中的✓按钮。再单击操控板中的✓按钮,创建填充曲面,如图4-36(b)所示。

25) 在绘图区选择所创建的"合并曲面4"与"填充曲面",单击"合并"工具按钮,系统打开

第 4 章　Pro/ENGINEER 自由造型曲面设计

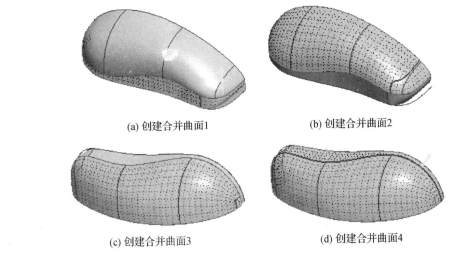

(a) 创建合并曲面1　　　　　(b) 创建合并曲面2

(c) 创建合并曲面3　　　　　(d) 创建合并曲面4

图 4-35　创建合并曲面 4

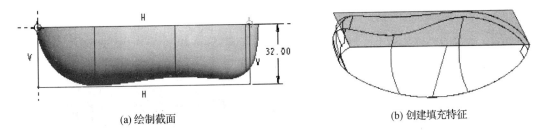

(a) 绘制截面　　　　　　　　(b) 创建填充特征

图 4-36　创建填充特征

合并特征操控板。如图 4-37(a) 所示设置合并方向,单击操控板中的☑按钮,创建合并曲面 5,如图 4-37(b) 所示。

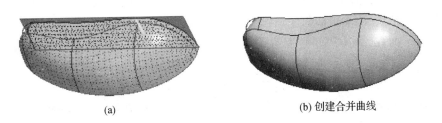

(a)　　　　　　　　　　　(b) 创建合并曲线

图 4-37　创建合并曲面 5

26) 单击"特征"工具栏中的⚅按钮,系统打开镜像特征操控板。选择所创建的"TOP"基准平面作为镜像平面,镜像所创建的合并曲面 5,如图 4-38(a) 所示。在绘图区选择所创建的"合并曲面 5"与"镜像曲面特征",单击"合并"工具按钮⚅,系统打开合并特征操控板。单击操控板中的☑按钮,创建合并曲面 6,如图 4-38(b) 所示。

27) 创建拉伸分型面 1。单击"拉伸"工具按钮⚅,系统打开拉伸特征操控板。单击操控板中的⚅按钮,单击"放置"下滑面板中的"定义"按钮,系统弹出"草绘"对话框。选择"TOP"基准平面作为草绘平面,选择"RIGHT"基准平面作为右参照平面,进入草绘界面。如图 4-39(a) 所

79

示绘制拉伸图元,完成草绘后单击工具栏中的✓按钮,如图4-39(b)所示,设置两侧对称拉伸深度为"80"。单击操控板中的✓按钮,完成拉伸分型面1的创建。

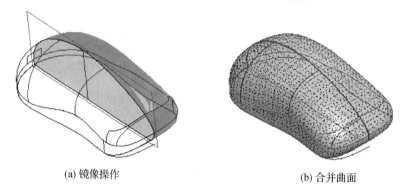

(a) 镜像操作　　　　　　　　(b) 合并曲面

图4-38　创建镜像曲面和合并曲面

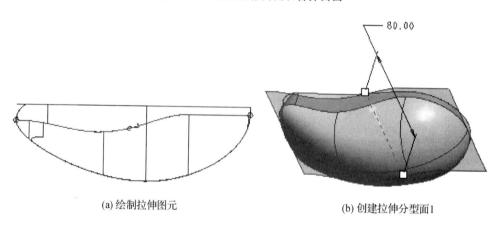

(a) 绘制拉伸图元　　　　　　　(b) 创建拉伸分型面1

图4-39　创建拉伸分型面1

28) 创建拉伸分型面2。单击"拉伸"工具按钮,系统打开拉伸特征操控板。单击操控板中的按钮,单击"放置"下滑面板中的"定义"按钮,系统弹出"草绘"对话框。选择"TOP"基准平面作为草绘平面,选择"RIGHT"基准平面作为右参照平面,进入草绘界面。如图4-40(a)所示绘制拉伸图元,完成草绘后单击工具栏中的✓按钮,如图4-40(b)所示,设置两侧对称拉伸深度为"70"。单击操控板中的✓按钮,完成拉伸分型面2的创建。

29) 创建分型线。在绘图区选择"合并曲面5"和"拉伸分型面2",再选择系统主菜单中的"编辑"→"相交"命令,系统将自动创建交截特征,即两个曲面的相交曲线特征,如图4-41所示。

30) 创建拉伸分型面3。单击"拉伸"工具按钮,系统打开拉伸特征操控板。单击操控板中的按钮,单击"放置"下滑面板中的"定义"按钮,系统弹出"草绘"对话框。选择"FRONT"基准平面作为草绘平面,选择"RIGHT"基准平面作为右参照平面,进入草绘界面。如图4-42(a)所示绘制拉伸图元,完成草绘后单击工具栏中的✓按钮,如图4-42(b)所示,设置两侧对称拉伸深度为"40"。单击操控板中的✓按钮,完成拉伸分型面3的创建。

31) 单击工具栏中的按钮,系统显示模型的层树。选择"03_PART_AII_CURVES"并右击,在弹出的快捷菜单中选择"隐藏"命令。在层树中右击,在弹出的快捷菜单中选择"新建层"

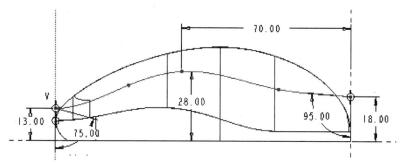

(a) 绘制拉伸图元

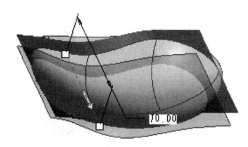

(b) 创建拉伸分型面2

图 4-40 创建拉伸分型面 2

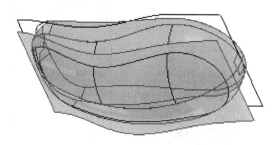

图 4-41 创建交截曲线

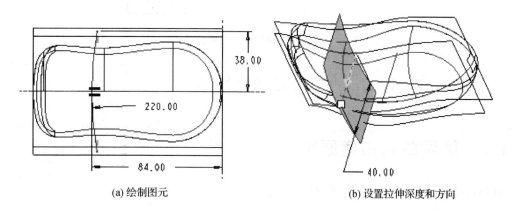

(a) 绘制图元　　　　　　　　　(b) 设置拉伸深度和方向

图 4-42 创建拉伸分型面 3

命令,系统弹出"层属性"对话框。如图 4-43 所示选择没有隐藏的曲线特征,单击"确定"按钮。选择层树中"CURVES"并右击,在弹出的快捷菜单中选择"隐藏"命令。再在层树中右击,在弹出的快捷菜单中选择"保存状态"命令,从而完成所有曲线特征的隐藏。最终完成鼠标曲面造型设计,如图 4-44 所示。应用曲面质量分析工具可见所创建的曲面质量良好,如图 4-45 所示。

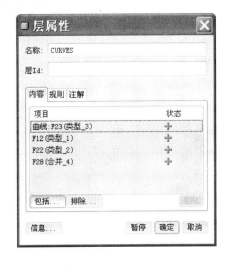

图 4-43 新建层

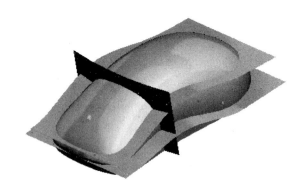

图 4-44 鼠标曲面模型

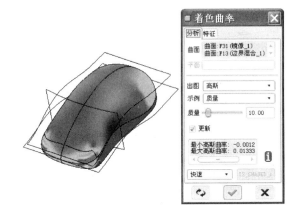

图 4-45 鼠标曲面高斯分析

4.4 自由造型曲面工程小结

4.4.1 优质曲线构建原则

优质曲线构建原则如表 4-5 所列。

表 4-5 优质曲线构建原则

序 号	构建原则
1	善于使用端点切线控制,尽量用最少的控制点来表达曲线形状
2	借助分析工具,适时查看曲线品质并调整曲线外形,尽量避免反曲点
3	对于自由曲线,先定义两端点的位置,然后设置端点的切线属性,再逐一调整中间点位置,并添加或删除控制点
4	分析产品曲面创建方式,选择合理的方案表达曲线
5	如要定义相邻曲面的连续性,一定要设置与邻近曲线的连续关系
6	能用一条曲线表达的轮廓,就不要分成几段曲线表达
7	如果定义相邻曲线的连续性,一定要设置与邻接曲线的连续关系
8	注意控制点的位置分布,将会影响编辑曲线的难易程度
9	编辑曲线的同时养成注意曲线曲率变化的习惯
10	如果整体造型面是由多个曲面所构成且要求光滑平顺,则必须定义此造型面曲线与邻近曲线或者曲面之间一定的连续条件

4.4.2 优质曲面构建原则

优质曲面构建原则如表 4-6 所列。

表 4-6 优质曲面构建原则

序 号	构建原则
1	先大后小原则,即先构建大曲面,再构建小范围的曲面,小范围的面连续性受控于大面
2	能够用一个面表达的就不要分割成几个曲面,尽量用最少的面表达
3	以四边作面时,应避免曲线夹角过大、过小或者相切
4	借助分析工具,适时查看曲面品质
5	自由造型曲面和边界混合曲面容差不一样,如果造型构面扭曲,则考虑边界混合构面
6	用最少的线来表达曲面
7	考虑用多种方法来规划曲面,不同构建方式也将会影响曲面品质
8	尽量避免曲面尖端收敛的情况出现,如典型的三边构面问题
9	在造型容易发生变化的地方,要注意添加内部控制曲线
10	对于大于四边的曲线构面,尽量不要用 N 边侧面构建

4.4.3 曲面拆分方法

在曲面的建立过程中,曲面的构建方式并不仅仅限于单元曲面的构建方式,整体曲面的拆分方法及框架曲线的不同建立方式,都会直接影响最终曲面的质量。因此曲面的拆分方法与技巧,在产品曲面造型设计中至关重要,曲面拆分及构面过程中必须遵循优质曲线和优质曲面的构建原则。

1. 两边构面工程实例

两边构面方法一：

1）选择 Pro/ENGINEER 系统主菜单中的"文件"→"设置工作目录"命令,系统弹出"选取工作目录"对话框。选取"…\chapter4-4\4-4-1\"作为文件工作目录,单击"确定"按钮。

2）打开文件"two_sides.prt",如图 4-46 所示。

3）单击"特征"工具栏中的 按钮,系统弹出"基准平面"对话框。如图 4-47 所示,选择"RIGHT"基准平面作为参照,分别设置偏移距离为"80"、"-80",单击"确定"按钮,创建基准平面"DTM1"和"DTM2"。

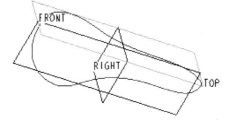

图 4-46 打开文件"two_sides.prt"

4）应用造型工具,分别在基准平面"DTM1"、"RIGHT"、"DTM2"上创建三条自由造型平面曲线,如图 4-48 所示。注意分别设置其上端点约束条件为法向于"FRONT"基准平面。

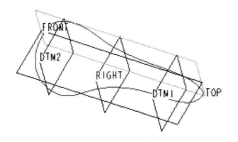

图 4-47 创建基准平面 DTM1 和 DTM2

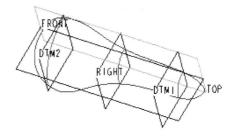

图 4-48 创建三条自由造型曲线

5）应用边界混合工具,如图 4-49 所示选择第一和第二方向的边界曲线。注意设置边界链 2 的约束条件为垂直于"TOP"基准平面。

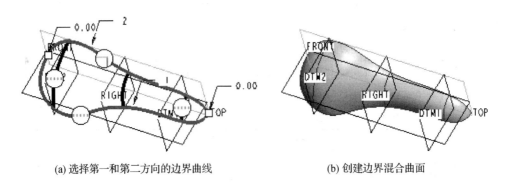

(a) 选择第一和第二方向的边界曲线　　(b) 创建边界混合曲面

图 4-49 创建边界混合曲面

6）应用镜像工具,以"TOP"基准平面作为镜像平面,创建边界混合曲面的镜像特征,并合并两平面。应用加厚工具设置合并曲面向内加厚为"2",创建的实体特征如图 4-50 所示。以新文件名"two_sides_1.prt"保存副本。

两边构面方法二：

1）选择系统主菜单中的"文件"→"设置工作目录"命令，系统弹出"选取工作目录"对话框。选取"…\chapter4-4\4-4-1\"作为文件工作目录，单击"确定"按钮。

2）打开文件"two_sides.prt"，如图4-51所示。

3）单击"特征"工具栏中的 按钮，系统弹出"基准点"对话框，分别选择曲线两个终点作为参照，单击"确定"按钮，分别创建基准点"PNT0"和"PNT1"，如图4-52所示。

图4-50 创建实体特征

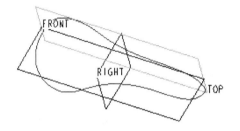

图4-51 打开文件"two_sides.prt"

图4-52 创建两个基准点

4）单击"特征"工具栏中的 按钮，系统显示"曲线选项"菜单管理器，如图4-53(a)所示。选择"通过点"命令，系统弹出"曲线:通过点"对话框，如图4-53(b)所示，并显示"连结类型"菜单管理器，如图4-53(c)所示。在绘图区分别选择两个基准点，选择"完成"命令，再单击"曲线：通过点"对话框中的"确定"按钮，完成基准曲线的创建，如图4-53(d)所示。

(a) "曲线选项"菜单管理器　(b) "曲线：通过点"对话框　(c) "连接类型"菜单管理器　(d) 完成基准曲线的创建

图4-53 创建基准曲线特征

5）单击"特征"工具栏中的 按钮，系统打开可变截面扫描特征操控板。在"参照"下滑面板中，选择上面步骤所创建的基准曲线为原点轨迹线，如图4-54(a)所示选择链1作为X轨迹线（注意起点输入"-20"），链2作为一般轨迹线，剖面控制设置为"垂直于轨迹"。单击操控板中的 按钮，进入草绘环境，绘制扫描截面，如图4-54(b)所示。完成草绘后单击工具栏中的 按钮，创建的可变截面扫描特征如图4-54(c)所示。

6）应用拉伸工具，分别创建如图4-55(a)、图4-55(b)所示的拉伸曲面切除特征。

7）应用边界混合工具，分别如图4-56(a)、图4-56(b)所示创建边界混合曲面特征。注意边界约束条件的设置，与曲面相邻处设置为"曲率"连续，"TOP"基准平面上的边设置为"垂直""TOP"基准平面的约束。

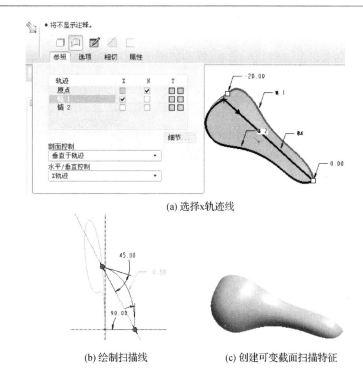

(a) 选择x轨迹线

(b) 绘制扫描线　　　(c) 创建可变截面扫描特征

图 4-54　创建可变截面扫描特征

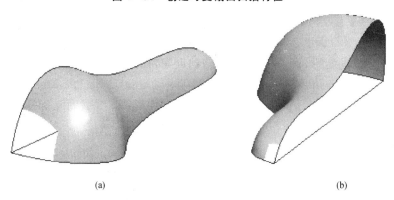

(a)　　　　　　　　　　　　(b)

图 4-55　创建拉伸曲面切除特征

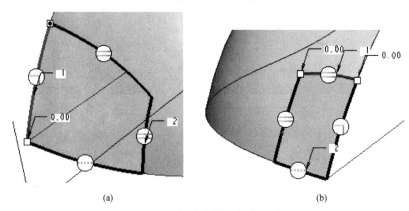

(a)　　　　　　　　　　　　(b)

图 4-56　创建边界混合曲面特征

8)应用合并曲面和镜像曲面工具,创建模型的曲面如图4-57所示。并应用加厚工具设置合并曲面向内加厚为"2",创建的实体特征如图4-58所示。以新文件名"two_sides_2.prt"保存副本。

图4-57 创建的曲面特征　　　　　　　图4-58 创建的实体特征

2. 三边构面工程实例

1)选择系统主菜单中的"文件"→"设置工作目录"命令,系统弹出"选取工作目录"对话框。选取"…\chapter4-4\4-4-2\"作为文件工作目录,单击"确定"按钮。

2)打开文件"two_sides.prt",如图4-59所示。

3)单击"特征"工具栏中的 按钮,系统弹出"基准平面"对话框。如图4-60所示,选择"RIGHT"基准平面作为参照,分别设置偏移距离为"80"、"-80",单击"确定"按钮,创建基准平面"DTM1"和"DTM2"。

4)应用造型工具,分别在基准平面"DTM1"、"RIGHT"、"DTM2"上创建三条自由造型平面曲线,如图4-61所示。注意分别设置其上端点约束条件为法向于"FRONT"基准平面。

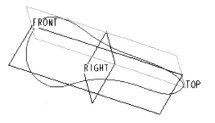

图4-59 打开文件"two_sides.prt"

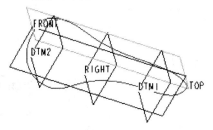 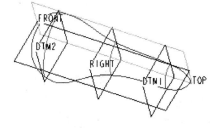

图4-60 创建基准平面DTM1和DTM2　　　图4-61 创建三条自由造型曲线

5)应用边界混合工具,如图4-62(a)所示选择第一和第二方向的边界曲线,注意设置"TOP"基准平面上的边界链的约束条件为垂直于"TOP"基准平面。创建边界混合曲面如图4-62(b)所示。至此,边界混合曲面两边存在两个三边构面问题。

工程点拨:此处所创建的边界混合曲面,也可以在自由造型曲面中应用自由曲面创建工具构建自由造型曲面,如图4-63所示。

6)应用边界混合工具,分别如图4-64(a)、图4-64(b)所示选择第一和第二方向的边界曲线,分别创建边界混合曲面。注意选择所创建的自由造型曲线作为第一方向的边界链。

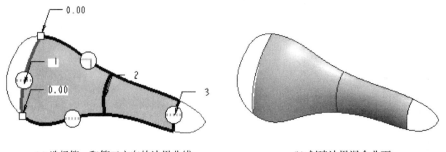

(a) 选择第一和第二方向的边界曲线　　　(b) 创建边界混合曲面

图 4-62　创建边界混合曲面

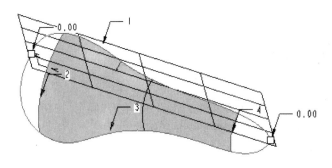

图 4-63　创建自由造型曲面

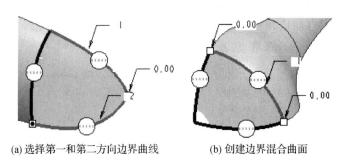

(a) 选择第一和第二方向边界曲线　　　(b) 创建边界混合曲面

图 4-64　创建边界混合曲面

7) 由图 4-65 所示的曲面高斯分析可知,所创建的曲面在第一方向边界链对应的曲面尖角处发生收敛,曲面质量较差。为此,考虑将三边面问题转化为四边构面问题进行处理,以改善曲面质量。

工程点拨:三边构建曲面有一个退化边。与退化顶点相对的边称为自然边界。创建三边曲面时,选取的第一个边界曲线就是自然边界。退化顶点发生收敛,曲面质量较差。

8) 应用拉伸工具创建拉伸切除曲面,

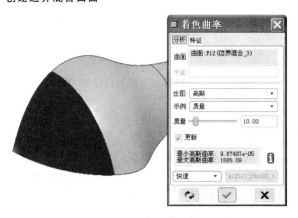

图 4-65　曲面高斯分析

如图4-66(a)所示,再应用边界混合工具创建边界混合曲面,如图4-66(b)所示。

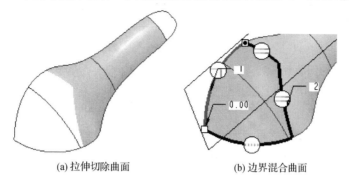

(a) 拉伸切除曲面　　　　(b) 边界混合曲面

图4-66　创建拉伸切除曲面和边界混合曲面

9) 应用拉伸工具创建拉伸切除曲面,如图4-67(a)所示,再应用边界混合工具创建边界混合曲面,如图4-67(b)所示。

10) 应用合并曲面和镜像曲面工具,创建模型的曲面特征。并应用加厚工具设置合并曲面向内加厚为"2",创建的实体特征如图4-68所示。以新文件名"three_sides.prt"保存副本。

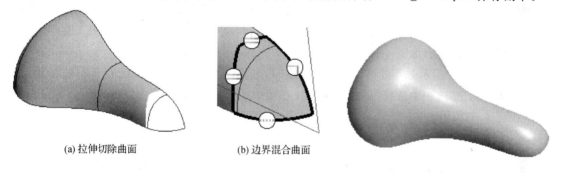

(a) 拉伸切除曲面　　　　(b) 边界混合曲面

图4-67　创建边界混合曲面　　　　图4-68　创建实体模型

工程点拨:以上三个实例,通过不同的曲面拆分方法创建曲面特征,现将其高斯分析和反射分析结果总结如表4-7所列。

表4-7　高斯分析和反射分析结果总结

序　号	高斯分析	反射分析
实例1	最小高斯曲率:-0.0566114 最大高斯曲率:0.0527966	
实例2	最小高斯曲率:-0.00586737 最大高斯曲率:0.00335184	

续表 4-7

序　号	高斯分析	反射分析
实例 3	最小高斯曲率：-0.00937094 最大高斯曲率：0.00394874	
结论	实例 3 应用的曲面构建方法，曲面质量最好	

3. 五边构面工程实例

五边构面方法一：

1) 选择系统主菜单中的"文件"→"设置工作目录"命令，系统弹出"选取工作目录"对话框。选取"…\chapter4-4\4-4-3\"作为文件工作目录，单击"确定"按钮。新建零件文件"five_sides_1.prt"。

2) 选择系统主菜单中的"插入"→"共享数据"→"自文件"命令，系统弹出"打开"对话框。选择"five_sides.igs"，单击"打开"按钮，系统弹出"选择实体选项和放置"对话框，保存默认设置，在绘图区导入特征，如图 4-69 所示。

3) 如图 4-70 所示选择曲线，依次按 Ctrl+C 和 Ctrl+V 组合键，系统打开粘贴特征操控板。在"曲线类型"选项中选择"逼近"，单击操控板中的 按钮，完成该曲线的复制。

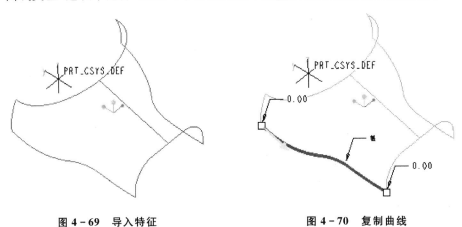

图 4-69　导入特征　　　　　　图 4-70　复制曲线

4) 单击"特征"工具栏中的 按钮，系统弹出"基准平面"对话框。如图 4-71 所示，选择曲线终点和"TOP"基准平面作为参照，单击"确定"按钮，创建基准平面"DTM1"。

5) 单击"特征"工具栏中的 按钮，系统弹出"基准点"对话框。如图 4-72 所示，分别选择复制曲线和"DTM1"基准平面作为参照，单击"确定"按钮，创建基准点"PNT0"。

6) 单击"草绘"工具按钮 ，系统弹出"草绘"对话框。选择"DTM1"基准平面为草绘平面，选择"RIGHT"基准平面作为左参照平面，进入草绘环境，如图 4-73 所示绘制圆锥弧。

工程点拨：

圆锥弧的绘制：单击"草绘器"工具栏中的按钮 ，可绘制圆锥弧。通过控制曲线的斜率

(rho),可以绘制出抛物线(rho＝0.5)、双曲线(0.5 <rho <0.95)、椭圆(0.05 <rho <0.5)等图形。

绘制圆锥弧的步骤如下：单击"草绘器"工具栏中按钮⌒。然后依次单击鼠标左键，分别选择两点作为圆锥曲线的两个端点。再移动鼠标，以决定圆锥弧的形状，单击鼠标左键，完成圆锥弧的绘制。

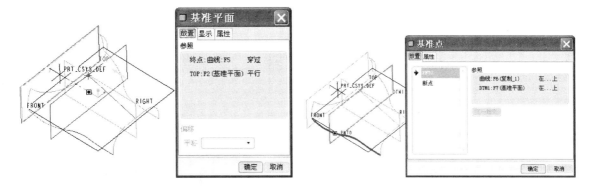

图 4-71　创建基准平面 DTM1　　　　图 4-72　创建基准点 PNT0

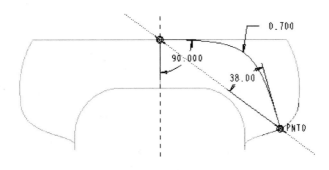

图 4-73　绘制圆锥弧

7）创建边界混合曲面。单击"边界混合"工具按钮，系统打开边界混合特征操控板。如图 4-74(a)所示选择第一方向的两条曲线和第二方向的两条曲线，在"约束"下滑面板，设置如图 4-74(b)所示的边界约束条件。

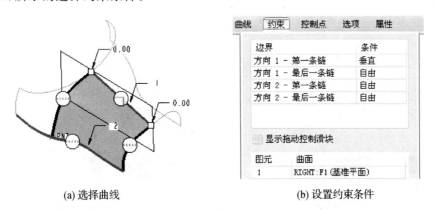

(a) 选择曲线　　　　　　　　　　(b) 设置约束条件

图 4-74　创建边界混合曲面

8）单击"拉伸"工具按钮，系统打开拉伸特征操控板。单击按钮，单击"放置"下滑面板中的"定义"按钮,系统弹出"草绘"对话框。选择"FRONT"基准平面作为草绘平面,选择"RIGHT"基准平面作为顶参照平面,进入草绘界面。如图4-75(a)所示绘制拉伸截面,完成草绘后单击工具栏中的✓按钮,如图4-75(b)所示,设置两侧对称拉伸深度为"20"。单击操控板中的✓按钮,完成拉伸曲面特征的创建。

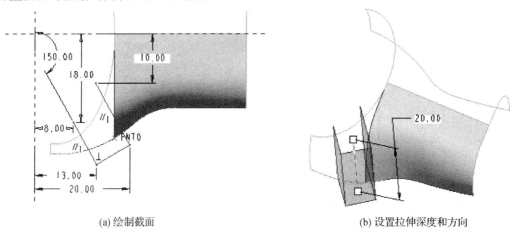

(a) 绘制截面　　　　　　　　　　(b) 设置拉伸深度和方向

图4-75　创建拉伸曲面特征

9) 单击"造型"工具按钮,进入自由造型曲面界面,构建控制曲线1。具体步骤如下:

① 单击"创建曲线"按钮~,系统弹出创建曲线操控板,单击"COS曲线"按钮,在TOP平面上单击左键两次创建两个点,绘制如图4-76所示的自由曲线(端点没有约束)。

② 单击"编辑曲线"按钮,系统打开曲线编辑操控板。在绘图区选择所创建的COS曲线,按Shift键,单击鼠标左键选择曲线上端点移动至曲线终点。按Shift键,单击鼠标左键选择曲线下端点移动至曲线。分别单击曲线的上下两个端点,在操控板的"点"选项中,设置软点的长度比例分别为"1"和"0.55"。在操控板的"相切"选项中,分别设置切线固定长度、角度分别为"8"、"220"和"7"、"98"。单击操控板中的✓按钮。

③ 单击"曲面修剪"按钮,系统打开曲线编辑操控板。在绘图区选择边界混合曲面作为修剪面组,选择所创建的COS曲线作为修剪曲线,选择COS曲线左侧曲面作为删除面组,单击操控板中的✓按钮,完成曲面的修剪,如图4-77所示。

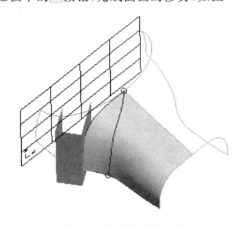
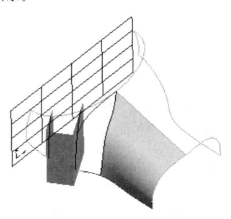

图4-76　构建自由造型曲线　　　　　　图4-77　修剪曲面

10) 单击"造型"工具按钮◯,进入自由造型曲面界面,构建自由造型曲线1。具体步骤如下:

① 单击"设置活动平面"按钮◯,选择拉伸左侧平面作为活动平面并右击,在弹出的快捷菜单中选择"活动平面方向"命令。

② 单击"创建曲线"按钮～,系统弹出创建曲线操控板。单击◯按钮,在 TOP 平面上单击左键两次创建两个点,绘制如图 4-78(a)所示的自由曲线(端点没有约束)。

③ 单击"编辑曲线"按钮◯,系统打开曲线编辑操控板。在绘图区选择所创建的平面曲线,按 Shift 键,如图 4-78(b)所示单击鼠标左键选择曲线右端点移动至曲线。按 Shift 键,如图 4-78(b)所示单击鼠标左键选择曲线左端点移动至曲线。分别单击曲线的上下两个端点,在操控板的"相切"选项中,设置切线固定长度、角度分别为"3"、"300"和"4"、"90"。单击操控板中的◯按钮。

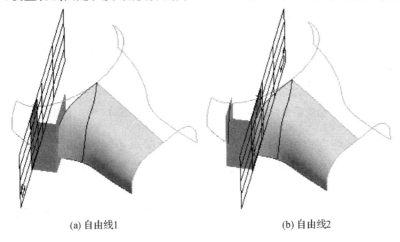

(a) 自由线1　　　　　　　　(b) 自由线2

图 4-78　构建自由造型曲线

11) 同上方法,以拉伸右侧平面作为活动平面,构建自由造型曲线 2,分别单击曲线的上下两个端点,在操控板的"相切"选项中,设置切线固定长度、角度分别为"3"、"220"和"6"、"90"。

12) 单击"自由曲面构建"工具按钮◯,系统打开自由曲面构建操控板。按住 Ctrl 键如图 4-79(a)所示依次选择四条边作为首要参照,选择所创建的自由造型曲线 1、2 作为内部参照。并如图 4-79(b)所示设置自由曲面和边界混合曲面的边界条件为"相切",单击操控板中的◯按钮。单击工具栏中的◯按钮,完成自由造型曲面的构建。在模型树中隐藏拉伸曲面特征。

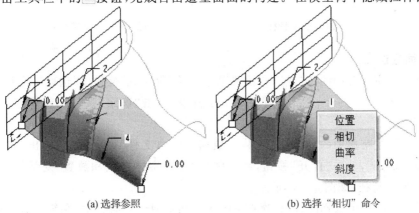

(a) 选择参照　　　　　　　　(b) 选择"相切"命令

图 4-79　构建自由造型曲面

13）在绘图区选择曲面面组，单击"特征"工具栏中的按钮，打开镜像特征操控板。在绘图区选择"RIGHT"基准平面作为镜像平面。单击操控板中的按钮，创建的镜像特征如图4-80所示。

14）在绘图区选择所创建的"曲面面组"与"镜像曲面"，单击"合并"工具按钮，系统打开合并特征操控板。单击操控板中的按钮，创建的合并曲面如图4-81所示。

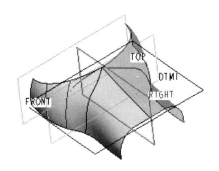 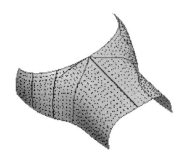

图4-80　创建镜像特征　　　　　　　图4-81　创建合并特征

15）在绘图区选择所创建的合并曲面，选择系统主菜单中的"编辑"→"加厚"命令，系统打开加厚特征操控板。设置向内加厚的厚度为"2"，单击操控板中的按钮，创建的加厚特征如图4-82所示。

16）单击工具栏中的按钮，系统显示模型的层树，通过新建层隐藏所有曲线特征，创建的模型如图4-83所示。创建完毕保存文件。

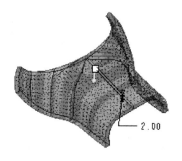 

图4-82　创建加厚特征　　　　　　　图4-83　创建的模型

五边构面方法二：

1）选择系统主菜单中的"文件"→"设置工作目录"命令，系统弹出"选取工作目录"对话框，选取"…\chapter4-4\4-4-3\"作为文件工作目录，单击"确定"按钮。新建零件文件"five_sides_2.prt"。

2）选择系统主菜单中的"插入"→"共享数据"→"自文件"命令，系统弹出"打开"对话框。选择"five_sides.igs"，单击"打开"按钮，系统弹出"选择实体选项和放置"对话框，保存默认设置，在绘图区导入特征，如图4-84所示。

3）如图4-85所示选择曲线，依次按Ctrl+C和Ctrl+V组合键，系统打开粘贴特征操控板。在"曲线类型"选项中选择"逼近"命令，单击操控板中的按钮，完成该曲线的复制。

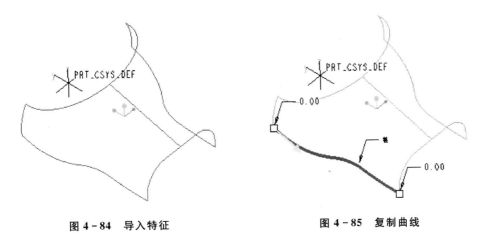

图 4-84　导入特征　　　　　　　图 4-85　复制曲线

4）选择系统主菜单中的"插入"→"模型基准"→"带"命令,系统弹出"基准:带"对话框,以及"带项目"菜单管理器。如图 4-86(a)所示选择曲线作为"基础曲线",如图 4-86(b)所示选择两条曲线作为"参照曲线",定义带宽度为"3",单击"确定"按钮,完成带特征的创建,如图 4-86(c)所示。

工程点拨:带曲面是一个基准特征,表示沿基础曲线所创建的一个相切曲面,带曲面相切于与基础曲线相交的参照曲线。在产品曲面造型时,可以使用带曲面在两个相邻曲面之间设置相切约束条件,从而起到相切参照的作用。当两个相邻曲面之间建立相切约束条件之后,可以通过层工具将带曲面特征隐藏。

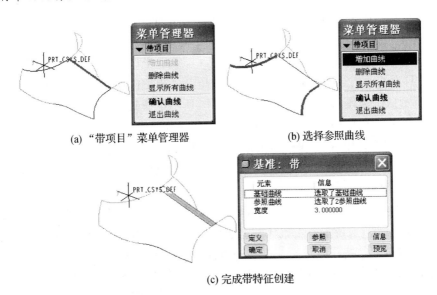

图 4-86　创建带基准特征

5）单击"特征"工具栏中的 按钮,系统弹出"基准平面"对话框。如图 4-87 所示,选择曲线终点和"TOP"基准平面作为参照,设置偏移距离为"22",单击"确定"按钮,创建基准平面"DTM1"。

6）单击"造型"工具按钮 ,进入自由造型曲面界面,构建自由造型曲面1。具体步骤如下:

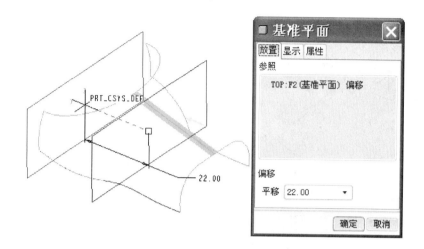

图 4-87 创建基准平面特征

① 单击"设置活动平面"按钮，选择"DTM1"基准平面作为活动平面并右击，在弹出的快捷菜单中选择"活动平面方向"命令。

② 单击"创建曲线"按钮，系统弹出创建曲线操控板。单击按钮，在 DTM1 平面上单击左键两次创建两个点，绘制如图 4-88(a)所示的自由曲线(端点没有约束)。

③ 单击"编辑曲线"按钮，系统打开曲线编辑操控板。在绘图区选择所创建的平面曲线，按 Shift 键，如图 4-88(a)所示单击选择曲线上端点移动至曲线。按 Shift 键，如图 4-88(b)所示单击鼠标左键选择曲线下端点移动至曲线。分别单击曲线的上下两个端点，在操控板的"相切"选项中，如图 4-88(a)、图 4-88(b)所示分别设置切线固定长度为"10"和"8"，并约束上端点与带曲面"曲面曲率"连续，下端点法向于"FRONT"基准平面。单击操控板中的按钮。

④ 单击"自由曲面构建"工具按钮，系统打开自由造型曲面构建操控板。按住 Ctrl 键如图 4-88(a)所示依次选择四条边，并如图 4-88(b)所示设置边 1 的边界条件为"相切"。单击操控板中的按钮。单击工具栏中的按钮，完成自由造型曲面 1 的构建。

7) 单击"造型"工具按钮，进入自由造型曲面界面，构建自由造型曲面 2。具体步骤如下：

① 单击"创建曲线"按钮，系统弹出创建曲线操控板，在绘图区单击左键两次创建两个点，绘制如图 4-89(a)所示的自由曲线(端点没有约束)。

② 单击"编辑曲线"按钮，系统打开曲线编辑操控板，在绘图区选择所创建的自由曲线，按 Shift 键，如图 4-89(a)所示单击鼠标左键选择曲线左端点移动至曲线。按 Shift 键，如图 4-89(a)所示单击鼠标左键选择曲线右端点移动至曲线。分别单击曲线的上下两个端点，在操控板的"点"选项中，分别设置端点的长度比例为"0.5"和"0.5"，在操控板的"相切"选项中，分别约束左端点"自然"，右端点"曲面曲率"于相邻自由造型曲面，如图 4-89(b)所示。单击操控板中的按钮。

③ 单击"自由曲面构建"工具按钮，系统打开自由造型曲面构建操控板。按住 Ctrl 键如图 4-89(a)所示依次选择四条边，并如图 4-89(c)所示设置边 1 的边界条件为"相切"，边 2 的边界条件为"曲率"。单击操控板中的按钮。单击工具栏中的按钮，完成自由造型曲面 2 的构建。

8) 单击"造型"工具按钮，进入自由造型曲面界面，构建自由造型曲面 3。具体步骤如下：

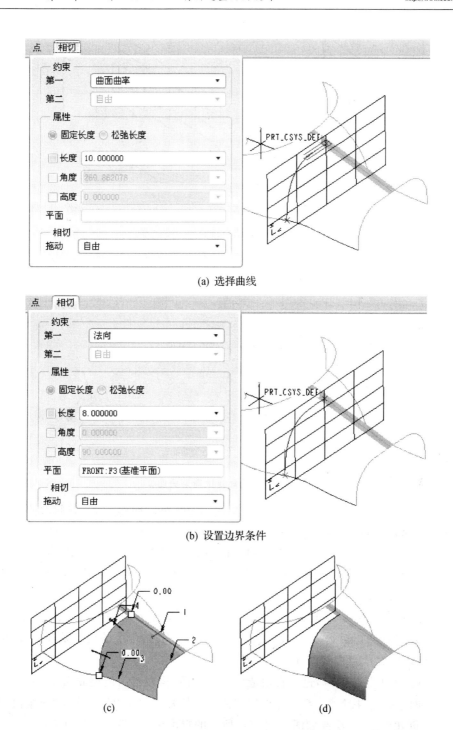

(a) 选择曲线

(b) 设置边界条件

(c)　　　　　　　　　　(d)

图 4-88　构建自由造型曲面 1

① 单击"创建曲线"按钮～，系统弹出创建曲线操控板，在绘图区单击左键两次创建两个点，绘制如图 4-90(a)所示的自由曲线(端点没有约束)。

② 单击"编辑曲线"按钮，系统打开曲线编辑操控板。在绘图区选择所创建的自由曲线，按 Shift 键，如图 4-90(a)所示单击鼠标左键选择曲线左端点移动至曲线终点。按 Shift 键，如

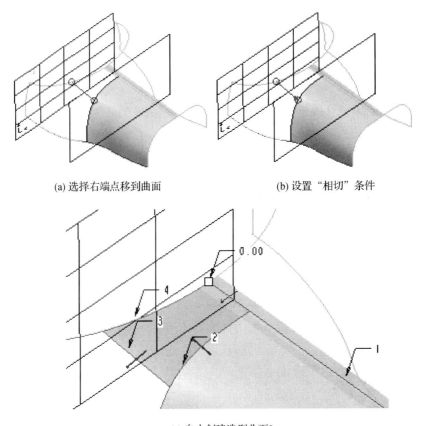

(a) 选择右端点移到曲面　　　　　　(b) 设置"相切"条件

(c) 自由创建造型曲面2

图 4-89　构建自由造型曲面 2

图 4-90(a)所示单击选择曲线右端点移动至曲线。分别单击曲线的上、下两个端点,在操控板的"点"选项中,设置下端点的长度比例分别为"0.2",在操控板的"相切"选项中,设置上端点的切线固定长度和角度分别为"5.5"和"265",设置下端点的切线固定长度分别为"4",并分别约束上端点"曲面曲率"于自由造型曲面,下端点"法向"于"FRONT"基准平面,如图 4-90(b)所示。单击操控板中的 按钮。

③ 单击"自由曲面构建"工具按钮 ,系统打开自由造型曲面构建操控板。按住 Ctrl 键如图 4-90(c)所示依次选择四条边,并如图 4-90(c)所示设置边 1、2 的边界条件为"曲率"。单击操控板中的 按钮,完成自由造型曲面 3 的构建。

9) 单击"造型"工具按钮 ,进入自由造型曲面界面,构建自由造型曲面 4。具体步骤如下:

① 单击"创建曲线"按钮 ,系统弹出创建曲线操控板。单击"COS 曲线" 按钮,在绘图区单击左键两次创建两个点,绘制如图 4-91(a)所示的自由曲线(端点没有约束)。

② 单击"编辑曲线"按钮 ,系统打开曲线编辑操控板,在绘图区选择所创建的自由曲线,按 Shift 键,如图 4-91(a)所示单击选择曲线左端点移动至曲线终点。按 Shift 键,如图 4-91(a)所示单击选择曲线右端点移动至曲线。分别单击曲线的上下两个端点,在操控板的"点"选项中,设置下端点的长度比例分别为"0.36",在操控板的"相切"选项中,设置上端点的切线固定长度和角度分别为"4.5"和"210",设置下端点的切线固定长度和角度分别为"5.5"和"92",并分

第 4 章 Pro/ENGINEER 自由造型曲面设计

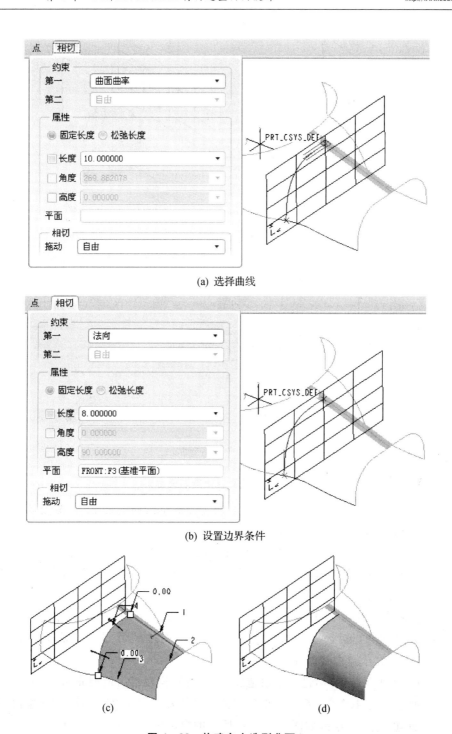

图 4-88 构建自由造型曲面 1

① 单击"创建曲线"按钮，系统弹出创建曲线操控板，在绘图区单击左键两次创建两个点，绘制如图 4-90(a)所示的自由曲线（端点没有约束）。

② 单击"编辑曲线"按钮，系统打开曲线编辑操控板。在绘图区选择所创建的自由曲线，按 Shift 键，如图 4-90(a)所示单击鼠标左键选择曲线左端点移动至曲线终点。按 Shift 键，如

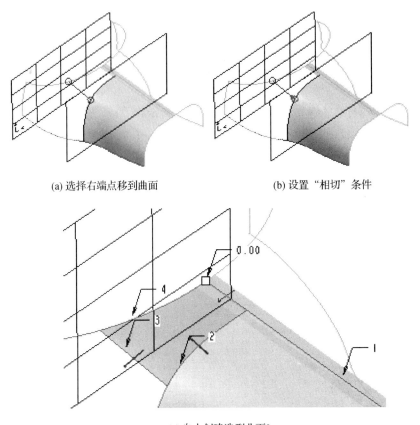

(a) 选择右端点移到曲面　　　　　　(b) 设置"相切"条件

(c) 自由创建造型曲面2

图 4-89　构建自由造型曲面 2

图 4-90(a)所示单击选择曲线右端点移动至曲线。分别单击曲线的上、下两个端点,在操控板的"点"选项中,设置下端点的长度比例分别为"0.2",在操控板的"相切"选项中,设置上端点的切线固定长度和角度分别为"5.5"和"265",设置下端点的切线固定长度分别为"4",并分别约束上端点"曲面曲率"于自由造型曲面,下端点"法向"于"FRONT"基准平面,如图 4-90(b)所示。单击操控板中的✓按钮。

③ 单击"自由曲面构建"工具按钮，系统打开自由造型曲面构建操控板。按住 Ctrl 键如图 4-90(c)所示依次选择四条边,并如图 4-90(c)所示设置边 1、2 的边界条件为"曲率"。单击操控板中的✓按钮,完成自由造型曲面 3 的构建。

9) 单击"造型"工具按钮，进入自由造型曲面界面,构建自由造型曲面 4。具体步骤如下:

① 单击"创建曲线"按钮～，系统弹出创建曲线操控板。单击"COS 曲线"按钮,在绘图区单击左键两次创建两个点,绘制如图 4-91(a)所示的自由曲线(端点没有约束)。

② 单击"编辑曲线"按钮，系统打开曲线编辑操控板,在绘图区选择所创建的自由曲线,按 Shift 键,如图 4-91(a)所示单击选择曲线左端点移动至曲线终点。按 Shift 键,如图 4-91(a)所示单击选择曲线右端点移动至曲线。分别单击曲线的上下两个端点,在操控板的"点"选项中,设置下端点的长度比例分别为"0.36",在操控板的"相切"选项中,设置上端点的切线固定长度和角度分别为"4.5"和"210",设置下端点的切线固定长度和角度分别为"5.5"和"92",并分

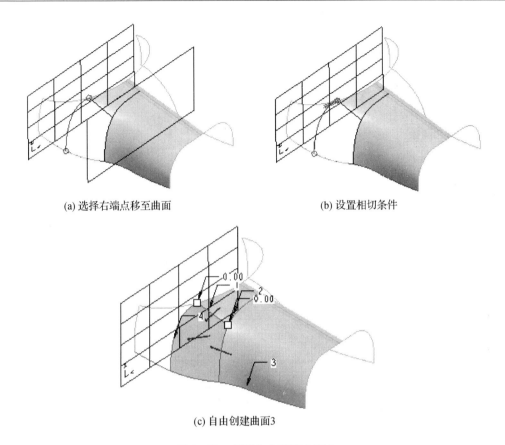

(a) 选择右端点移至曲面　　　　　　(b) 设置相切条件

(c) 自由创建曲面3

图4-90　创建自由造型曲面3

别约束上下两个端点"自由"。单击操控板中的✓按钮。

③ 单击"自由曲面构建"工具按钮，系统打开修剪曲面操控板。选择"自由造型曲面3"作为参照面组，选择上面步骤所创建的自由造型曲线作为参照曲线，再选择参照曲线左侧曲面作为删除曲面。单击操控板中的✓按钮，完成曲面的修剪，如图4-91(b)所示。

④ 单击"自由曲面构建"工具按钮，系统打开自由造型曲面构建操控板。按住Ctrl键如图4-91(c)所示依次选择四条边，并如图4-91(c)所示设置边2的边界条件为"曲率"。单击操控板中的✓按钮。完成自由造型曲面4的构建。单击工具栏中的✓按钮。

10）在绘图区选择曲面面组，单击"特征"工具栏中的按钮，打开镜像特征操控板。在绘图区选择"RIGHT"基准平面作为镜像平面。单击操控板中的✓按钮，创建的镜像特征如图4-92所示。

11）在绘图区选择所创建的"曲面面组"与"镜像曲面"，单击"合并"工具按钮，系统打开合并特征操控板。单击操控板中的✓按钮，创建合并曲面，如图4-93所示。

12）在绘图区选择所创建的合并曲面，选择系统主菜单中的"编辑"→"加厚"命令，系统打开加厚特征操控板。设置向内加厚的厚度为"2"，单击操控板中的✓按钮，创建的加厚特征如图4-94所示。

13）单击工具栏中的按钮，系统显示模型的层树，通过新建层隐藏所有曲线特征，创建的模型如图4-95所示。创建完毕后保持文件。

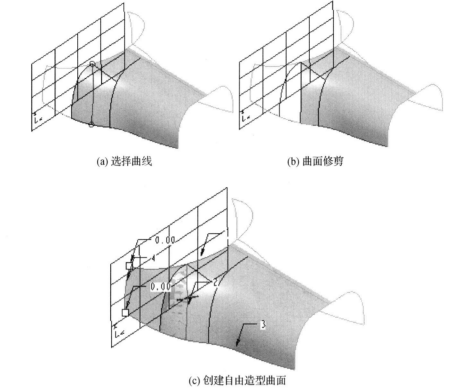

(a) 选择曲线　　　　　　　　　(b) 曲面修剪

(c) 创建自由造型曲面

图 4-91　创建自由造型曲面 4

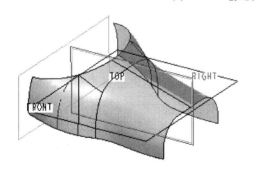

图 4-92　创建镜像特征

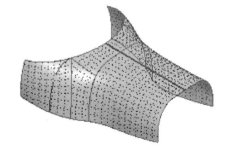

图 4-93　创建合并特征

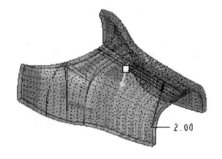

图 4-94　创建加厚特征

图 4-95　创建的模型

五边构面方法三：

1) 选择系统主菜单中的"文件"→"设置工作目录"命令,系统弹出"选取工作目录"对话框。选取"…\chapter4-4\4-4-3\"作为文件工作目录,单击"确定"按钮。新建零件文件"five_sides_3.prt"。

2) 选择系统主菜单中的"插入"→"共享数据"→"自文件"命令,系统弹出"打开"对话框。选择"five_sides.igs",单击"打开"按钮,系统弹出"选择实体选项和放置"对话框,保存默认设置,在绘图区导入特征,如图4-96所示。

3) 如图4-97所示选择曲线,依次按Ctrl+C和Ctrl+V组合键,系统打开粘贴特征操控板。在"曲线类型"选项中选择"逼近",单击操控板中的✓按钮,完成该曲线的复制。

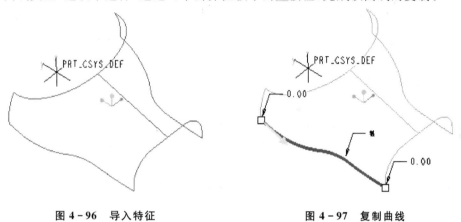

图4-96 导入特征　　　　图4-97 复制曲线

4) 选择系统主菜单中的"插入"→"高级"→"圆锥曲面和N侧曲面片"命令,系统弹出"边界选项"菜单管理器。如图4-98(a)所示选择"N侧曲面"→"完成"命令,系统弹出如图4-98(b)所示的"曲面:N侧"对话框和"链"菜单管理器。如图4-98(c)所示依次选择五条边,选择"完成"命令,单击"曲面:N侧"对话框中的"确定"按钮,创建的N侧曲面如图4-98(d)所示。

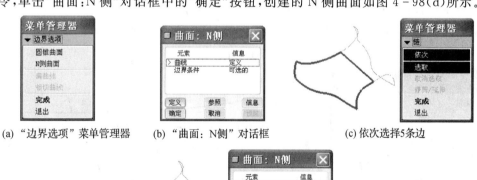

(a) "边界选项"菜单管理器　　(b) "曲面:N侧"对话框　　(c) 依次选择5条边

(d) 创建N侧曲面

图4-98 创建N侧曲面

5) 在绘图区选择曲面面组,单击"特征"工具栏中的按钮,打开镜像特征操控板。在绘图区选择"RIGHT"基准平面作为镜像平面。单击操控板中的☑按钮,完成镜像特征的创建。

6) 在绘图区选择所创建的"曲面面组"与"镜像曲面",单击"合并"工具按钮 按钮,系统打开合并特征操控板。单击操控板中的☑按钮,完成合并曲面的创建。

7) 在绘图区选择所创建的合并曲面,选择系统主菜单中的"编辑"→"加厚"命令,系统打开加厚特征操控板。设置向内加厚的厚度为"2",单击操控板中的☑按钮,完成加厚特征的创建。

8) 单击工具栏中的 按钮,系统显示模型的层树,通过新建层隐藏所有曲线特征,创建的模型如图 4-99 所示。创建完毕后保存文件。

图 4-99 创建的模型

4.5 自由造型曲面工程实例 2

下面以电熨斗的造型曲面设计为例,详细介绍产品曲面造型的方法与技巧。

1) 选择系统主菜单中的"文件"→"新建"命令,系统弹出"新建"对话框,在"类型"选项组中选择"零件"选项,在对应的"子类型"选项组中选择"设计"选项,输入文件名称"dianyundou_skel",取消"使用缺省模板",在弹出的"新文件选项"对话框中选择公制模板"mmns_prt_design",单击"确定"按钮,进入零件设计模块。

2) 单击"草绘"工具按钮 ,系统弹出"草绘"对话框,如图 4-100(a)所示,选择"TOP"基准平面作为草绘平面,选择"right"基准平面作为右参照平面,如图 4-100(b)所示绘制曲线 1(样条曲线和直线),左键双击该曲线,系统弹出样条曲线编辑工具操控板,在操控板的"点"下滑面板中选择"局部坐标系"复选框,根据如图 4-100(c)所示曲率分析结果,以及构建优质曲线的基本原则,分别设置自左向右四个插值点的 X 和 Y 的坐标值为"-98.6"和"-27.28"、"-38.64"和"-44.27"、"153.08"和"53.96"。完成草绘后单击工具栏中的☑按钮。

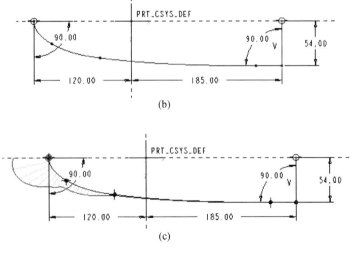

图 4-100 绘制曲线 1

3) 单击"草绘"工具按钮，系统弹出"草绘"对话框，如图4-101(a)所示，选择"FRONT"基准平面作为草绘平面，选择"right"基准平面作为右参照平面，如图4-101(b)所示绘制曲线2，左键双击该曲线，系统弹出样条曲线编辑工具操控板，在操控板的"点"下滑面板中选择"局部坐标系"复选框，根据如图4-101(c)所示曲率分析结果，以及构建优质曲线的基本原则，分别设置自左向右四个插值点的X和Y的坐标值为"-82.5"和"-26.29"、"-25.45"和"36.69"、"102.87"和"43.95"。完成草绘后单击工具栏中的 按钮。

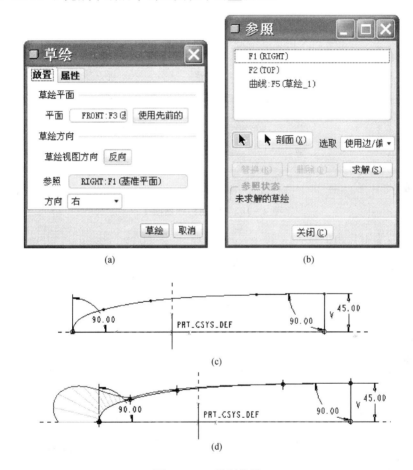

图4-101 绘制曲线2

4) 单击"拉伸"工具按钮，系统打开拉伸特征操控板，单击操控板中的"曲面"按钮，单击"放置"下滑面板中的"定义"按钮，系统弹出"草绘"对话框，选择"FRONT"基准平面作为草绘平面，选择"RIGHT"基准平面作为右参照平面，进入草绘界面。如图4-102(a)所示绘制拉伸图元，完成草绘后单击工具栏中的"完成"按钮，如图4-102(b)所示，设置单侧拉伸深度为"60"，单击操控板中的"完成"按钮，完成拉伸曲面1的创建。

5) 单击"造型"工具按钮，进入自由造型曲面界面，构建内部控制曲线。具体步骤如下：

① 单击"设置活动平面"按钮，分别选择上面步骤所创建的拉伸平面作为活动平面，单击鼠标右键，在弹出的快捷菜单中选择"活动平面方向"。

② 单击"创建曲线"按钮，系统弹出创建曲线操控板，单击"平面曲线"工具按钮，在操控板的"参照"下滑面板中的参照选项"TOPF2:基准平面"，单击所创建的拉伸曲面，单击左键

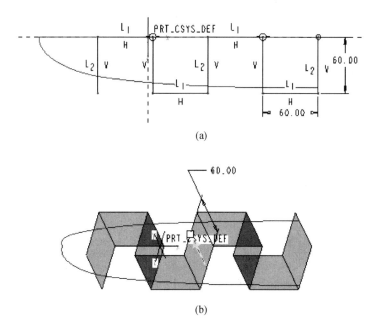

图 4-102 创建拉伸曲面 1

三次创建三个点,绘制自由曲线。

③ 单击"编辑曲线"按钮,系统打开曲线编辑操控板,在绘图区选择所创建的平面曲线,按 Shift 键,单击鼠标左键选择曲线上端点移动至草绘曲线 2。分别单击曲线的上下两个端点,在操控板的"相切"选项中,分别设置切线约束为"法向",即分别垂直于"RIGHT"和"TOP"基准平面,自左向右分别设置五条平面自由曲线的上下端点的固定长度分别为"22.48"和"12.7"、"20"和"17.38"、"23.98"和"20.04"、"26.55"和"19.50"、"25.3"和"22.2",并如图 4-103 所示分别设置每条自由曲线的中间点坐标值,创建的曲线如图 4-104 所示。单击操控板中的"完成"按钮。

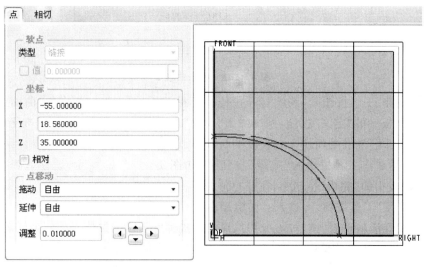

图 4-103 设置自由曲线

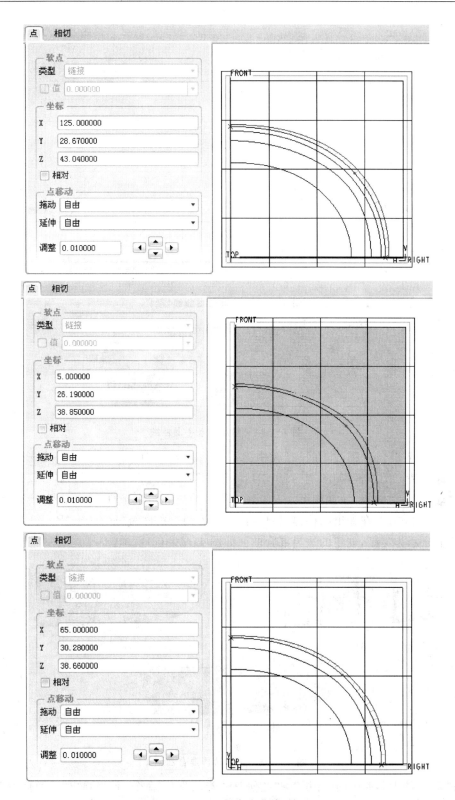

图 4-103　设置自由曲线(续)

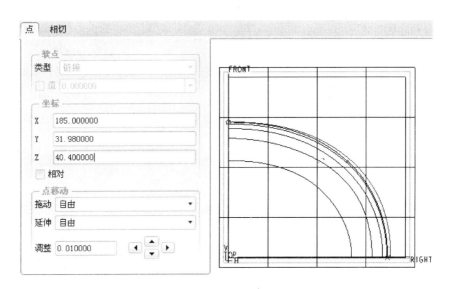

图 4-103 设置自由曲线（续）

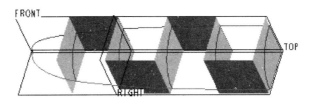

图 4-104 创建五条平面曲线

6）创建边界混合曲面 1。在模型树中隐藏拉伸曲面 1，单击边界混合工具按钮" "，系统打开边界混合特征操控板，如图 4-105(a)所示选择第一方向的两条曲线，以及第二方向的五条曲线，在"约束"下滑面板，设置如图 4-105(b)所示的边界约束条件，也可以直接在绘图区，在" "按钮上单击右键，在弹出的快捷菜单中设置边界约束条件为"垂直"于"RIGHT"基准平面，边界曲线上显示为" "，创建的边界混合曲面如图 4-105(c)所示。

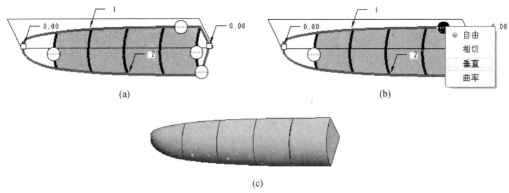

图 4-105 创建边界混合曲面 1

7）选择系统主菜单中的"分析"→"几何"→"着色曲率"命令，系统弹出"着色曲率"对话框，选择上一步所创建的边界混合曲面，分析结果如图 4-106 所示，发现曲面尖角处发生收敛，曲面质量欠佳。

图 4-106　曲面质量分析

8）拉伸切除发生收敛的曲面局部。单击"拉伸"工具按钮，系统打开拉伸特征操控板，单击操控板中的""和""按钮，选择步骤 6 所创建的边界混合曲面 1 作为修剪面组，单击"放置"下滑面板中的"定义"按钮，系统弹出"草绘"对话框，如图 4-107(a)所示，选择"TOP"基准平面作为草绘平面，选择"RIGHT"基准平面作为右参照平面，进入草绘界面。如图 4-107(b)所示绘制拉伸图元，完成草绘后单击工具栏中的"完成"按钮，如图 4-107(c)所示，设置单侧拉伸深度为"50"，单击操控板中的"完成"按钮，完成拉伸曲面 2 的创建，如图 4-107(d)所示。

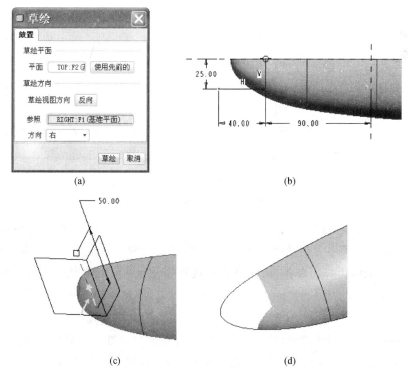

图 4-107　创建拉伸曲面 2

9) 单击"特征"工具栏中的"基准点"工具按钮，系统弹出"基准点"对话框,如图4-108(a)所示分别选择草绘曲线1和拉伸曲面2的边界曲线作为参照,单击"确定"按钮,创建基准点"PNT0"。同上如图4-108(b)所示分别选择草绘曲线2和拉伸曲面2的边界曲线作为参照,创建基准点"PNT1"。

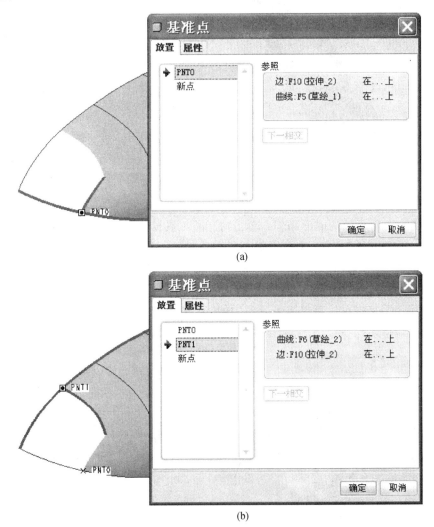

图4-108 创建基准点

10) 创建边界混合曲面2。单击"边界混合"工具按钮，系统打开边界混合特征操控板,如图4-109(a)所示选择第一方向的两条曲线,以及第二方向的两条曲线,在"约束"下滑面板设置如图4-109(b)所示的边界约束条件,也可以直接在绘图区的按钮上右击,在弹出的快捷菜单中设置边界约束条件为"垂直"于"FRONT"基准平面,边界曲线上显示为"",创建的边界混合曲面反射分析结果如图4-109(c)所示,分析结果表明曲面连续性较好。

11) 选择系统主菜单中的"编辑"→"投影"命令,系统弹出投影工具操控板,在"参照"下滑面板中选择"投影草绘",单击"草绘"选项中的"定义"按钮,系统弹出"草绘"对话框,选择"TOP"基准平面作为草绘平面,如图4-110(a)所示绘制样条曲线,选择边界混合曲面1作为

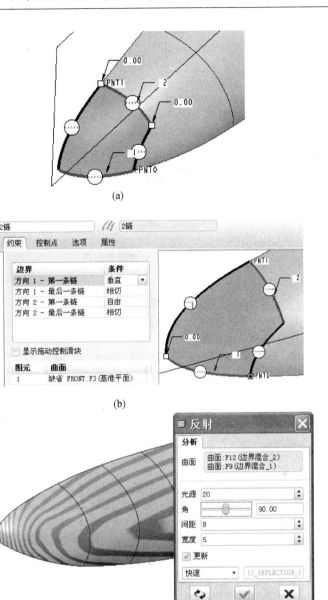

图 4-109 创建边界混合曲面 2

投影曲面,选择"TOP"基准平面作为"方向参照",创建的投影曲线如图 4-110(b)所示。

12) 单击"特征"工具栏中的 按钮,系统弹出"基准平面"对话框,如图 4-111 所示,选择"TOP"基准平面作为参照,分别设置偏移距离为"10",单击"确定"按钮,创建基准平面"DTM1"。

13) 单击"草绘"工具按钮 ,系统弹出"草绘"对话框,选择"DTM1"基准平面作为草绘平面,选择"RIGHT"基准平面作为右参照平面,进入草绘界面。如图 4-112 所示绘制样条曲线,注意设置样条曲线的插值点 X 和 Y 坐标分别为"74.69"和"49.24"、"115.42"和"50.00"、"124.20"和"44.90"。完成草绘后单击工具栏中的"完成"按钮 。

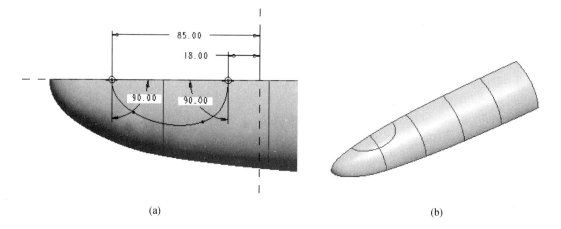

(a)　　　　　　　　　　　　　　　　　　(b)

图4-110　创建投影曲线

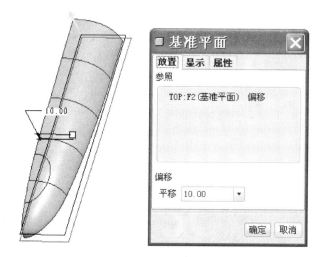

图4-111　创建基准平面

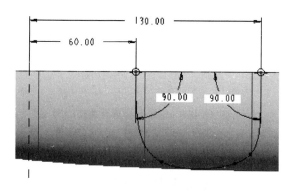

图4-112　创建草绘曲线3

14）单击"造型"工具按钮，进入自由造型曲面界面，构建自由曲线。具体步骤如下：

① 单击"设置活动平面"按钮，系统弹出"选取"对话框，在绘图区"FRONT"基准平面上单击鼠标左键，选择"FRONT"基准平面作为活动平面。右击绘图区，在弹出的快捷菜单中选择"活动平面方向"，绘图区界面显示活动平面方向视图。

② 单击"创建曲线"按钮，系统弹出创建曲线操控板，单击"平面曲线"工具按钮，再单击左键六次创建六个点，绘制自由曲线。

③ 单击"编辑曲线"按钮，系统打开曲线编辑操控板，在绘图区选择所创建的平面曲线，按 Shift 键，单击鼠标左键选择曲线左端点移动至投影曲线 1 左端点。按 Shift 键，单击鼠标左键选择曲线右端点移动至草绘曲线 3 右端点，分别单击曲线的上下两个端点，在操控板的"相切"选项中设置左右端点的切线长度和角度分别为"36.14"和"59.34"、"69.76"和"96.31"，自左向右分别设置插值点的 X、Y 和 Z 的坐标值分别为"-50"、"75"和"0"，"-0.33"、"103.73"和"0"，"33.23"、"109.41"和"0"，"103"、"90"和"0"。如图 4-113(a)所示曲率分析所创建的曲线以修改参数构建优质曲线，创建的曲线如图 4-113(b)所示。单击操控板中的"完成"按钮。

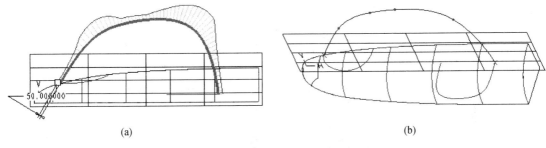

图 4-113 创建自由曲线

15) 单击"造型"工具按钮，进入自由造型曲面界面，构建自由曲线。具体步骤如下：

① 单击"设置活动平面"按钮，系统弹出"选取"对话框，在绘图区"FRONT"基准平面上单击鼠标左键，选择"FRONT"基准平面作为活动平面。在绘图区单击右键，在弹出的快捷菜单中选择"活动平面方向"，绘图区界面显示活动平面方向视图。

② 单击"创建曲线"按钮，系统弹出创建曲线操控板，单击"平面曲线"工具按钮，再单击左键七次依次创建七个点，绘制自由曲线。

③ 单击"编辑曲线"按钮，系统打开曲线编辑操控板，在绘图区选择所创建的平面曲线，按 Shift 键，单击鼠标左键选择曲线左端点移动至投影曲线 1 右端点。按 Shift 键，单击鼠标左键选择曲线右端点移动至草绘曲线 3 左端点，分别单击曲线的上下两个端点，在操控板的"相切"选项中设置左右端点的切线长度和角度分别为"64.39"和"75.8"、"41.33"和"89.27"，自左向右分别设置插值点的 X、Y 和 Z 的坐标值分别为"8"、"75.26"和"0"，"46.6"、"83.6"和"0"，"73.37"、"71.11"和"0"，"73.12"、"51.11"和"0"，"62.55"、"31.69"和"0"。如图 4-114(a)所示曲率分析所创建的曲线以修改参数构建优质曲线，创建的曲线如图 4-114(b)所示。单击操控板中的"完成"按钮。

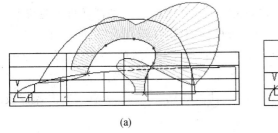
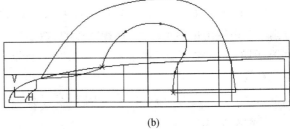

图 4-114 创建自由曲线

16）单击"拉伸"工具按钮，系统打开拉伸特征操控板，单击操控板中的"曲面"按钮，单击"放置"下滑面板中的"定义"按钮，系统弹出"草绘"对话框，选择"FRONT"基准平面作为草绘平面，选择"RIGHT"基准平面作为右参照平面，进入草绘界面。如图 4-115(a)所示绘制拉伸图元，完成草绘后单击工具栏中的"完成"按钮，如图 4-115(b)所示，设置单侧拉伸深度为"60"，单击操控板中的"完成"按钮，完成拉伸曲面 3 的创建。

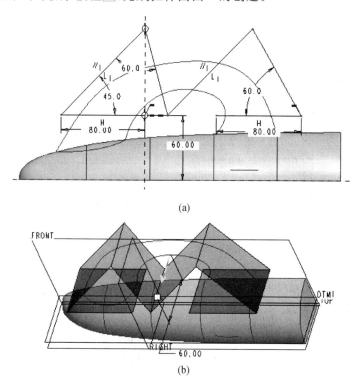

图 4-115　创建拉伸曲面 3

17）单击"造型"工具按钮，进入自由造型曲面界面，构建内部控制曲线。具体步骤如下：

① 单击"设置活动平面"按钮，分别选择上面步骤所创建的拉伸曲面 3 作为活动平面，单击鼠标右键，在弹出的快捷菜单中选择"活动平面方向"。

② 单击"创建曲线"按钮，系统弹出创建曲线操控板，单击"平面曲线"工具按钮，在操控板中的"参照"下滑面板的参照选项"TOPF2:基准平面"，单击所创建的拉伸曲面，如图 4-116 所示单击左键创建点，绘制自由曲线。

③ 单击"编辑曲线"按钮，系统打开曲线编辑操控板，在绘图区选择所创建的平面自由曲线，按 Shift 键，单击鼠标左键选择曲线上的端点分别移动至步骤 15 所创建的两条自由曲线上。分别单击曲线上的两个端点，在操控板的"相切"选项中分别设置切线约束为"法向"，即分别垂直于"FRONT"和"TOP"基准平面，自左向右分别设置四条平面自由曲线的上下端点的固定长度分别为"19.58"和"17.40"、"19.91"和"16.59"、"16.68"和"19.48"、"34.9"和"35.52"，并参照模型文件分别设置每条自由曲线的中间点坐标值，创建的曲线如图 4-116 所示。单击操控板中的"完成"按钮。

④ 单击"创建曲线"按钮，系统弹出创建曲线操控板，单击"自由曲线"工具按钮，单击

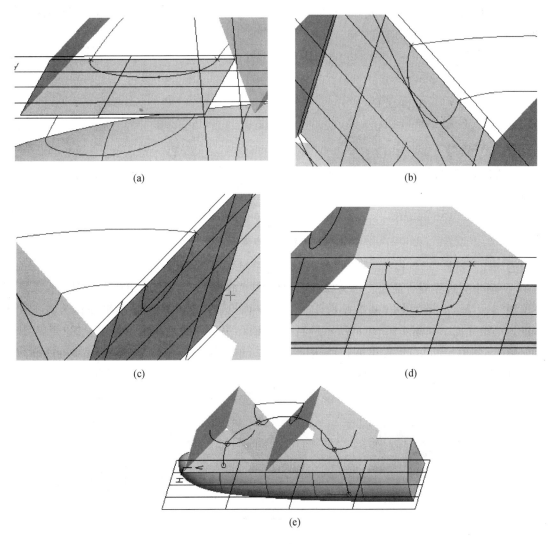

图 4-116 创建自由曲线

左键六次创建六个点,按 Shift 键,单击鼠标左键选择曲线上的两个端点分别移动至投影曲线和草绘曲线 3 上。按 Shift 键,单击鼠标左键选择曲线上的中间点分别移动至上面步骤所创建的四条自由曲线上。绘制 COS 曲线如图 4-116(e)所示。创建完毕隐藏拉伸曲面 3,构建的曲线特征如图 4-117 所示。

工程点拨:注意单击工具栏中的"显示所有视图"按钮,应用四视图调整该 COS 曲线,以构建优质 COS 曲线。

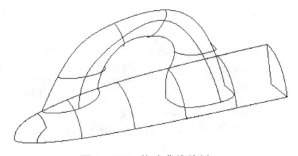

图 4-117 构建曲线特征

18)创建边界混合曲面 3。在模型树中隐藏拉伸曲面 1,单击"边界混合"工具按钮,系统打开边界混合特征操控板,如图 4-118(a)所示选择第一方向的两条曲线,以及第二方向的五条曲线,在"约束"下滑面板上设置边界约束条件,也可以直接在绘图区的按钮上右击,在弹出的快捷菜单中设置边界约束条件为"垂直"于"RIGHT"基准平面,边界曲线上显示为⊙,创建的边界混合曲面如图4-118(b)所示。

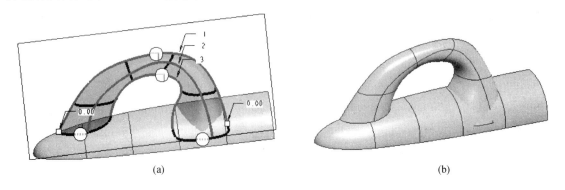

图4-118 创建边界混合曲面3

19)单击"拉伸"工具按钮,系统打开拉伸特征操控板,单击操控板中的和按钮,选择步骤6所创建的边界混合曲面1作为修剪面组,单击"放置"下滑面板中的"定义"按钮,系统弹出"草绘"对话框,选择"TOP"基准平面作为草绘平面,选择"RIGHT"基准平面作为右参照平面,进入草绘界面。如图4-119(a)所示绘制拉伸图元,完成草绘后单击工具栏中的"完成"按钮,如图4-119(b)所示,设置单侧拉伸深度为"85",单击操控板中的"完成"按钮,完成拉伸修剪曲面4的创建,如图4-119(c)所示。

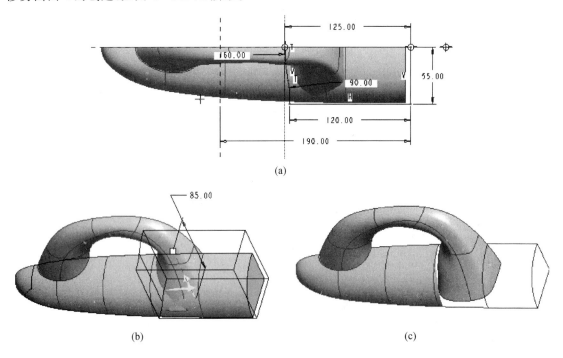

图4-119 创建拉伸修剪曲面4

20)单击"拉伸"工具按钮,系统打开拉伸特征操控板,单击操控板中的和按钮,选择步骤18所创建的边界混合曲面3作为修剪面组,单击"放置"下滑面板中的"定义"按钮,系统弹出"草绘"对话框,选择"FRONT"基准平面作为草绘平面,选择"RIGHT"基准平面作为右参照平面,进入草绘界面。如图4-120(a)所示绘制拉伸图元,完成草绘后单击工具栏中的"完成"按钮✓,如图4-120(b)所示,设置单侧拉伸深度为"85",单击操控板中的"完成"按钮✓,完成拉伸修剪曲面5的创建,如图4-120(c)所示。

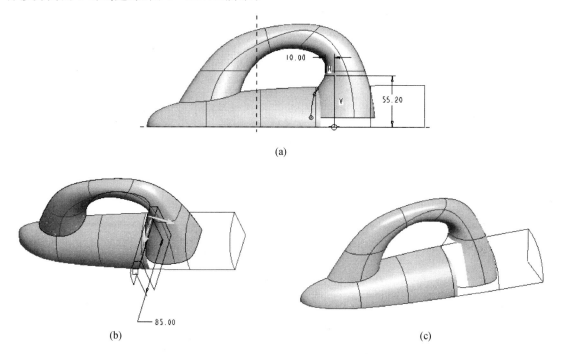

图4-120 创建拉伸修剪曲面5

21) 单击"特征"工具栏中的▱按钮,系统弹出"基准平面"对话框,如图4-121所示,选择"FRONT"基准平面和图上的点作为参照,单击"确定"按钮,创建基准平面"DTM2"。

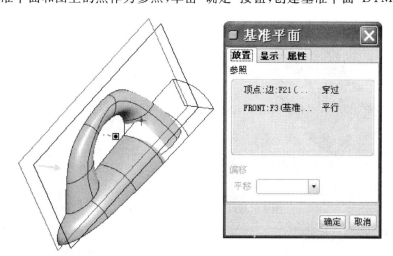

图4-121 创建基准平面DTM2

22) 单击"造型"工具按钮▱,进入自由造型曲面界面,构建自由曲线。具体步骤如下:
① 单击"设置活动平面"按钮▱,分别设置"FRONT"基准平面和"DTM2"基准平面作为活动平面,单击鼠标右键,在弹出的快捷菜单中选择"活动平面方向"。

②单击"创建曲线"按钮~,系统弹出创建曲线操控板,单击"平面曲线"工具按钮,如图4-122所示单击左键创建两个点,绘制自由曲线。

③单击"编辑曲线"按钮,系统打开曲线编辑操控板,在绘图区选择所创建的平面自由曲线,按Shift键,如图4-122(a)、图4-122(b)所示单击鼠标左键选择曲线上的端点分别移动修剪曲面的曲线端点和曲线之上。分别单击曲线上的两个端点,在操控板的"相切"选项中分别设置切线约束为"曲面相切",即分别相切于相邻曲面,如图4-122(c)所示,参照模型文件分别设置每条自由曲线的切线长度。单击操控板中的"完成"按钮,完成曲线的创建。

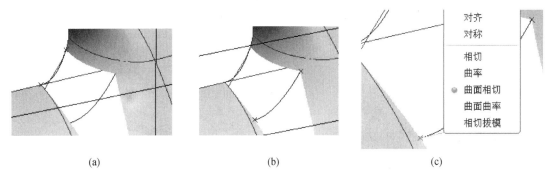

图4-122 创建两条自由曲线

23)创建边界混合曲面4。单击"边界混合"工具按钮,系统打开边界混合特征操控板,如图4-123(a)所示选择第一方向的两条曲线,以及第二方向的两条曲线,在"约束"下滑面板设置如图4-123(a)所示的边界约束条件,也可以直接在绘图区的按钮上单击右键,在弹出的快捷菜单中设置"FRONT"基准平面上边界链的约束条件为"垂直"于"FRONT"基准平面,边界曲线链上显示为,同时设置另一方向的两条边界链的约束条件为"相切"于相邻曲面,边界曲线链上显示为,创建的边界混合曲面4如图4-123(b)所示。

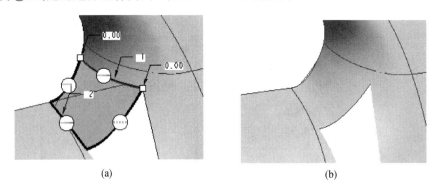

图4-123 创建边界混合曲面4

24)单击"拉伸"工具按钮,系统打开拉伸特征操控板,单击操控板中的和按钮,选择步骤18所创建的边界混合曲面3作为修剪面组,单击"放置"下滑面板中的"定义"按钮,系统弹出"草绘"对话框,选择"FRONT"基准平面作为草绘平面,选择"RIGHT"基准平面作为右参照平面,进入草绘界面。如图4-124(a)所示绘制拉伸图元,完成草绘后单击工具栏中的"完成"按钮,如图4-124(b)所示,设置单侧拉伸深度为"85",单击操控板中的"完成"按钮,完成拉伸修剪曲面6的创建,如图4-124(c)所示。

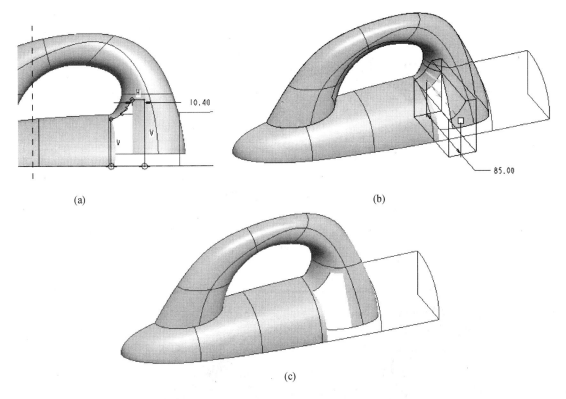

图 4-124　创建拉伸修剪曲面 6

25）单击"拉伸"工具按钮，系统打开拉伸特征操控板，单击操控板中的和按钮，选择步骤 18 所创建的边界混合曲面 3 作为修剪面组，单击"放置"下滑面板中的"定义"按钮，系统弹出"草绘"对话框，选择"FRONT"基准平面作为草绘平面，选择"RIGHT"基准平面作为右参照平面，进入草绘界面。如图 4-125(a)所示绘制拉伸图元，完成草绘后单击工具栏中的"完成"按钮，如图 4-125(b)所示，设置单侧拉伸深度为"60"，单击操控板中的"完成"按钮，完成拉伸修剪曲面 7 的创建，如图 4-125(c)所示。

26）单击"特征"工具栏中的按钮，系统弹出"基准平面"对话框，如图 4-126 所示，选择"TOP"基准平面作为参照，分别设置偏移距离为"45"，单击"确定"按钮，创建基准平面"DTM3"。

27）如图 4-127 所示选择修剪后的边界混合曲面 3 的边，选择系统主菜单中的"编辑"→"延伸"命令，系统打开延伸特征操控板，设置延伸距离为"10"，创建延伸曲面特征。

28）单击"拉伸"工具按钮，系统打开拉伸特征操控板，单击操控板中的按钮，单击"放置"下滑面板中的"定义"按钮，系统弹出"草绘"对话框，选择"FRONT"基准平面作为草绘平面，选择"RIGHT"基准平面作为右参照平面，进入草绘界面。如图 4-128(a)所示绘制拉伸图元，完成草绘后单击工具栏中的"完成"按钮，如图 4-128(b)所示，设置单侧拉伸深度为"60"，单击操控板中的"完成"按钮，完成拉伸曲面 8 的创建。

29）单击"造型"工具按钮，进入自由造型曲面界面，构建自由曲线。具体步骤如下：

① 单击"设置活动平面"按钮，分别选择步骤 28 所创建的拉伸平面作为活动平面，单击鼠标右键，在弹出的快捷菜单中选择"活动平面方向"。

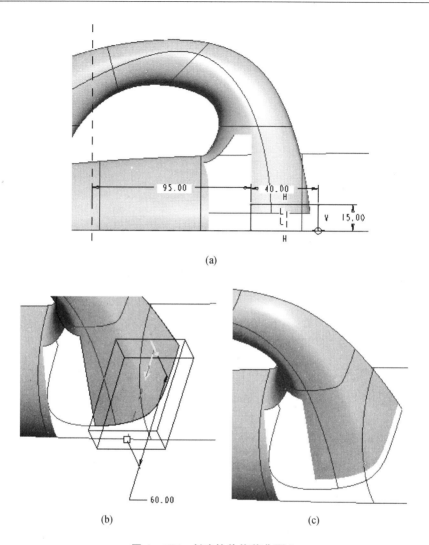

图 4-125 创建拉伸修剪曲面 7

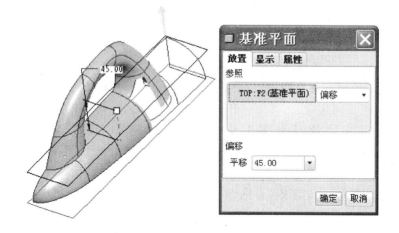

图 4-126 创建基准平面 DTM3

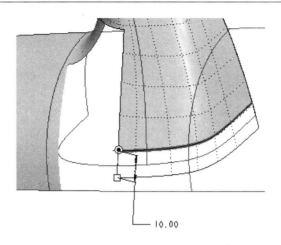

图 4-127　创建延伸曲面

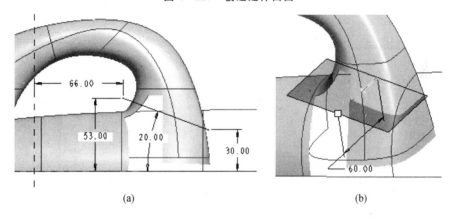

(a)　　　　　　　　　　　　　　(b)

图 4-128　创建拉伸曲面 8

②单击"创建曲线"按钮 ~，系统弹出创建曲线操控板，单击"平面曲线"工具按钮，如图 4-129 所示单击左键创建两个点，绘制自由曲线。

③单击"编辑曲线"按钮，系统打开曲线编辑操控板，在绘图区选择所创建的平面自由曲线，按 Shift 键，如图 4-129 所示单击鼠标左键选择曲线上的端点分别移动修剪曲面的曲线之上。分别单击曲线上的两个端点，在操控板的"相切"选项中分别设置切线约束为"曲面相切"，即分别相切于相邻曲面，参照模型文件分别设置每条自由曲线的切线长度。单击操控板中的"完成"按钮，完成曲线的创建。并在模型树中隐藏步骤 28 所创建的拉伸曲面。

30）创建边界混合曲面 5。单击"边界混合工具"按钮，系统打开边界混合特征操控板，如图 4-130 所示选择第一方向的两条曲线，以及第二方向的两条曲线，在"约束"下滑面板设置如图 4-130 所示的边界约束条件，也可以直接在绘图区的 按钮上右击，在弹出的快捷菜单中设置其中三条边界链的约束条件为"相切"于相邻曲面，边界曲线链上显示为 ，创建的边界混合曲面 5 如图 4-130 所示。

31）单击"特征"工具栏中的 按钮，系统弹出"基准平面"对话框，如图 4-131 所示，选择"RIGHT"基准平面和顶点作为参照，单击"确定"按钮，创建基准平面"DTM4"。

32）单击"特征"工具栏中的 按钮，系统弹出"基准平面"对话框，如图 4-132 所示，选择"TOP"基准平面和顶点作为参照，单击"确定"按钮，创建基准平面"DTM5"。

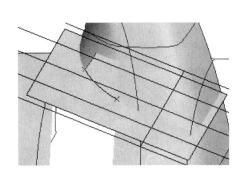
图4-129 创建两条自由曲线

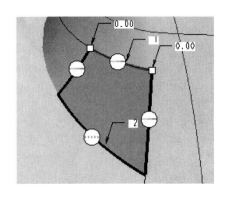
图4-130 创建边界混合曲面5

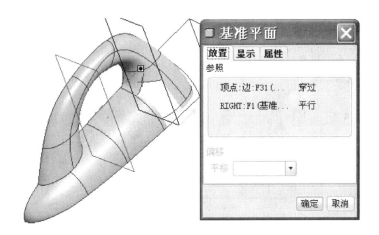
图4-131 创建基准平面DTM4

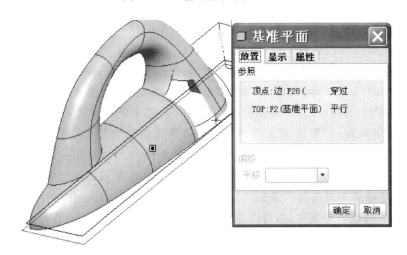
图4-132 创建基准平面DTM5

33）单击"造型"工具按钮，进入自由造型曲面界面，构建自由曲线。具体步骤如下：

① 单击"设置活动平面"按钮，分别选择"DTM5"基准平面作为活动平面，单击鼠标右键，在弹出的快捷菜单中选择"活动平面方向"。

②单击"创建曲线"按钮~,系统弹出创建曲线操控板,单击"平面曲线"工具按钮,如图4-133(a)所示单击左键创建两个点,绘制自由曲线。

③单击"编辑曲线"按钮,系统打开曲线编辑操控板,在绘图区选择所创建的平面自由曲线,按Shift键,如图4-133(a)所示单击鼠标左键选择曲线上的端点分别移动修剪曲面的曲线之上。分别单击曲线上的两个端点,在操控板的"相切"选项中分别设置切线约束为"曲面相切",即分别相切于相邻曲面,参照模型文件分别设置每条自由曲线的切线长度。单击操控板中的"完成"按钮,完成曲线的创建。

④ 如上步骤,设置"DTM4"作为活动平面,如图4-133(b)所示创建自由的平面曲线。注意设置上端点的约束条件为"曲面相切"。参照模型文件分别设置每条自由曲线的切线长度。

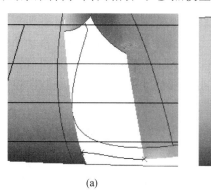 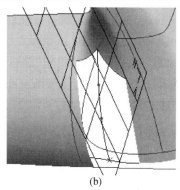

图4-133 创建自由曲线

34)在绘图区中如图4-134所示,单击曲线,红色高亮显示其被选中,按住"Ctrl+C"组合键,再按"Ctrl+V"键,系统打开特征复制操控板,设置曲线类型为"逼近",单击操控板中的"完成"按钮,完成复制曲线的创建。

35)创建边界混合曲面6。单击"边界混合"工具按钮,系统打开边界混合特征操控板,如图4-135所示选择第一方向的两条曲线,以及第二方向的两条曲线,在"约束"下滑面板设置如图4-135所示的边界约束条件,也可以直接在绘图区的按钮上右击,在弹出的快捷菜单中,设置其中两条边界链的约束条件为"相切"于相邻曲面,边界曲线链上显示为"",创建的边界混合曲面6如图4-135所示。

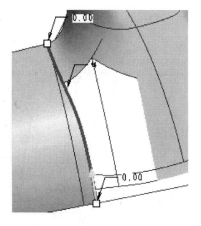 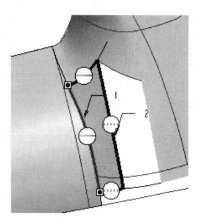

图4-134 复制曲线　　　　图4-135 创建边界混合曲面6

36）在绘图区中如图4-136所示，左键单击步骤33所创建的第一条自由曲线作为"修剪的曲线"，红色高亮显示其被选中，单击工具栏中的"修剪"工具按钮，系统打开修剪特征操控板，选择步骤33所创建的第二条自由曲线作为"修剪对象"，如图4-136所示设置修剪方向，保留曲线左侧部分。

37）单击"造型"工具按钮，进入自由造型曲面界面，构建自由曲线。具体步骤如下：

① 单击"设置活动平面"按钮，分别选择"DTM5"基准平面作为活动平面，单击鼠标右键，在弹出的快捷菜单中选择"活动平面方向"。

② 单击"创建曲线"按钮，系统弹出创建曲线操控板，单击"平面曲线"工具按钮，如图4-137所示单击左键创建两个点，绘制自由曲线。

③ 单击"编辑曲线"按钮，系统打开曲线编辑操控板，在绘图区选择所创建的平面自由曲线，按Shift键，如图4-137所示单击鼠标左键选择曲线上的端点分别移动曲线之上。分别单击曲线上的两个端点，在操控板的"相切"选项中分别设置切线约束为"曲面相切"，即分别相切于相邻曲面，参照模型文件分别设置每条自由曲线的切线长度。单击操控板中的"完成"按钮，完成曲线的创建。

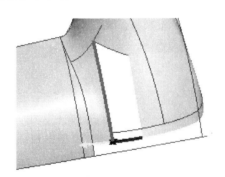 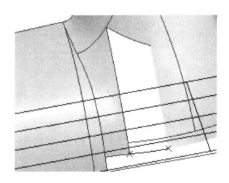

图4-136 修剪曲线　　　　　　　　图4-137 创建自由曲线

38）在绘图区中如图4-138所示，左键分别单击曲线，红色高亮显示其被选中，按住"Ctrl+C"组合键，再按"Ctrl+V"键，系统打开特征复制操控板，设置曲线类型为"逼近"，单击操控板中的"完成"按钮，完成三条复制曲线的创建。

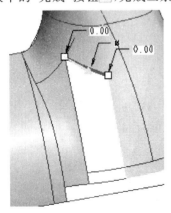 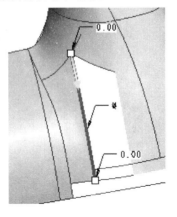 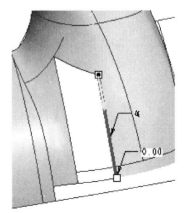

图4-138 复制曲线

39) 创建边界混合曲面 7。单击"边界混合"工具按钮,系统打开边界混合特征操控板,如图 4-139(a)所示选择第一方向的两条曲线,以及第二方向的两条曲线,在"约束"下滑面板设置如图 4-139(a)所示的边界约束条件,也可以直接在绘图区的按钮上右击,在弹出的快捷菜单中,设置其中三条边界链的约束条件为"相切"于相邻曲面,边界曲线链上显示为"",创建的边界混合曲面 7 如图 4-139(b)所示。

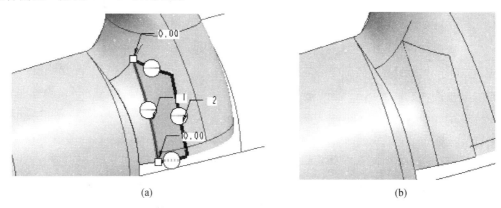

图 4-139　创建边界混合曲面 7

40) 应用合并工具合并所创建的曲面特征。如图 4-140(a)所示选择边界混合曲面 1 和边界混合曲面 2 合并成合并曲面 1,如图 4-140(b)所示选择合并曲面 1 和边界混合曲面 3 合并成合并曲面 2,如图 4-140(c)所示选择合并曲面 2 和边界混合曲面 5 合并成合并曲面 3,如图 4-140(d)所示选择合并曲面 3 和边界混合曲面 4 合并成合并曲面 4,如图 4-140(e)所示选择合并曲面 4 和边界混合曲面 7 合并成合并曲面 5,如图 4-140(f)所示选择合并曲面 5 和边界混合曲面 6 合并成合并曲面 6。

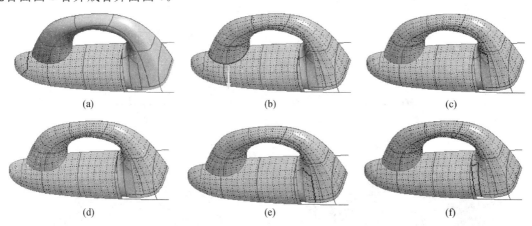

图 4-140　创建合并曲面特征

41) 单击"拉伸"工具按钮,系统打开拉伸特征操控板,单击操控板中的和按钮,选择步骤 40 所创建的合并曲面 6 作为修剪面组,单击"放置"下滑面板中的"定义"按钮,系统弹出"草绘"对话框,选择"FRONT"基准平面作为草绘平面,选择"RIGHT"基准平面作为右参照平面,进入草绘界面。如图 4-141(a)所示绘制拉伸图元,完成草绘后单击工具栏中的"完成"按钮,如图 4-141(b)所示,设置单侧拉伸深度为"80",单击操控板中的"完成"按钮,完成拉伸修剪曲面9的创建。

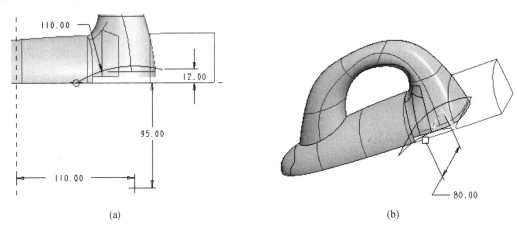

图4-141 创建拉伸修剪曲面9

42）单击"拉伸"工具按钮，系统打开拉伸特征操控板，单击操控板中的按钮，单击"放置"下滑面板中的"定义"按钮，系统弹出"草绘"对话框，选择"FRONT"基准平面作为草绘平面，选择"RIGHT"基准平面作为右参照平面，进入草绘界面。如图4-142(a)所示绘制拉伸图元，完成草绘后单击工具栏中的"完成"按钮，如图4-142(b)所示，设置单侧拉伸深度为"85"，单击操控板中的"完成"按钮，完成拉伸曲面10的创建。选择该拉伸曲面10和合并曲面6合并成合并曲面7，如图4-142(c)设置合并方向。

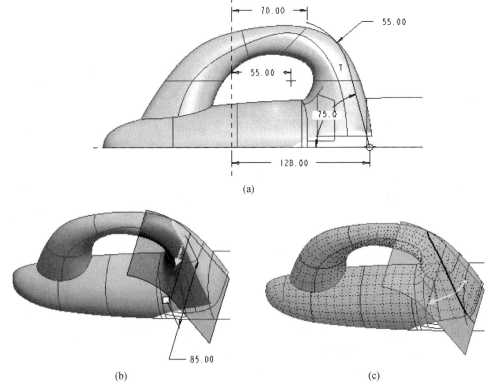

图4-142 创建拉伸曲面10和合并曲面7

43）单击"拉伸"工具按钮，系统打开拉伸特征操控板，单击操控板中的和按钮，选择步骤 40 所创建的合并曲面 6 作为修剪面组，单击"放置"下滑面板中的"定义"按钮，系统弹出"草绘"对话框，选择"DTM4"基准平面作为草绘平面，选择"TOP"基准平面作为顶参照平面，进入草绘界面。如图 4-143（a）所示绘制拉伸图元（选择 PNT2 基准点作为草绘参照），完成草绘后单击工具栏中的"完成"按钮，如图 4-143（b）所示，设置单侧拉伸深度为"85"，单击操控板中的"完成"按钮，完成拉伸修剪曲面 11 的创建。

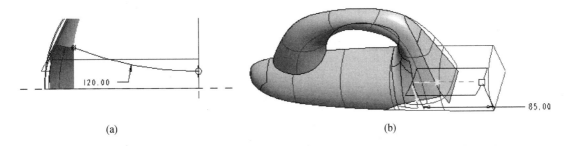

图 4-143　创建拉伸修剪曲面 11

44）在绘图区中如图 4-144 所示，左键单击曲线，红色高亮显示其被选中，按住"Ctrl＋C"组合键，再按"Ctrl＋V"键，系统打开特征复制操控板，设置曲线类型为"逼近"，单击操控板中的"完成"按钮，完成两条复制曲线的创建。

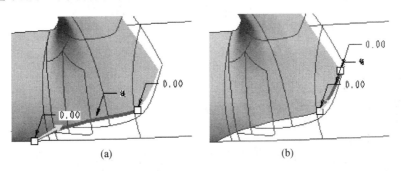

图 4-144　复制曲线

45）选择系统主菜单中的"插入"→"扫描"→"曲面"命令，系统打开"曲面：扫描"对话框，以及显示"扫描轨迹"菜单管理器，如图 4-145（a）所示。选择"草绘轨迹"命令，系统显示"设置草绘平面"菜单管理器，以及"选取"对话框，如图 4-145（b）所示。选择模型后侧平面作为草绘平面，进入草绘界面，如图 4-145（c）所示草绘图元，完成草绘后单击工具栏中的"完成"按钮。系统弹出"属性"菜单管理器，按住默认设置，选择"完成"命令。系统再次进入草绘界面，如图 4-145（d）所示选择边作为截面图元，完成草绘后单击工具栏中的"完成"按钮。单击"曲面：扫描"对话框中的"预览"和"确定"按钮，完成扫描曲面特征 1 的创建。

46）分别在绘图区选中扫描曲面 1 的边界曲线，选择系统主菜单中的"编辑"→"延伸"命令，打开延伸特征操控板，如图 4-146 所示，设置延伸距离为 5，创建两个延伸曲面。

47）如图 4-147 所示分别选择两个面组，合并成合并曲面 8。

48）单击"拉伸"工具按钮，系统打开拉伸特征操控板，单击操控板中的按钮，单击"放置"下滑面板中的"定义"按钮，系统弹出"草绘"对话框，选择"FRONT"基准平面作为草绘平面，

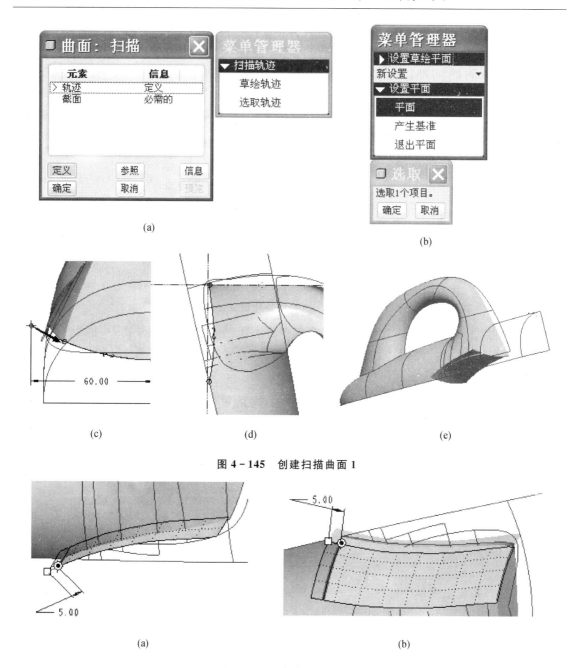

图 4-145 创建扫描曲面 1

图 4-146 创建延伸曲面

选择"RIGHT"基准平面作为右参照平面,进入草绘界面。如图 4-148(a)所示绘制拉伸图元,完成草绘后单击工具栏中的"完成"按钮 ✓,设置单侧拉伸深度为"80",单击操控板中的"完成"按钮 ✓,完成拉伸曲面 12 的创建。选择该拉伸曲面 12 和合并曲面 8 合并成合并曲面 9,如图 4-148(b)设置合并方向。

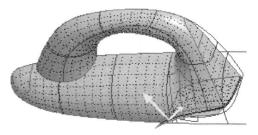

图 4-147 创建合并曲面 8

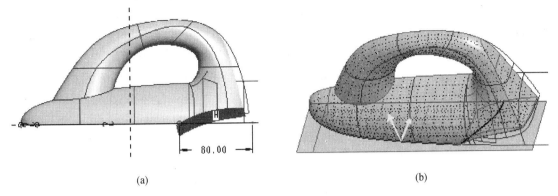

图 4-148 创建拉伸曲面 12 和合并曲面 9

49）在"智能"过滤器栏中选择"面组"，在绘图区中选择合并曲面 9 面组，单击"特征"工具栏中的"镜像"工具按钮，系统打开镜像特征操控板，选择所创建的"FRONT"基准平面作为镜像平面，创建合并面组镜像特征，如图 4-149（a）所示。在绘图区选择所创建的"合并曲面 9 面组"与"镜像曲面特征"，单击"合并"工具按钮，系统打开合并特征操控板，单击操控板中的"完成"按钮，创建合并曲面 10，如图 4-149（b）所示。

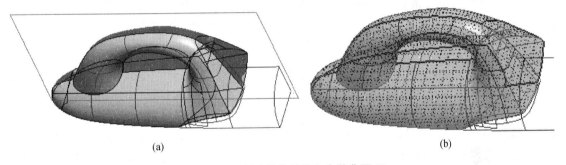

图 4-149 创建镜像特征和合并曲面 10

50）单击"特征"工具栏中的 按钮，系统弹出"基准平面"对话框，如图 4-150 所示，选择"DTM4"基准平面作为参照，设置偏移距离为"25"，单击"确定"按钮，创建基准平面"DTM6"。

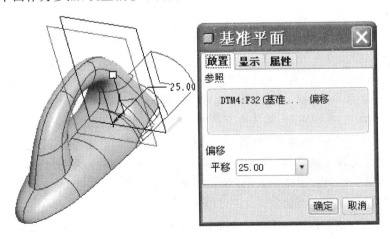

图 4-150 创建基准平面 DTM6

51）单击"拉伸"工具按钮，系统打开拉伸特征操控板，单击操控板中的和按钮，选择合并曲面10作为修剪面组，单击"放置"下滑面板中的"定义"按钮，系统弹出"草绘"对话框，选择"DTM6"基准平面作为草绘平面，选择"TOP"基准平面作为顶参照平面，进入草绘界面。如图4-151（a）所示绘制拉伸图元，完成草绘后单击工具栏中的"完成"按钮，如图4-151（b）所示，设置单侧拉伸深度为"60"，单击操控板中的"完成"按钮，完成拉伸修剪曲面13的创建。

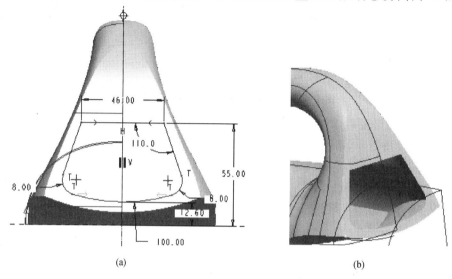

图4-151　创建拉伸修剪曲面13

52）选择系统主菜单中的"插入"→"扫描"→"曲面"命令，系统打开"曲面：扫描"对话框，以及显示"扫描轨迹"菜单管理器。选择"草绘轨迹"命令，系统显示"设置草绘平面"菜单管理器，以及"选取"对话框。选择"DTM6"基准平面作为草绘平面，进入草绘界面，如图4-152（a）所示草绘图元，完成草绘后单击工具栏中的"完成"按钮。系统弹出"属性"菜单管理器，按住默认设置，选择"完成"命令。系统再次进入草绘界面，如图4-152（b）所示选择边作为截面图元，完成草绘后单击工具栏中的"完成"按钮。单击"曲面：扫描"对话框中的"预览"和"确定"按钮，完成扫描曲面特征2的创建，如图4-152（c）所示。

53）单击"拉伸"工具按钮，系统打开拉伸特征操控板，单击操控板中的和按钮，选择扫描曲面2作为修剪面组，单击"放置"下滑面板中的"定义"按钮，系统弹出"草绘"对话框，选择"DTM6"基准平面作为草绘平面，选择"TOP"基准平面作为顶参照平面，进入草绘界面。如图4-153（a）所示绘制拉伸图元，完成草绘后单击工具栏中的"完成"按钮，设置单侧拉伸深度为"50"，单击操控板中的"完成"按钮，完成拉伸修剪曲面14的创建，如图4-153（b）所示。

54）单击"拉伸"工具按钮，系统打开拉伸特征操控板，单击操控板中的，单击"放置"下滑面板中的"定义"按钮，系统弹出"草绘"对话框，选择"DTM4"基准平面作为草绘平面，选择"TOP"基准平面作为顶参照平面，进入草绘界面。如图4-154（a）所示绘制拉伸图元，完成草绘后单击工具栏中的"完成"按钮，设置单侧拉伸深度为"80"，单击操控板中的"完成"按钮，完成拉伸修剪曲面15的创建，如图4-154（b）所示。

55）在绘图区中如图4-155所示，左键单击曲线，红色高亮显示其被选中，按住"Ctrl+C"组合键，再按"Ctrl+V"键，系统打开特征复制操控板，设置曲线类型为"逼近"，单击操控板中的"完成"按钮，完成四条复制曲线的创建。

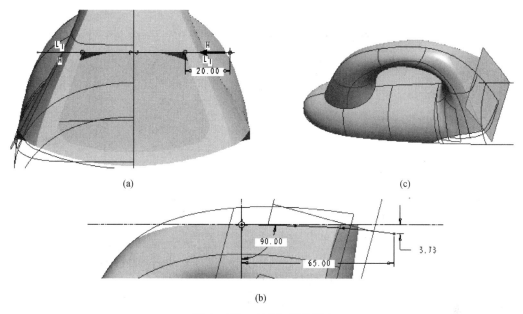

图 4-152 创建扫描曲面 2

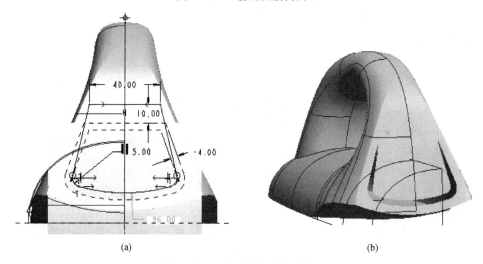

图 4-153 创建拉伸修剪曲面 14

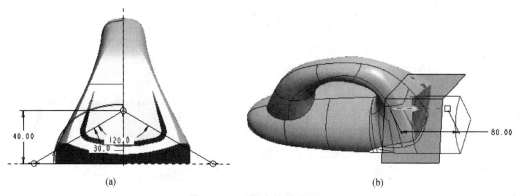

图 4-154 创建拉伸曲面 15

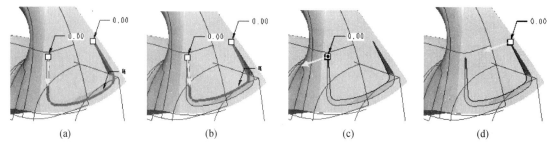

图 4-155 复制曲线

56)单击"造型"工具按钮[图],进入自由造型曲面界面,构建自由曲线。具体步骤如下:

① 单击"设置活动平面"按钮[图],分别选择拉伸平面 15 和"FRONT"基准平面作为活动平面,单击鼠标右键,在弹出的快捷菜单中选择"活动平面方向"。

② 单击"创建曲线"按钮[图],系统弹出创建曲线操控板,单击"平面曲线"工具按钮[图],如图 4-156 所示单击左键创建两个点,绘制自由曲线。

③ 单击"编辑曲线"按钮[图],系统打开曲线编辑操控板,在绘图区选择所创建的平面自由曲线,按 Shift 键,如图 4-156 所示单击选择曲线上的端点分别移动曲线之上。分别单击曲线上的两个端点,在操控板的"相切"选项中分别设置切线约束为"曲面相切",即分别相切于相邻曲面,参照模型文件分别设置每条自由曲线的切线长度。单击操控板中的"完成"按钮[图],完成曲线的创建。在模型树中隐藏拉伸曲面 15。

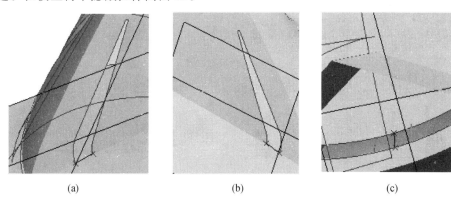

图 4-156 创建自由曲线

57)创建边界混合曲面 8。单击"边界混合"工具按钮[图],系统打开边界混合特征操控板,如图 4-157 所示选择第一方向的两条曲线,以及第二方向的两条曲线,在"约束"下滑面板设置如图 4-157 所示的边界约束条件,也可以直接在绘图区的[图]按钮上右击,在弹出的快捷菜单中设置其中两条边界链的约束条件为"相切"于相邻曲面,边界曲线链上显示为"⊖",完成边界混合曲面 8 的创建。

58)在绘图区中选择扫描曲面 2 和边界混合曲面 8,如图 4-158(a)合并成合并曲面 11。再选择合并曲

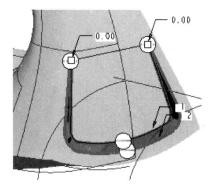

图 4-157 创建边界混合曲面 8

面 11 和模型整体面组,如图 4-158(b)所示合并成合并曲面 12。

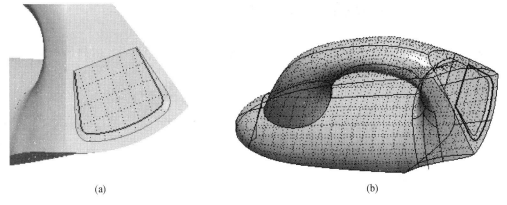

图 4-158 创建合并曲面 11 和合并曲面 12

59) 如图 4-159 所示,创建倒圆角特征。

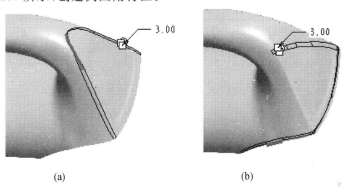

图 4-159 创建倒圆角特征

60) 在绘图区中选中面组,选择系统主菜单中的"编辑"→"加厚"命令,设置加厚厚度为"2"。如图 4-160(a)所示,创建加厚特征。单击主菜单中的"视图"→"视图管理器"选项,或单击工具栏中的"视图管理器"按钮，系统弹出"视图管理器"对话框,单击对话框中的"新建",显示新剖面"XSC0001",按"Enter"键,系统弹出"剖截面创建"菜单管理器。通过平面(选取偏移方式,先设置草绘平面和参照平面,再进入草绘环境绘制图元)方式,设置平面选取 FRONT 平面作为剖截面,得到如图 4-160(b)所示的剖面。可以观察加厚特征的内部结构。

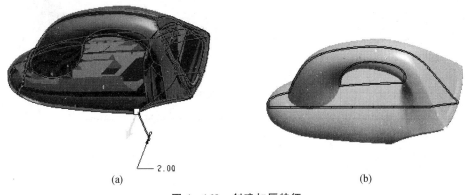

图 4-160 创建加厚特征

4.6 自由造型曲面工程实战

在 Pro/ENGINEER 系统中请应用自由造型曲面工具进行表 4-8 所列的产品曲面造型设计。

表 4-8 产品曲面造型设计项目

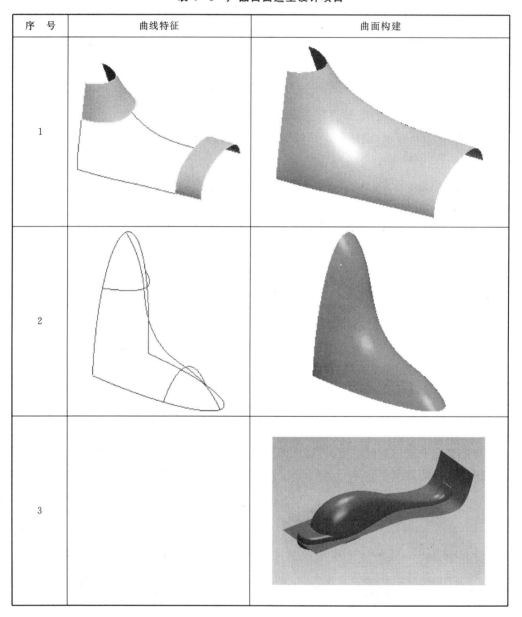

第5章 Pro/ENGINEER 自顶向下设计

5.1 Top-Down 设计技术

5.1.1 Top-Down 设计概述

产品设计一般经过概念设计、总体设计和详细设计三个阶段。这种渐进的设计过程,称为自顶向下(Top-Down)设计。如图 5-1 所示为一般的 Top-Down 设计方法。此方法在树(装配关系)的最上端存在顶级骨架,接下来是次级骨架,继承于顶级骨架,然后每一级装配分别参考各自的骨架,展开系统设计和详细设计。这种方法已经属于 Top-Down 思路,只是在数据重用方面存在问题。改进型 Top-Down 设计方法如图 5-2 所示。此方法在第二种方法的基础上加以改进,将顶级骨架从整个装配关系中剥离出来,单独存在。需要数据重用的大部分别参考于顶级骨架,在数据重用时互不干涉。当然整个装配关系是由顶级骨架控制的。

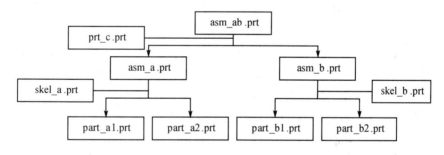

图 5-1 Top-Down 设计方法

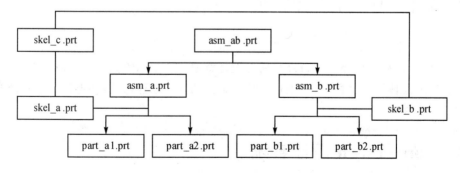

图 5-2 改进型 Top-Down 设计方法

而先设计零部件,然后将零部件组装成产品的设计方式,称为自下而上(Bottom-Up)设计,如图 5-3 所示。此方法只是利用 Pro/ENGINEER 简单的三维建模技术分别进行零部件的设计,最后像搭积木一样搭建产品。这种方法零部件之间不存在任何参数关联,仅仅存在简单的装配关系。对于设计的准确性、正确性、修改以及延伸设计可以说是致命缺点。

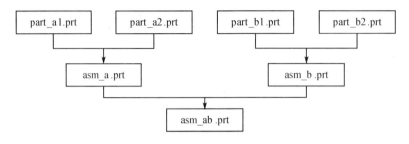

图 5-3 Bottom-Up 设计方法

Top-Down 设计其实可以用盖高楼来解释。我们做建筑的一般的方式都是先打地基再一步一步往上建筑,这是一般的设计方法。而 Top-Down 设计是从外到内,先设计整栋大楼的造型,再由整体来限制各个房间的外形,最后是各个房间内部的布局。所以,使用 Top-Down 设计时,规定子部件的界限,就是为了能够更好地体现整体设计思想(最基本的就是保证产品不能有全局干涉)。

Top-Down 设计是一个产品设计方式,确保设计由原始的概念开始,逐渐地发展成熟为具有完整零部件造型的最终产品。该设计方法具有以下特点:

(1) 符合产品设计过程

设计初期考虑的是产品应实现的功能,最后才考虑实现这些功能的零部件的几何结构、拓扑关系和装配关系。

(2) 便于实现协同并行设计

在概念设计阶段将产品的主要功能、装配关系等重要信息确定下来,再将关键设计信息传递给产品各子系统,各子系统才能保证其和顶级系统的关联性和一致性。

(3) 为面向装配和制造的设计提供基础

将设计前期的重要信息传递到后续设计阶段,在后续设计中就可根据前期设计信息和要求进行可行性评价,从而实现面向装配的设计和面向制造的设计。

5.1.2 Top-Down 设计原则

首先,应在产品设计的中心层面上集中建立重要的设计信息;其次,把部件当成产品系统的零件来考虑,便于产品的设计开发;最后,捕捉设计意图,建立设计约束,在产品系统构架上自顶向下地交流传递总体设计信息,从而进行后续零部件的详细设计,整机模型的参数化驱动,以及产品的设计变更控制。

5.1.3 Top-Down 设计系统

美国 PTC 公司提出的先进的 Pro/Top-Down 设计系统,通过布局模块在二维环境下定义产品的装配约束,并将这些约束传递到产品的三维装配设计及后续模型分析。目前 Top-Down 设计系统研究现状如表 5-1 所列。

表 5-1 Top-Down 设计系统研究现状

序号	系统名称	装配模型	推理方法	系统特点	研究人员
1	WAYT	关系模型	手工交互式	最早原形系统	Mantyla
2	Delta	层次模型	专家系统	侧重功能理解	Jin-Kang Gui
3	GNOSIS	层次模型	专家系统	抽象结构表达	Mervi Ranta
4	CONGEN	面向对象模型	专家系统	侧重产品建模	SRGorti
5	Pro/Top-Down	层次模型	手工交互式	侧重基准约束	PTC

5.1.4 Top-Down 设计过程

Top-Down 设计的一般过程如下：

(1) 设计意图的初期表现

为了实现产品设计的目的和功能，产品设计初期提出的想法、计划、建议以及设计规范都可以用来构成产品设计意图，以确定设计所需要的顶层骨架，设计意图可帮助设计者更好地理解产品规划，并开始整个产品系统设计和零件详细设计。

(2) 设定初步的产品结构

通过创建初步的产品装配结构来启动设计项目，需综合考虑结构设计的可行性、可制造性以及造型设计的艺术性。产品装配结构不仅列表装配的组元，并定义组元间的层次关系。在实际建立其具体的组元模型之前，就将其结构定义下来，并下发分配到整个设计队伍中，有利于并行工程的实施。

(3) 构建顶层骨架攫取设计意念

重要零件的位置和几何拓扑信息都可以作为基本信息，放至顶层骨架模型中，然后将其相应信息传递给各个子系统，每个子系统从顶层骨架模型中获得了所需要信息，进而就可以进行产品零部件的详细设计。

(4) 管理零件相互关联性

相互关联性是变更自动传递的特性，它是通过外部关系或参考来实现的。使用外部参考的目的是：在设计过程中产生与现在设计模型外部零件与组件的关联；完全扩展参数关联设计的功能与弹性；更有效率管理相关联或不相关联对象之间的资料交换；以及确保整个设计意念配置的一致性。

(5) 相关设计意念沟通与传递

设计意念沟通与传递指的是从一个设计层次到另一个设计层次传递关键产品设计信息的过程。设计信息置于顶层骨架模型中，然后向装配中相关的其他骨架模型传递。信息传播途径是从顶层骨架到次级骨架，然后从次级骨架到实体零件，直到所有必要的特征参照传递完毕为止。

(6) 进行产品组装设计

当代表顶层装配的骨架模型确定，设计信息传递下去之后，可进行单个的零件详细设计：一是基于已存在的顶层骨架约束装配零件模型后再进行细节设计；二是在装配模型中直接建立新的零件模型。

总之,以上设计过程随着设计的成熟,相互交叉、反复迭代及设计变更,直至并行协同地完成最终产品的整体设计。

5.2 Top-Down 设计方法

5.2.1 Top-Down 设计工具

Top-Down 设计并不是 Pro/ENGINEER 的特殊功能,只是 Pro/ENGINEER 为构建一个完善的 Top-Down Design 环境提供了很好的设计工具。其实在没有电脑的时代,即手工绘图的设计年代,做产品的设计流程就是 Top-Down 设计,因为这是一种符合现实状况和人的思维方式的设计流程,但是后来出现了电脑绘图,才有了 Bottom-Up 设计。

Pro/ENGINEER 的 Top-Down 设计系统提供的主要工具如表 5-2 和表 5-3 所列。

表 5-2 基于 Pro/ENGINEER 的 Top-Down 设计工具

设计工具	访问方式	设计功能
布局	布局模块	捕捉顶层设计标准的中心位置
骨架	在装配模块中,选择系统主菜单中的"插入"→"元件"→"创建"命令,系统弹出"元件创建"对话框,选择"骨架模型"类型,可以创建标准骨架和运动骨架	捕捉并定义设计意图和产品结构。标准骨架是为了定义组件中某一元件的设计意图而创建的零件。在一个组件中创建的标准骨架可在另一个组件中使用(如果该组件是使用独立参照装配的)。运动骨架定义组件中实体之间的运动。运动骨架是在活动组件或子组件中创建的子组件
发布几何	在零件模块或装配模块中,选择系统主菜单中的"插入"→"共享数据"→"发布几何"命令,系统弹出"出版几何"对话框,可进行发布几何特征的定义	将模型几何的局部集合作为单个图元复制到其他模型
复制几何	在零件模块或装配模块中,选择系统主菜单中的"插入"→"共享数据"→"复制几何"命令,系统打开"复制几何"操控板,可进行复制几何特征和复制外部几何特征的定义	将任何类型的几何参照信息和用户定义的参数传递到或传递出零件、骨架模型和组件等
复制外部几何		通过复制外部几何特征建立组件与外部模型的关联
关系	选择系统主菜单中的"工具"→"关系"命令,在弹出的"关系"对话框中可以设置关系式	通过参数间的关系确保设计意图得到贯彻的有效方法之一

表 5-3 装配模块中创建新零件的工具

设计工具	设计功能	访问方式
复制现有	从已有零件复制来建立新的零件	在装配模块中选择系统主菜单中的"插入"→"元件"→"创建"命令,系统弹出"元件创建"对话框。选择"元件"类型,单击"确定"按钮,系统弹出"创建选项"对话框,可以选择创建工具
定位缺省基准	从其他零部件复制已有信息建立新零件	
空	建立的新零件没有初始几何,并用缺省定位约束定位或用保持为未放置状态定位	
创建特征	用于只关心基本结构形状,而不关心外部参考的新零件建立	

5.2.2 Top-Down 设计步骤

基于 Pro/ENGINEER 的 Top-Down 设计具体步骤如下:

(1) 创建产品装配结构

建立产品装配结构的方法是在适当位置建立具有相同初始条件的虚拟空组元,通用的方法是启用带有相同初始条件缺省特征、参数、层、视图和自动质量计算等的模板装配文件,比较直观的方法是在模型中建立产品装配结构,直观反映装配模型的装配关系和层次关系等信息。

(2) 构建顶层骨架模型

通过创建顶层骨架模型来创建产品设计框架,将该骨架模型装配到产品组件中,通过创建参照骨架模型的实体零件来完成装配结构。Top-Down 设计利用顶层骨架模型来表示装配设计的重要元素。

骨架模型本质上是零件,它可包含特征、关系、层及视图等。骨架模型的作用:捕捉并定义设计意图和产品结构,建立装配设计的三维空间布局,构成产品各个子装配体及零部件之间的拓扑关系及其主要运动功能,并将重要设计信息传递至产品子装配体或零部件中,实现产品设计的管理及设计变更的控制。

(3) 共享交流设计信息

并行工程环境中发布几何特征和复制几何特征,是一种非常优秀的共享数据、交流传递信息的方法,通过使用发布几何特征来收集顶层或次级骨架模型的重要参照,然后使用复制几何特征工具,将存储在骨架模型中的重要设计信息传达至实体零件模型之中。

(4) 创建零件实体特征

基于设计意图和设计信息,用详细设计的零件和子装配来充实整个产品装配结构,由于骨架模型具备了足够的设计信息,依赖于所定义组元的属性及与周边装配的关系,直接在装配环境中建立组元,即可以通过发布几何特征来收集设计参照信息,复制几何特征来创建实体零件中的几何信息,使零件组元与骨架模型之间的信息实现最有效交流传递。

(5) 产品的设计变更

基于 Pro/ENGINEER 的参数化设计技术,可以直接在顶层骨架模型中完成主要的产品设计更改,然后借助于装配关系所建立的零部件之间的约束或连接装配关系进行设计变更。由于尺寸的驱动和父子关系的继承,顶层骨架模型的变更会完全反映到每个相关零件上,从而达到了以一个主模型来控制产品设计和变更的目的,实现了具有真正创新意义的 Top-Down

设计。

典型的鼠标产品 Top‑Down 设计步骤如表 5‑4 所列。

表 5‑4　基于 Pro/ENGINEER 的 Top‑Down 设计步骤

过　程	内　　　容	图　例
构建装配模型	在 Pro/ENGINEER 系统中，使用公制模板新建鼠标装配体文件 MOUSE.ASM，构建该产品的装配模型	
构建骨架模型	在装配模式下创建顶层骨架模型文件 MOUSE.SKEL。再在骨架模型中，应用拉伸曲面、边界混合曲面及自由造型曲面工具，进行鼠标曲面设计和拆分面设计，所建立的分型面曲面对主要零件进行布局，建立的拆分曲面作为拆分各个零件的特征参照	
发布几何信息	通过使用发布几何特征来收集骨架模型的重要参照，包括三个曲面和四条曲线特征	
鼠标侧盖设计		
鼠标前盖设计		
鼠标后盖设计		
鼠标底座设计		
滚轮设计		
电路板设计		

续表 5-4

过程	内容	图例
鼠标装配模型	完成所有零件的详细设计后，最终建立鼠标装配模型，从而有效地解决和处理零部件的干涉或间隙，并形成一个完整的鼠标产品装配结构	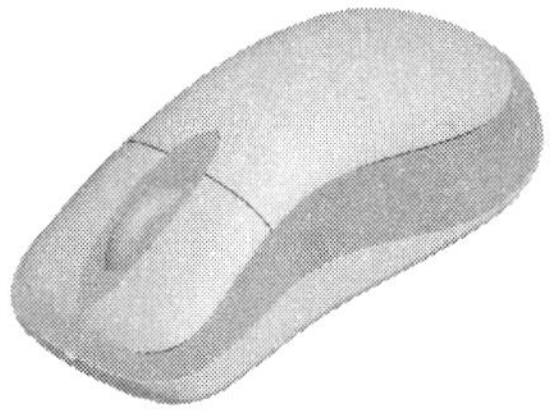
鼠标侧盖设计变更	应用曲面分析工具，对鼠标前盖曲面经分析可知，其最小高斯曲率为 $-6.66726e-05$，最大高斯曲率为 0.002428，曲面设计质量较差，因此在装配体 mouse.asm 中，对顶层骨架模型进行设计变更，避免曲面局部收敛，以提高曲面设计质量	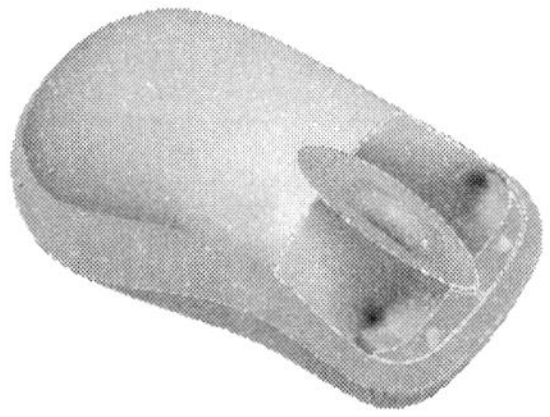 鼠标前盖曲面分析

5.3 Top-Down 设计工程实例

本节应用 Top-Down 设计方法，进行无线路由器的设计。Top-Down 设计过程如表 5-5 所列。

表 5-5 Top-Down 设计过程

序号	设计任务	设计图例
1	创建顶级骨架模型	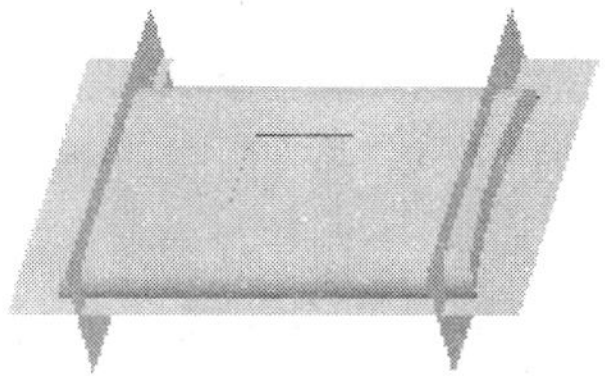
2	创建产品装配模型	
3	创建后盖零件	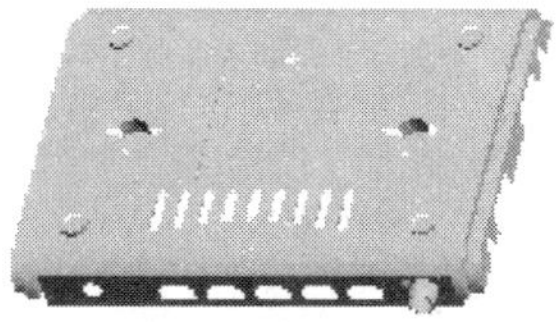
4	创建上盖装配模型	
5	创建上盖骨架模型	

续表 5-5

序　号	设计任务	设计图例
6	创建上盖零件	
7	创建侧盖零件	
8	装配侧盖零件	

5.3.1　创建顶级骨架模型

在组件模式下新建组件,并创建骨架模型。具体步骤如下:

① 选择系统主菜单中的"文件"→"新建"命令,系统弹出"新建"对话框。在"类型"选项组中选择"零件"选项,在对应的"子类型"选项组中选择"实体"选项,输入文件名"luyouqi_skel",取消"使用缺省模板"复选框,单击"确定"按钮,系统弹出"新文件选项"对话框。在"模板"选项组中选择"mmns_prt_design"公制模板,单击"确定"按钮,进入零件设计模块。

② 单击"拉伸"工具按钮 ,系统打开拉伸特征操控板。单击操控板中的 按钮,再单击"放置"下滑面板中的"定义"按钮,系统弹出"草绘"对话框,选择"TOP"基准平面作为草绘平面,选择"RIGHT"基准平面作为右参照平面,进入草绘界面。如图 5-4(a)所示,绘制拉伸截面,完成草绘后单击工具栏中的 按钮。如图 5-4(b)所示,设置两侧对称拉伸深度为"220"。单击操控板中的 按钮,完成拉伸曲面特征 1 的创建。

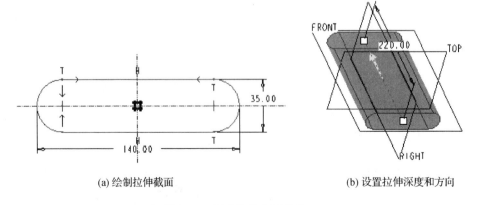

(a) 绘制拉伸截面　　　　　　　　(b) 设置拉伸深度和方向

图 5-4　创建拉伸曲面特征 1

③ 单击"拉伸"工具按钮，系统打开拉伸特征操控板。单击操控板中的按钮，再单击"放置"下滑面板中的"定义"按钮，系统弹出"草绘"对话框，选择"FRONT"基准平面作为草绘平面，选择"RIGHT"基准平面作为顶参照平面，进入草绘界面。如图 5-5(a)所示，绘制拉伸截面，完成草绘后单击工具栏中的按钮。如图 5-5(b)所示，设置两侧对称拉伸深度为"65"。单击操控板中的按钮，完成拉伸曲面特征 2 的创建。

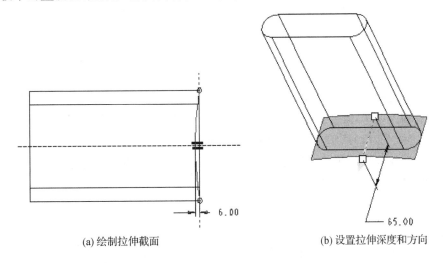

(a) 绘制拉伸截面   (b) 设置拉伸深度和方向

图 5-5　创建拉伸曲面特征 2

④ 在绘图区选择所创建的"拉伸曲面特征 2"，单击"镜像"工具按钮，系统打开镜像特征操控板。选择"TOP"基准平面作为镜像平面，单击操控板中的按钮，完成镜像曲面特征的创建，如图 5-6 所示。

⑤ 在绘图区选择所创建的"拉伸曲面特征 1"与"拉伸曲面特征 2"，单击"合并"工具按钮，系统打开合并特征操控板。如图 5-7(a)设置合并方向，如图 5-7(b)所示，单击操控板中的按钮，创建合并曲面 1。同上步骤，合并"镜像曲面特征"与"合并曲面 1"，如图 5-7(c)所示设置合并方向，如图 5-7(d)所示，单击操控板中的按钮，创建合并曲面 2。

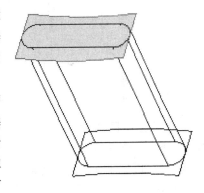

图 5-6　创建镜像曲面特征 1

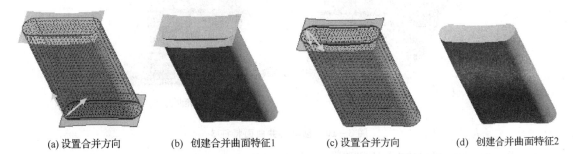

(a) 设置合并方向　　(b) 创建合并曲面特征1　　(c) 设置合并方向　　(d) 创建合并曲面特征2

图 5-7　创建合并曲面特征

⑥ 单击"基准平面创建"工具按钮 按钮，选择"RIGHT"基准平面作为偏移参照，设置平移值为"65"，如图5-8所示。单击"确定"按钮，完成基准平面"DTM1"的创建。

⑦ 单击"拉伸"工具按钮，系统打开拉伸特征操控板。单击操控板中的 按钮。再单击"放置"下滑面板中的"定义"按钮，系统弹出"草绘"对话框。选择"DTM1"基准平面作为草绘平面，选择"TOP"基准平面作为左参照平面，进入

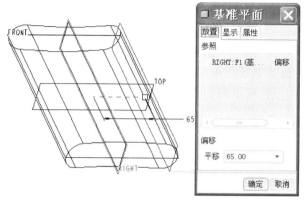

图5-8 创建基准平面DTM1

草绘界面。如图5-9(a)所示，绘制拉伸截面，完成草绘后单击工具栏中的 按钮。如图5-9(b)所示，设置单侧拉伸深度为"30"，并选中"选项"面板中的"封闭端"复选框。单击操控板中的 按钮，完成拉伸曲面特征3的创建。

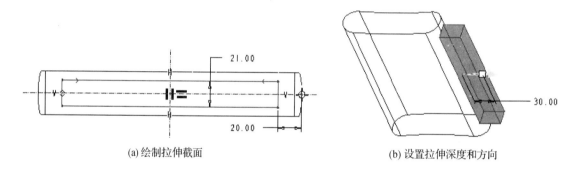

(a) 绘制拉伸截面　　　　　　(b) 设置拉伸深度和方向

图5-9 创建拉伸曲面特征3

⑧ 在绘图区选择所创建的"合并曲面2"与"拉伸曲面特征3"，单击"合并"工具按钮 按钮，系统打开合并特征操控板。如图5-10(a)设置合并方向，如图5-10(b)所示，单击操控板中的 按钮，创建合并曲面特征3。

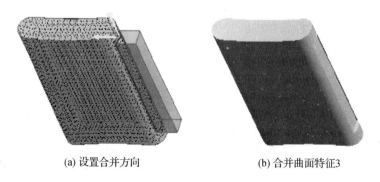

(a) 设置合并方向　　　　　　(b) 合并曲面特征3

图5-10 创建合并曲面特征3

⑨ 单击"基准平面创建"工具按钮 ，选择"TOP"基准平面作为偏移参照，设置平移值为"95"，如图5-11所示。单击"确定"按钮，完成基准平面"DTM2"的创建。

⑩ 如图5-12(a)所示在绘图区选择模型上表面，选择系统主菜单中的"编辑"→"偏移"命令，系统打开偏移特征操控板。选择"具有拔模特征"按钮 📄，单击"参照"下滑面板的"编辑"按钮，进入草绘界面，草绘截面如图5-12(b)和图5-12(c)所示。在操控板中设置偏移深度为"8"，设置拔模角度为"0.5"，单击 ✓ 按钮，同理创建其他两个偏移特征。创建的偏移特征如图5-12(d)所示。

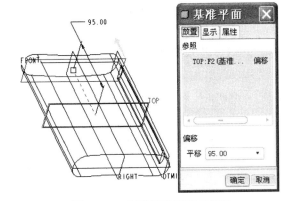

图5-11 创建基准平面DTM2

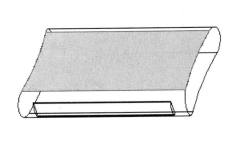

(a) 选择参照平面

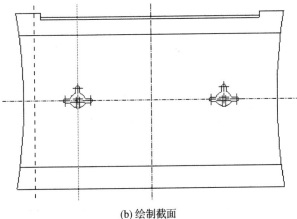

(b) 绘制截面

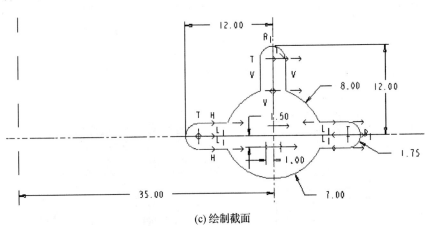

(c) 绘制截面

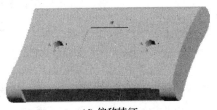

(d) 偏移特征

图5-12 创建偏移特征

⑪ 单击"拉伸"工具按钮，系统打开拉伸特征操控板。单击操控板中的按钮，再单击"放置"下滑面板中的"定义"按钮，系统弹出"草绘"对话框。选择"DTM2"基准平面作为草绘平面，选择"RIGHT"基准平面作为顶参照平面，进入草绘界面。如图5-13(a)所示，绘制拉伸截面，完成草绘后单击工具栏中的按钮。如图5-13(b)所示，设置两侧对称拉伸深度为"12"，并选择"选项"下滑面板中的"封闭端"复选框。单击操控板中的按钮，完成拉伸曲面特征4的创建。

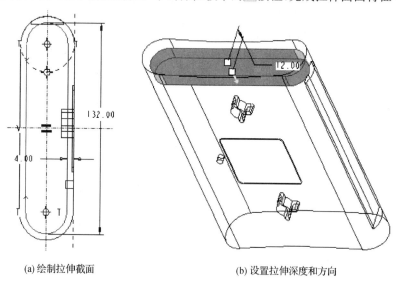

(a) 绘制拉伸截面　　　　　(b) 设置拉伸深度和方向

图 5-13　创建拉伸曲面特征 4

⑫ 单击"拉伸"工具按钮，系统打开拉伸特征操控板。单击操控板中的按钮，再单击"放置"下滑面板中的"定义"按钮，系统弹出"草绘"对话框。选择"FRONT"基准平面作为草绘平面，选择"RIGHT"基准平面作为右参照平面，进入草绘界面。选择 DTM2 作为参照，如图 5-14(a)所示，绘制拉伸图元，完成草绘后单击工具栏中的按钮。如图 5-14(b)所示，设置两侧对称拉伸深度为"65"。单击操控板中的按钮，完成拉伸曲面特征5的创建。

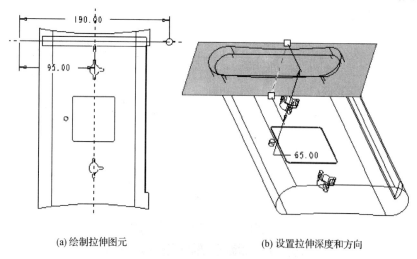

(a) 绘制拉伸图元　　　　　(b) 设置拉伸深度和方向

图 5-14　创建拉伸曲面特征 5

⑬ 在绘图区选择所创建的"拉伸曲面特征4"与"拉伸曲面特征5"，单击"合并"工具按钮

第 5 章　Pro/ENGINEER 自顶向下设计

 ，系统打开合并特征操控板。如图 5-15(a)设置合并方向，如图 5-15(b)所示，单击操控板中的 按钮，创建合并曲面特征 4。

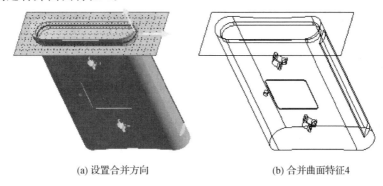

(a) 设置合并方向　　　　　　　(b) 合并曲面特征4

图 5-15　创建合并曲面特征 4

⑭ 单击"拉伸"工具按钮 ，系统打开拉伸特征操控板。单击操控板中的 和 按钮，并选择"合并曲面特征 4"作为修剪面组，单击"放置"下滑面板中的"定义"按钮，系统弹出"草绘"对话框。选择"DTM2"基准平面作为草绘平面，选择"RIGHT"基准平面作为顶参照平面，进入草绘界面。如图 5-16(a)和图 5-16(b)所示绘制拉伸截面，完成草绘后单击工具栏中的 按钮。如图 5-16(c)所示，设置拉伸深度为"20"。单击操控板中的 按钮，完成拉伸曲面特征 6 的创建，如图 5-16(d)所示。

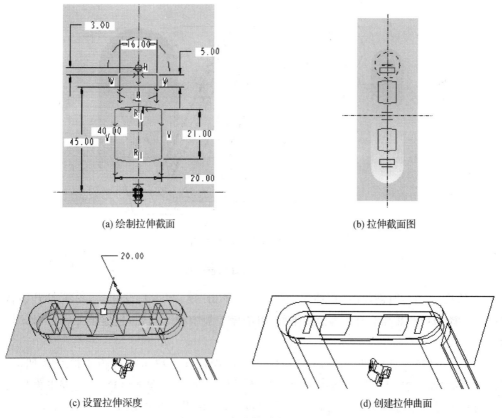

(a) 绘制拉伸截面　　　　　　　(b) 拉伸截面图

(c) 设置拉伸深度　　　　　　　(d) 创建拉伸曲面

图 5-16　创建拉伸曲面特征 6

⑮ 在绘图区选择所创建的"拉伸曲面特征4"、"拉伸曲面特征5"及"合并曲面4",单击"镜像"工具按钮,系统打开镜像特征操控板。选择"TOP"基准平面作为镜像平面,单击操控板中的✓按钮,创建镜像特征,如图5-17所示。

⑯ 单击"拉伸"工具按钮,系统打开拉伸特征操控板。单击操控板中的按钮,再单击"放置"下滑面板中的"定义"按钮,系统弹出"草绘"对话框。选择"DTM1"基准平面作为草绘平面,选择"TOP"基准平面作为左参照平面,进入草绘

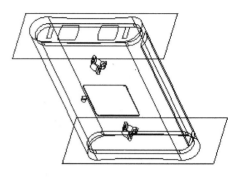

图 5-17 创建镜像曲面特征 2

界面。如图5-18(a)所示,绘制拉伸截面,完成草绘后单击工具栏中的✓按钮。如图5-18(b)所示,设置两侧对称拉伸深度为"15"。单击操控板中的✓按钮,完成拉伸曲面特征7的创建。

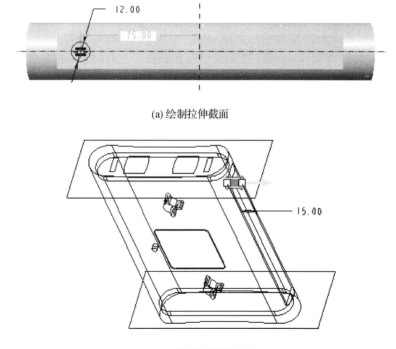

(a) 绘制拉伸截面

(b) 设置拉伸深度和方向

图 5-18 创建拉伸曲面特征 7

⑰ 在绘图区选择所创建的"拉伸曲面特征6",单击"镜像"工具按钮,系统打开镜像特征操控板。选择"TOP"基准平面作为镜像平面,单击操控板中的✓按钮,创建镜像特征,如图5-19所示。

⑱ 单击"拉伸"工具按钮,系统打开拉伸特征操控板。单击操控板中的按钮,再单击"放置"下滑面板中的"定义"按钮,系统弹出"草绘"对话框。选择"FRONT"基准平面作为草绘平面,选择"RIGHT"基准平面作为顶参照平面,进入草绘界面。如图5-20(a)所示,绘制拉伸图元,完成草绘后单击工具栏中的✓按钮。如图5-20(b)所示,设置两侧对称拉伸深度为

"120",单击操控板中的 ✓ 按钮,完成拉伸曲面特征 8 的创建。选择"TOP"基准平面作为镜像平面,创建该拉伸曲面的镜像特征。

⑲ 单击"拉伸"工具按钮,系统打开拉伸特征操控板。单击操控板中的 按钮,再单击"放置"下滑面板中的"定义"按钮,系统弹出"草绘"对话框。选择"TOP"基准平面作为草绘平面,选择"RIGHT"基准平面作为顶参照平面,进入草绘界面。如图 5-21(a)所示,绘制拉伸截面,完成草绘后单击工具栏中的 ✓ 按钮。如图 5-21(b)所示,设置两侧对称拉伸深度为"270"。单击操控板中的 ✓ 按钮,完成拉伸曲面特征 9 的创建。

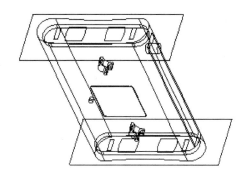

图 5-19 创建镜像曲面特征 3

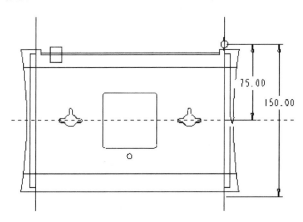

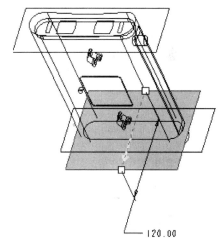

(a) 绘制拉伸图元　　　　　　(b) 设置拉伸深度和方向

图 5-20 创建拉伸曲面特征 8

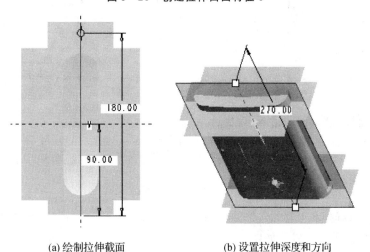

(a) 绘制拉伸截面　　　　(b) 设置拉伸深度和方向

图 5-21 创建拉伸曲面特征 9

⑳ 单击"拉伸"工具按钮，系统打开拉伸特征操控板。单击操控板中的按钮，再单击"放置"下滑面板中的"定义"按钮，系统弹出"草绘"对话框。选择"模型侧平面"基准平面作为草绘平面，选择"TOP"基准平面作为底参照平面，进入草绘界面。如图 5-22(a)所示，绘制拉伸图元，完成草绘后单击工具栏中的按钮。如图 5-22(b)所示，设置两侧对称拉伸深度为"52"。单击操控板中的按钮，完成拉伸曲面特征 10 的创建。

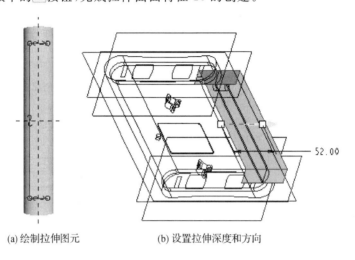

(a) 绘制拉伸图元　　(b) 设置拉伸深度和方向

图 5-22　创建拉伸曲面特征 10

㉑ 单击"拉伸"工具按钮，系统打开拉伸特征操控板。单击操控板中的按钮，再单击"放置"下滑面板中的"定义"按钮，系统弹出"草绘"对话框。选择"拉伸曲面特征 10"大平面作为草绘平面，接受系统默认的参照平面，进入草绘界面。如图 5-23(a)所示，绘制拉伸截面，完成草绘后单击工具栏中的按钮。如图 5-23(b)所示，设置拉伸深度为"85"。单击操控板中的按钮，完成拉伸曲面特征 11 的创建。

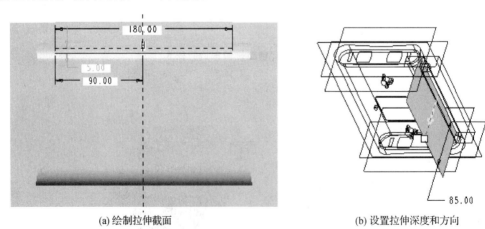

(a) 绘制拉伸截面　　(b) 设置拉伸深度和方向

图 5-23　创建拉伸曲面特征 11

㉒ 在绘图区选择所创建的"合并曲面特征 3"与"拉伸曲面特征 7"，单击"合并"工具按钮，系统打开合并特征操控板。如图 5-24(a)所示设置合并方向，单击操控板中的按钮，创建合并曲面特征 5，如图 5-24(b)所示。

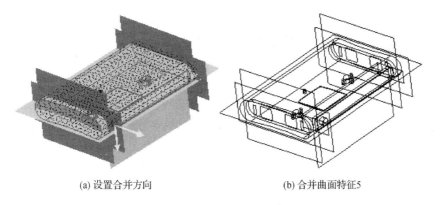

(a) 设置合并方向　　　　　　(b) 合并曲面特征5

图 5-24　创建合并曲面特征 5

㉓ 在绘图区选择所创建的"拉伸曲面特征 10"与"拉伸曲面特征 11",单击"合并"工具按钮，系统打开合并特征操控板。如图 5-25(a)所示设置合并方向,单击操控板中的 按钮,创建合并曲面特征 6,如图 5-25(b)所示。

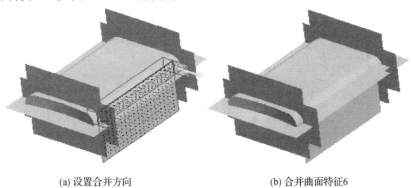

(a) 设置合并方向　　　　　　(b) 合并曲面特征6

图 5-25　创建合并曲面特征 6

㉔ 在绘图区选择所创建的"拉伸曲面特征 9"与"拉伸曲面特征 10",单击"合并"工具按钮，系统打开合并特征操控板。如图 5-26(a)所示设置合并方向,单击操控板中的 按钮,创建合并曲面特征 7,如图 5-26(b)所示。

㉕ 骨架模型创建完毕,保存文件并退出。

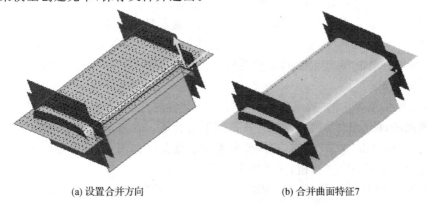

(a) 设置合并方向　　　　　　(b) 合并曲面特征7

图 5-26　创建合并曲面特征 7

5.3.2 创建产品装配模型

① 选择系统主菜单中的"文件"→"新建"命令,弹出"新建"对话框。在"类型"选项组中选择"组件"选项,在对应的"子类型"选项组中选择"设计"选项,输入新文件名"hub",取消"使用缺省模板"复选框,单击"确定"按钮,弹出"新文件选项"对话框。在"模板"选项组中选择"mmns_asm_design"公制模板,单击"确定"按钮,进入装配设计模块。

② 单击工具栏中的 按钮,系统弹出"元件创建"对话框,如图 5-27(a)所示。选择"骨架模型"类型和"标准"子类型,输入名称为"hub_skel",单击"确定"按钮,在弹出的"创建选项"对话框中选择"复制现有"单选按钮,如图 5-27(b)所示。单击"浏览"按钮,打开所创建的骨架模型文件"luyouqi_skel",单击"确定"按钮,完成骨架模型的创建。

(a) "元件创建"对话框

(b) "创建选项"对话框

图 5-27 创建骨架模型

③ 单击模型树右边的"设置"按钮 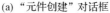,选择"树过滤器"选项,系统弹出"模型树项目"对话框。在"显示"选项组中选择"特征"和"放置文件夹"选项,单击"确定"按钮。

5.3.3 创建后盖零件

① 激活组件"LUYOUQI. ASM",单击工具栏中的 按钮,系统弹出"元件创建"对话框,如图 5-28(a)所示。选择"零件"类型和"实体"子类型,输入名称为"hougai",单击"确定"按钮,在弹出的"创建选项"对话框中选择"定位缺省基准"与"对齐坐标系与坐标系"单选按钮,如图 5-28(b)所示。单击"确定"按钮,在模型树中选择坐标系"ASM_DEF_CSYS",在模型树中新增零件"hougai. PRT"。

② 选择系统主菜单中的"插入"→"共享数据"→"复制几何"命令,单击"仅限发布几何"按钮 ,取消该选项,再单击"参照"选项,打开参照下滑面板。在过滤器栏中选择"面组"选项,在"曲面集"对话框里单击"细节"按钮,选择要复制的曲面集。如图 5-29 所示,选择顶级骨架模型中的四个面组,单击"确定"按钮,完成外部参照的复制。

③ 在模型树中打开"HOUGAI. PRT"零件,在新的"HOUGAI. PRT"零件窗口中,如图 5-30(a)所示,在绘图区选择两个复制的曲面集(顶级骨架模型的合并曲面 4 和合并曲面 5),单击"合并"工具按钮 ,系统打开合并特征操控板。如图 5-30(a)所示设置合并方向,单击

(a) "元件创建"对话框

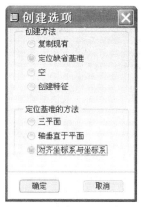
(b) "创建选项"对话框

图 5-28 创建后盖零件

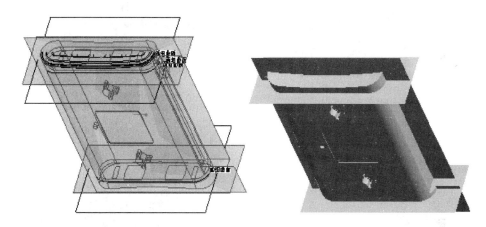

图 5-29 复制面组

操控板中的 ✓ 按钮,创建合并曲面特征 1,如图 5-30(b)所示。同上步骤,在绘图区如图 5-30(c)所示选择两个复制的曲面集(顶级骨架模型的合并曲面 4 镜像特征和合并曲面 5),并设置合并方向,创建合并曲面特征 2,如图 5-30(d)所示。

④ 在绘图区选择顶级骨架模型的"合并曲面 5",单击"修剪"工具按钮 ,系统打开修剪特征操控板。选择"合并曲面 7"作为修剪平面,如图 5-31(a)所示设置修剪方向,取消"选项"下滑面板中的"保留修剪曲面"复选框,单击操控板中的 ✓ 按钮,完成修剪特征的创建,如图 5-31(b)所示。

⑤ 选择修剪后的曲面,选择系统主菜单中的"编辑"→"加厚"命令,系统打开加厚特征操控板。如图 5-32 所示,设置向内加厚宽度为"1.5",单击操控板中的 ✓ 按钮。

⑥ 单击"拉伸"工具按钮 ,系统打开拉伸特征操控板。单击操控板中的"切除材料" 按钮,再单击"放置"下滑面板中的"定义"按钮,系统弹出"草绘"对话框。选择"DTM1"基准平面作为草绘平面,选择基准平面"DTM2"作为右参照平面,进入草绘界面。如图 5-33(a)所示绘制拉伸截面,完成草绘后单击工具栏中的 ✓ 按钮。如图 5-33(b)所示,设置拉伸深度至零件侧面。单击操控板中的 ✓ 按钮,完成拉伸曲面特征 1 的创建。

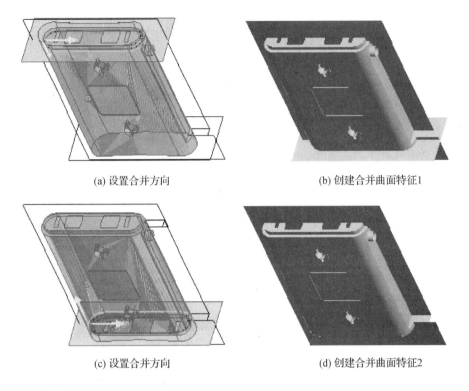

(a) 设置合并方向　　　　　　　(b) 创建合并曲面特征1

(c) 设置合并方向　　　　　　　(d) 创建合并曲面特征2

图 5-30　创建合并曲面特征

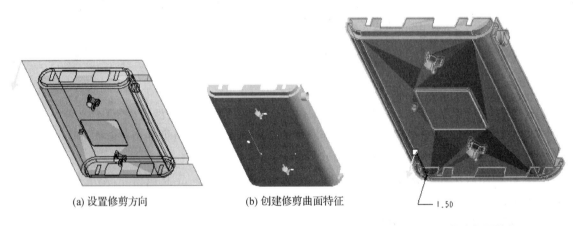

(a) 设置修剪方向　　(b) 创建修剪曲面特征　　　　图 5-32　创建加厚特征

图 5-31　创建修剪曲面特征

⑦ 选择"拉伸特征1",单击"阵列"工具按钮,打开阵列特征操控板。在操控板中选择"方向"选项,如图 5-33(c)所示,选择"DTM2"基准平面作为方向参照,设置阵列数目为"5",阵列距离值为"20",单击按钮,完成阵列特征的创建。

⑧ 单击"拉伸"工具按钮,系统打开拉伸特征操控板。单击"放置"下滑面板中的"定义"按钮,系统弹出"草绘"对话框。选择模型底面作为草绘平面,接受系统默认的参照平面,进入草绘界面。如图 5-34(a)所示绘制拉伸截面,完成草绘后单击工具栏中的按钮。如图 5-34(b)所示,设置拉伸深度为"2"。单击操控板中的按钮,完成拉伸特征2的创建。

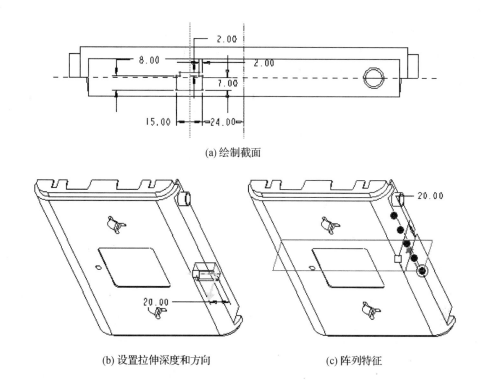

(a) 绘制截面

(b) 设置拉伸深度和方向　　　　(c) 阵列特征

图 5-33　创建拉伸特征 1 和阵列特征

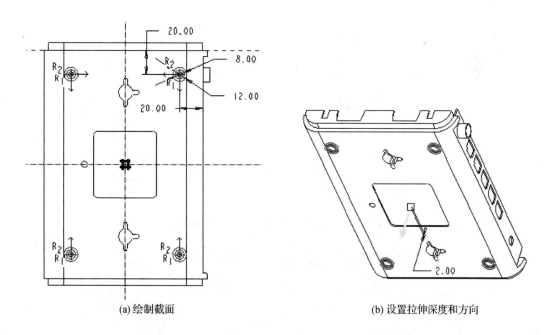

(a) 绘制截面　　　　(b) 设置拉伸深度和方向

图 5-34　创建拉伸特征 2

⑨ 单击"拉伸"工具按钮，系统打开拉伸特征操控板。单击按钮，再单击"放置"下滑面板中的"定义"按钮，系统弹出"草绘"对话框。选择模型底面作为草绘平面，接受系统默认的参照

平面，进入草绘界面。如图 5-35(a)所示绘制拉伸截面，完成草绘后单击工具栏中的 按钮。如图 5-35(b)所示，设置拉伸深度为"20"。单击操控板中的 按钮，完成拉伸曲面特征的创建。

⑩ 选择"拉伸特征 3"，单击"阵列"工具按钮 ，打开阵列特征操控板。在操控板中选择"方向"选项，如图 5-35(c)所示，选择"DTM2"基准平面作为方向参照，设置阵列数目为"5"，阵列距离值为"10"，在"选项"下滑面板中选择"可变"再生选项，并在"尺寸"下滑面板中选择拉伸特征 3 的尺寸"10"作为方向 1 的尺寸增量，输入增量值为"1.5"，单击操控板中的 按钮，完成阵列特征的创建。再选择"DTM2"基准平面作为镜像平面，应用镜像工具创建镜像特征，如图 5-35(d)所示。最终创建的路由器后盖零件如图 5-36 所示。

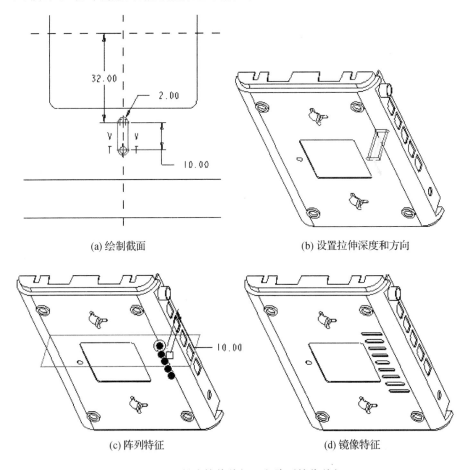

图 5-35 创建拉伸特征 3 和阵列镜像特征

图 5-36 路由器后盖零件

5.3.4 创建上盖骨架模型

① 激活组件"LUYOUQI.ASM",隐藏后盖零件。单击工具栏中的 按钮,系统弹出"元件创建"对话框,如图5-37(a)所示。选择"子组件"类型和"标准"子类型,输入名称为"SHANG-GAI",单击"确定"按钮,在弹出的"创建选项"对话框中选择"定位缺省基准"与"对齐坐标系与坐标系"单选按钮,如图5-37(b)所示。单击"确定"按钮,在模型树中选择坐标系"ASM_DEF_CSYS",在模型树中新增零件"SHANGGAI.PRT"。

(a) "元件创建"对话框　　(b) ""创建选项"对话框

图5-37　创建上盖骨架模型

② 激活子组件"SHANGGAI.ASM",单击工具栏中的 按钮,系统弹出"元件创建"对话框。选择"骨架模型"类型和"标准"子类型,输入名称为"SHANGGAI_SKEL",单击"确定"按钮,在弹出的"创建选项"对话框中选择"空"单选按钮,单击"确定"按钮,完成骨架模型的创建。

③ 激活子组件"SHANGGAI_SKEL",选择系统主菜单中的"插入"→"共享数据"→"复制几何"命令,单击"仅限发布几何"按钮 ,取消该选项,再单击"参照"选项,打开参照下滑面板,在过滤器栏中选择"面组"选项,在"曲面集"对话框里单击"细节"按钮,选择要复制的曲面集。如图5-38所示,选择顶级骨架模型中的四个面组,单击"确定"按钮,完成外部参照的复制。

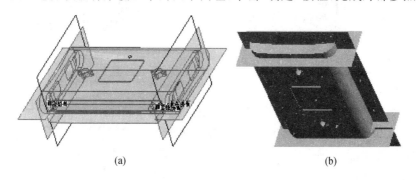

图5-38　复制面组

④ 在绘图区选择两个复制的曲面集(顶级骨架模型的合并曲面4和合并曲面5),单击"合并"工具按钮 ,系统打开合并特征操控板。如图5-39(a)所示设置合并方向,单击操控板中的

☑按钮,创建合并曲面特征1,如图5-39(b)所示。同上如图5-39(c)和图5-39(d)所示,创建合并曲面特征2。

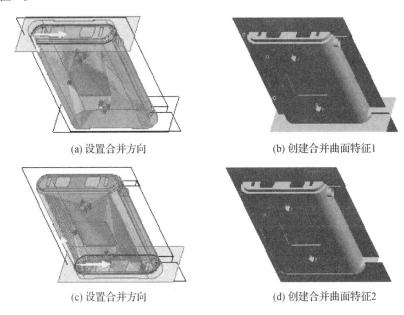

图 5-39 创建合并曲面特征

⑤ 在绘图区选择顶级骨架模型的"合并曲面5",单击"修剪"工具按钮 ,系统打开修剪特征操控板。选择顶级骨架模型的"合并曲面7"作为修剪平面,如图5-40(a)所示设置修剪方向,取消"选项"下滑面板中的"保留修剪曲面"复选框,单击操控板中的☑按钮,完成修剪特征的创建,如图5-40(b)所示。

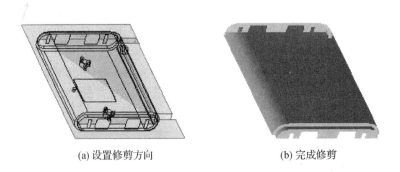

图 5-40 创建修剪曲面特征

⑥ 单击"基准平面创建"工具按钮 ,分别选择"ASM_FRONT"、"ASM_TOP"、"ASM_RIGHT"基准平面作为偏移参照,创建基准平面"DTM1"、"DTM2"和"DTM3",如图5-41所示。

⑦ 单击"拉伸"工具按钮 ,系统打开拉伸特征操控板。单击操控板中的 按钮,再单击"放置"下滑面板中的"定义"按钮,系统弹出"草绘"对话框。选择零件底部

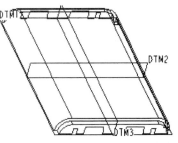

图 5-41 创建基准平面特征

平面作为草绘平面,接受系统默认的参照平面,进入草绘界面。如图5-42(a)所示绘制拉伸截面,完成草绘后单击工具栏中的✓按钮。如图5-42(b)所示,设置两侧对称拉伸深度为"40"。单击操控板中的✓按钮,完成拉伸曲面特征1创建。

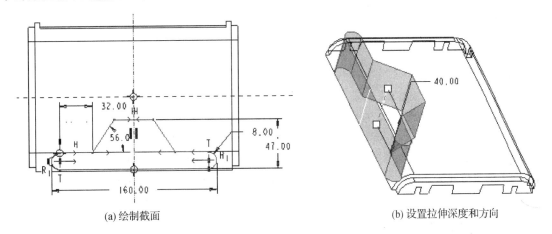

(a) 绘制截面　　　　　　　　　　(b) 设置拉伸深度和方向

图5-42　创建拉伸特征1

⑧ 单击"拉伸"工具按钮,系统打开拉伸特征操控板。单击操控板中的按钮,再单击"放置"下滑面板中的"定义"按钮,系统弹出"草绘"对话框。选择零件底部平面作为草绘平面,接受系统默认的参照平面,进入草绘界面。如图5-43(a)所示绘制拉伸截面,完成草绘后单击工具栏中的✓按钮。如图5-43(b)所示,设置两侧对称拉伸深度为"60"。单击操控板中的✓按钮,完成拉伸曲面特征2创建。

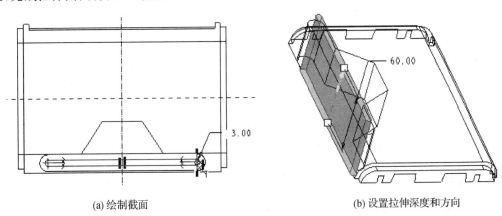

(a) 绘制截面　　　　　　　　　　(b) 设置拉伸深度和方向

图5-43　创建拉伸特征2

⑨ 创建的次级骨架模型如图5-44所示。

图5-44　次级骨架模型

5.3.5 创建上盖零件

1. 创建上盖零件 1

① 激活组件"SHANGGAI.ASM",单击工具栏中的 按钮,系统弹出"元件创建"对话框。选择"零件"类型和"实体"子类型,输入名称为"SHANGGAI_1",单击"确定"按钮,在弹出的"创建选项"对话框中选择"定位缺省基准"与"对齐坐标系与坐标系"单选按钮,单击"确定"按钮,在模型树中选择坐标系"ACS0",在模型树中新增零件"SHANGGAI_1.PRT"。

② 选择系统主菜单中的"插入"→"共享数据"→"复制几何"命令,单击"仅限发布几何"按钮 ,取消该选项,再单击"参照"选项,打开参照下滑面板,在过滤器栏中选择"面组"选项,在"曲面集"对话框里单击"细节"按钮,选择要复制的曲面集。如图 5-45(a)所示选择顶级骨架模型中的四个面组,单击"确定"按钮,完成外部参照的复制,如图 5-45(b)所示。

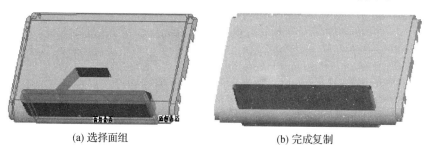

(a) 选择面组　　　　　　　　(b) 完成复制

图 5-45　复制面组

③ 在绘图区选择次级骨架模型的修剪曲面,单击"修剪"工具按钮 ,系统打开修剪特征操控板。选择次级骨架模型的"拉伸曲面 2"作为修剪平面,如图 5-46(a)所示设置修剪方向,取消"选项"下滑面板中的"保留修剪曲面"复选框,单击操控板中的 按钮,完成修剪特征的创建,如图 5-46(b)所示。

④ 选择修剪后的曲面,选择系统主菜单中的"编辑"→"加厚"命令,系统打开加厚特征操控板。如图 5-47 所示,设置向内加厚宽度为"1.5",单击操控板中的 按钮。

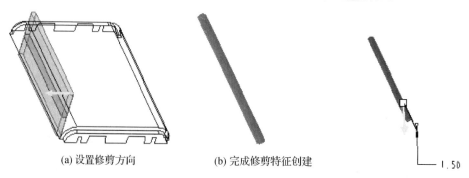

(a) 设置修剪方向　　　(b) 完成修剪特征创建　　　　　1.50

图 5-46　创建修剪特征　　　　图 5-47　创建加厚特征

2. 创建上盖零件 2

① 激活组件"SHANGGAI.ASM",单击工具栏中的 按钮,系统弹出"元件创建"对话框。选择"零件"类型和"实体"子类型,输入名称为"SHANGGAI_2",单击"确定"按钮,在弹出的"创建选项"对话框中选择"定位缺省基准"与"对齐坐标系与坐标系"单选按钮,单击"确定"按钮,在模型树中选择坐标系"ACS0",在模型树中新增零件"SHANGGAI_2.PRT"。

② 选择系统主菜单中的"插入"→"共享数据"→"复制几何"命令,单击"仅限发布几何"按钮 ,取消该选项,再单击"参照"选项,打开参照下滑面板,在过滤器栏中选择"面组"选项,在"曲面集"对话框里单击"细节"按钮,选择要复制的曲面集。如图 5-48 所示选择顶级骨架模型中的四个面组,单击"确定"按钮,完成外部参照的复制。

图 5-48 复制面组

③ 在绘图区选择次级骨架模型的修剪曲面,单击"修剪"工具按钮 ,系统打开修剪特征操控板。选择次级骨架模型的"拉伸曲面 1"作为修剪平面,如图 5-49(a)所示设置修剪方向,取消"选项"下滑面板中的"保留修剪曲面"复选框,单击操控板中的 按钮,完成修剪特征的创建,如图 5-49(b)所示。

④ 在绘图区选择修剪曲面,单击"修剪"工具按钮 ,系统打开修剪特征操控板。选择次级骨架模型的"拉伸曲面 2"作为修剪平面,如图 5-49(c)所示设置修剪方向,取消"选项"下滑面板中的"保留修剪曲面"复选框,单击操控板中的 按钮,完成修剪特征的创建,如图 5-49(d)所示。

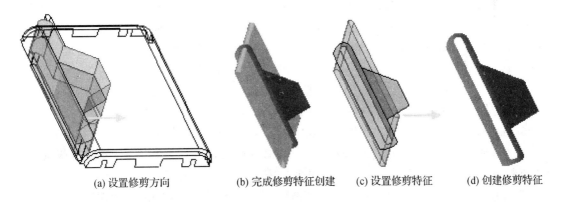

(a) 设置修剪方向　　(b) 完成修剪特征创建　　(c) 设置修剪特征　　(d) 创建修剪特征

图 5-49 创建修剪特征

⑤ 选择修剪后的曲面,选择系统主菜单中的"编辑"→"加厚"命令,系统打开加厚特征操控板。如图 5-50 所示,设置向内加厚宽度为"1.5",单击操控板中的 按钮。

3. 创建上盖零件 3

① 激活组件"SHANGGAI.ASM",单击工具栏中的 按钮,系统弹出"元件创建"对话框。选择"零件"类型和"实体"子类型,输入名称为"SHANGGAI_3",单击"确定"按钮,在弹出的"创

建选项"对话框中选择"定位缺省基准"与"对齐坐标系与坐标系"单选
按钮,单击"确定"按钮,在模型树中选择坐标系"ACS0",在模型树中
新增零件"SHANGGAI_3.PRT"。

② 选择系统主菜单中的"插入"→"共享数据"→"复制几何"命
令,单击"仅限发布几何"按钮，取消该选项,再单击"参照"选项,打
开参照下滑面板,在过滤器栏中选择"面组"选项,在"曲面集"对话框
里单击"细节"按钮,选择要复制的曲面集。如图 5-51 所示选择顶级
骨架模型中的四个面组,单击"确定"按钮,完成外部参照的复制。

图 5-50　创建加厚特征

③ 选择复制几何面组的最大面组,按组合键 Ctrl+C,再按组合
键 Ctrl+V,系统打开粘贴特征操控板。单击操控板中的　按钮,完成曲面面组的复制,如
图 5-52 所示。

图 5-51　复制面组 1

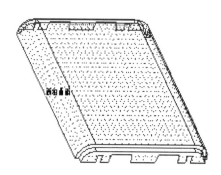

图 5-52　复制面组 2

④ 选择复制曲面,选择系统主菜单中的"编辑"→"加厚"命令,系统打开加厚特征操控板。
单击选项下滑面板中"排除曲面"选项中的"选取项目",在绘图区选择三个曲面,如图 5-53(a)
所示。如图 5-53(b)所示设置向内加厚宽度为"1.5",单击操控板中的　按钮,完成加厚特征
的创建,同上,对排除的两个曲面加厚"1.5",如图 5-53(c)所示。

⑤ 如图 5-54(a)所示选择模型曲面,按组合键 Ctrl+C,再按组合键 Ctrl+V,系统打开粘
贴特征操控板。单击操控板中的　按钮,完成曲面的复制。

⑥ 在绘图区选择上一步骤所创建的复制曲面,单击"修剪"工具按钮，系统打开修剪特征
操控板。选择次级骨架模型的"拉伸曲面 1"作为修剪平面,如图 5-54(a)所示设置修剪方向,
单击操控板中的　按钮,完成修剪特征的创建,如图 5-54(b)所示。

⑦ 在绘图区选择次级骨架模型的"拉伸曲面 2",选择系统主菜单中的"编辑"→"实体化"命
令,单击　按钮,如图 5-55(a)所示设置切除方向,单击操控板中的　按钮,完成实体化切除特
征的创建,如图 5-55(b)所示。

⑧ 选择所创建的修剪曲面,选择系统主菜单中的"编辑"→"加厚"命令,系统打开加厚特征
操控板。单击　按钮,如图 5-56(a)所示设置向内加厚宽度为"1",单击操控板中的　按钮,完
成加厚切除特征的创建,如图 5-56(b)所示。

⑨ 单击"拉伸"工具按钮，系统打开拉伸特征操控板。单击"放置"下滑面板中的"定
义"按钮,系统弹出"草绘"对话框。选择模型内部平面作为草绘平面,接受系统默认的参照

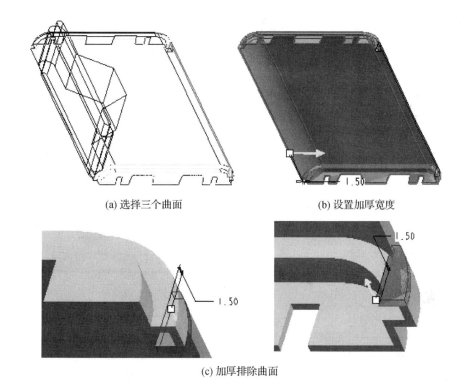

(a) 选择三个曲面　　　　　　(b) 设置加厚宽度

(c) 加厚排除曲面

图 5-53　创建加厚特征

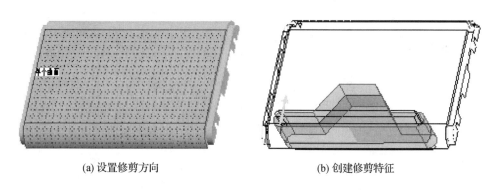

(a) 设置修剪方向　　　　　　(b) 创建修剪特征

图 5-54　创建修剪特征

平面,进入草绘界面。如图 5-57(a) 所示绘制圆,完成草绘后单击工具栏中的 ✓ 按钮。如图 5-57(b) 所示,设置拉伸深度为"穿透"。单击操控板中的 ✓ 按钮,完成拉伸曲面特征的创建。

⑩ 选择所创建的拉伸特征,单击"阵列"工具按钮 ▦,打开阵列特征操控板。在操控板中选择"填充"选项,单击"参照"下滑面板中的"编辑"按钮,系统弹出"草绘"对话框。选择模型内部平面作为草绘平面,接受系统默认的参照平面,进入草绘界面。如图 5-56(b) 所示绘制图元,并设置阵列成员之间的间距为"16",单击操控板中的 ✓ 按钮,完成阵列特征的创建。

⑪ 创建的上盖零件 3 如图 5-58 所示。

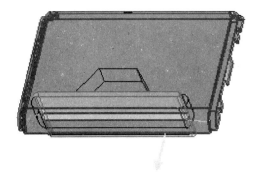
(a) 设置切除方向

(b) 创建实体化切除特征

图 5-55　创建实体化切除特征

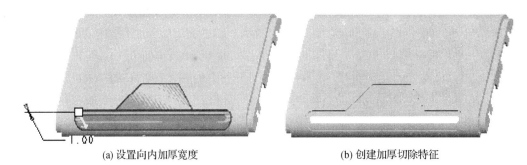

(a) 设置向内加厚宽度　　　　　　　　(b) 创建加厚切除特征

图 5-56　创建加厚切除特征

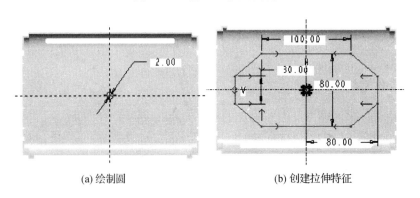

(a) 绘制圆　　　　　　　　　　(b) 创建拉伸特征

图 5-57　创建拉伸特征及其阵列特征

图 5-58　上盖零件 3

5.3.6 创建侧盖零件

① 激活组件"HUB.ASM",单击工具栏中的 按钮,系统弹出"元件创建"对话框。选择"零件"类型和"实体"子类型,输入名称为"CEGAI",单击"确定"按钮,在弹出的"创建选项"对话框中选择"定位缺省基准"与"对齐坐标系与坐标系"单选按钮,单击"确定"按钮,在模型树中选择坐标系"ACS0",在模型树中新增零件"CEGAI.PRT"。

② 选择系统主菜单中的"插入"→"共享数据"→"复制几何"命令,单击"仅限发布几何"按钮 ,取消该选项,再单击"参照"选项,打开参照下滑面板,在过滤器栏中选择"面组"选项,在"曲面集"对话框里单击"细节"按钮。如图 5-59(a)所示选择顶级骨架模型中要复制的曲面集,单击"确定"按钮,完成外部参照的复制,如图 5-59(b)所示。

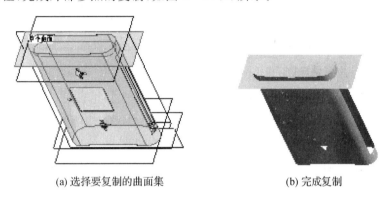

(a) 选择要复制的曲面集　　　　(b) 完成复制

图 5-59　复制面组

③ 如图 5-60(a)所示在绘图区选择复制曲面,单击"修剪"工具按钮 ,系统打开修剪特征操控板。如图 5-60(b)所示选择修剪平面,并设置修剪方向,取消"选项"下滑面板中的"保留修剪曲面"复选框,单击操控板中的 按钮,完成修剪特征的创建,如图 5-60(c)所示。

(a) 选择复制曲面　　　　(b) 选择修剪平面　　　　(c) 创建修剪特征

图 5-60　修剪面组

④ 在绘图区选择模型顶面,选择系统主菜单中的"编辑"→"偏移"命令,系统打开偏移特征操控板。选择"具有拔模特征"按钮 ,单击"参照"下滑面板中的"编辑"按钮,系统弹出"草绘"对话框。选择"DTM2"基准平面作为草绘平面,草绘参照和方向缺省,进入草绘界面,如图 5-61(a)所示草绘截面。在操控板中设置偏移深度为"1",单击 按钮,创建的偏移特征如图 5-61(b)所示。

⑤ 在绘图区选择模型曲面,选择系统主菜单中的"编辑"→"加厚"命令,系统打开加厚特征操控板。如图 5-62 所示,设置向内加厚宽度为"1.5",单击操控板中的✓按钮。

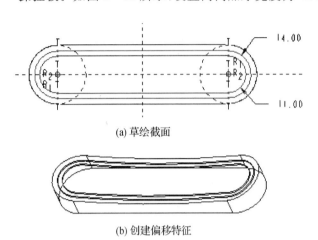

图 5-61 创建偏移特征 1　　　　　　　　图 5-62 创建加厚特征

⑥ 在绘图区选择模型顶面,选择系统主菜单中的"编辑"→"偏移"命令,系统打开偏移特征操控板。选择"具有拔模特征"按钮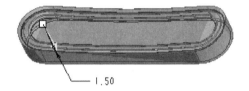,单击"参照"下滑面板中的"编辑"按钮。系统弹出"草绘"对话框。选择"DTM2"基准平面作为草绘平面,草绘参照和方向缺省,进入草绘界面,如图 5-63(a)所示草绘截面。在操控板中设置偏移深度为"1",单击✓按钮,创建的偏移特征如图 5-63(b)所示。

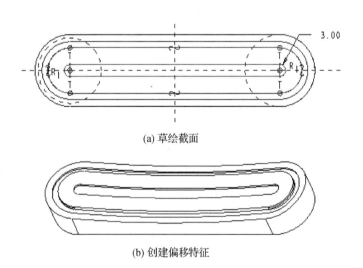

图 5-63 创建偏移特征 2

⑦ 应用倒圆角工具,如图 5-64 所示,对顶部的四条边分别倒 R1 的圆角。

⑧ 应用拉伸工具,如图 5-65 所示,完成侧盖的创建。另一侧的侧盖与所创建的侧盖完全相同,只需激活顶级组件,再约束装配该侧盖到另一侧即可。最终完成的装配图和爆炸视图如图 5-66 所示。

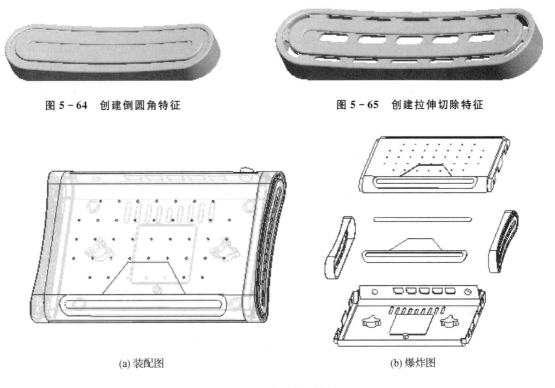

图 5-64 创建倒圆角特征 　　　　图 5-65 创建拉伸切除特征

(a) 装配图 　　　　(b) 爆炸图

图 5-66 产品装配模型

5.4 Top-Down 设计工程小结

1. Top-Down 设计背景

Top-Down 设计的最高境界,就是最大限度地发挥团队精神。一般来说大型复杂工业产品的设计,不是靠一个人,或几个人所能完成的,而是跨越多部门合作来完成。然而 Top-Down 设计以其强大的生命力满足了这一要求,可以说 Top-Down 设计在产品设计中的应用是一次巨大变革,使人们在进行大型结构件装配时有了高效的工具。

2. Top-Down 设计要点

① 创建骨架模型是 Top-Down 设计的关键。骨架模型的创建方法有两种,一是在组件模式下创建骨架模型文件及其详细特征;二是先在零件模式下创建骨架模型零件,然后再在组件模式下创建骨架模型,并引用零件模式下所创建的骨架模型零件。

② 灵活应用 Pro/ENGINEER 的 Top-Down 设计工具。主要包括骨架模型、布局、发布几何、复制几何、复制外部几何等。在设计实践中往往不需发布几何,而是直接复制几何来传递设计信息。

③ 理清 Top-Down 设计过程中不同层次组件、零件和骨架模型之间的关系。在复杂产品设计过程中存在多个子组件或多级骨架模型,正确把握零件、次级骨架模型、顶级骨架模型、子

组件及组件之间的内在联系,是高效使用 Top-Down 设计方法的前提。

3. Top-Down 设计意义

应用 Top-Down 设计方法进行产品设计,明显提高了设计质量,减少了图纸更改次数,缩短了设计开发周期,总体的设计意图和方案可得到有效的贯彻,而且可以有效管理大型装配并组织复杂的产品设计,从而在真正意义上实现产品设计开发的并行工程和协同设计,为提升企业的综合竞争力和自主创新能力奠定了坚实基础。

5.5 Top-Down 设计工程实战

在 Pro/ENGINEER 系统中请应用 Top-Down 设计方法进行表 5-6 所列的产品设计。

表 5-6 产品设计项目

图 名	海豚按摩器	笔记本鼠标
产品装配图		
顶级骨架模型		
产品爆炸视图		

第6章 Pro/ENGINEER 产品逆向设计

6.1 逆向工程技术

6.1.1 逆向工程概述

进入21世纪,知识经济已成为主导经济,制造业面临新的环境。为了适应新的变化,各国政府、产业界和科技界提出了各种先进的制造技术,其中逆向工程技术作为先进制造技术之一,得到各国普遍重视。传统的产品设计一般都是"从无到有"的过程,设计人员首先构思产品的外形、性能以及大致的技术参数等,再利用CAD建立产品的三维数字化模型,最终将模型转入制造流程,完成产品的整个设计制造周期,这样的过程可称为"正向设计"。而逆向工程则是一个"从有到无"的过程,就是根据已有的产品模型,反向推出产品的设计数据,包括设计图纸和数字模型。

逆向工程(Reverse Engineering,简称 RE)也称反求工程、反向工程等,是指用一定的测量手段对实物或模型进行测量,根据测量数据通过三维几何建模方法重构实物的模型,并在此基础上进行产品设计开发及生产的全过程,其思想最初来自于从油泥模型到产品实物的设计过程。逆向工程技术与传统的产品正向设计方法不同,它是根据已存在的产品或零件原型构造产品或零件的工程设计模型,在此基础上对已有产品进行剖析、理解和改进,是对已有设计的再设计。其主要任务是将原始物理模型转化为工程设计概念或产品数字化模型:一方面为提高工程设计、加工、分析的质量和效率提供充足的信息,另一方面为充分利用 CAD/CAE/CAM 技术对已有的产品进行设计服务。具体过程如图6-1所示。逆向工程的研究已经日益引人注目,

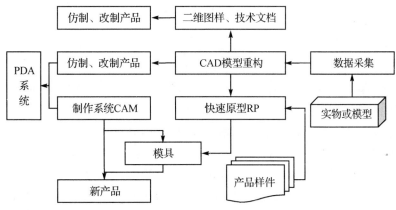

图 6-1 逆向工程

在数据处理、曲面片拟合、几何特征识别、商用专业软件和坐标测量机的研究开发上已经取得了很大的成绩。从而促使逆向工程有了长足的发展。

6.1.2 逆向工程应用

最初我们开发新产品都是通过正向设计方法,通常需使用多种机床设备和工装模具,开发周期长而且成本高。而为了满足客户对产品开发周期与质量的较高需求,以及新产品市场展览的需要,企业还必须探索和掌握灵活性强、能以较小批量生产而不增加产品成本的制造技术。20世纪80年代末至90年代初,随着三维测量技术及其设备的发展,逆向工程作为一项新的先进制造技术被提出,深受各界人士的欢迎,它的独特优势在于:

(1) 便于设计评审

一个新产品的开发总是从外形设计开始的,外观是否美观实用往往决定了该产品是否能够被市场接受。逆向工程技术能够迅速地将设计师的设计思想变成三维的实体模型图。与手工制作相比,不仅节省了大量的时间,而且精确地体现了设计师的设计理念,为产品评审的决策工作提供了直接准确的模型,减少了决策工作中的不正确因素。

(2) 减少设计缺陷

在产品的开发设计过程中,由于设计手段和其他方面的限制,每一个设计都会存在着一些人为的设计缺陷,如果不能及早发现,就会影响后续工作,造成不必要的损失,甚至会导致整个设计的失败。使用逆向工程技术可以将这种人为的影响减少到最低限度。逆向工程技术可以在设计的同时制造高精度的模型,使设计师能够在设计阶段对产品的整机或局部进行装配和综合评价,从而发现设计上的缺陷与不合理因素,来不断地改进设计。可把产品的设计缺陷消灭在设计阶段,最终提高产品整体的设计质量。

(3) 缩短设计周期

逆向工程技术的应用,可以做到产品的设计和模具生产并行,充分利用模具制造的这段时间,利用快速成型的制件进行整机装配和各种试验,随时与模具中心进行信息交流,力争做到模具一次性通过验收。这样,模具制造与整机的试验评价并行工作,大大加快了产品的开发进度,迅速完成从设计到投产的转换。另外,对于具体产品来说,模具制造时间可以大大缩短,模具制造的质量可以得到提高,相应对产品质量得到最终保证起到了积极的影响。

(4) 提供产品样件

由于应用逆向工程技术制作出的样品比二维效果图更加直观,比工作站中的三维图像更加真实,而且具有手工制作的模型所无法比拟的精度,因而在样件制作方面有比较大的优势。使生产方能够根据用户的需求及时改进产品,为产品的销售创造有利条件,同时避免了由于盲目生产可能造成的损失。此外,在工程投标中投标方常常被要求提供样品,为投标方直观全面地进行评价提供依据,设计更加完善,为中标创造有利条件。

(5) 实现模具快速制造

以快速成型技术制作的实体模作模芯或模套,结合精铸、粉末烧结或电极研磨技术可以快速制造企业产品所需要的功能模具或工装设备。其制造周期一般为传统的数控切削方法的 $1/5 \sim 1/10$,而成本仅为其 $1/3 \sim 1/5$,模具的几何复杂程度越高,这种效益越显著。

基于逆向工程技术的产品研发方法和技术因其独特优势,将为制造业带来一场全新的技术革命。逆向工程技术也必将会成为制造业流行的产品开发技术。逆向工程已成为联系新产品开发过程中各种先进技术的纽带，并成为消化、吸收先进技术，实现新产品快速开发的重要技术手段。其主要应用领域如下：

① 对产品外形美学有特别要求的领域，由于设计师习惯于依赖 3D 实物模型对产品设计进行评估，因此产品几何外形通常不是应用 CAD 软件直接设计的，而是首先制作全尺寸的木质或粘土模型或比例模型，然后利用逆向工程技术重建产品数字化模型。

② 当设计需经实验才能定型工件的模型时，通常采用逆向工程的方法，例如航天航空、汽车等领域。为了满足产品对空气动力学等的要求，需进行风洞等实验建立符合要求的产品模型。此类产品通常是由复杂的自由曲面拼接而成的，最终借助逆向工程，转换为产品的三维 CAD 模型及其模具。

③ 在模具行业常需通过反复修改原始设计的模具型面。这将实物通过数据测量与处理产生与实际相符的产品数字化模型，对模型修改后再进行加工，将显著提高生产效率。因此，逆向工程在改型设计方面可发挥正向设计不可替代的作用。

④ 逆向工程也广泛用于修复破损的文物、艺术品或缺乏供应的损坏零件等。

⑤ 借助于工业 CT 技术，逆向工程不仅可以产生物体的外部形状，而且可以快速发现、定位物体的内部缺陷。

6.1.3 逆向工程实施流程

逆向工程是以一个物理零件或模型作为开始进而决定下游流程。

① 点处理过程：主要包括多视点云的拼合、点云过滤、数据精简和点云分块等。运用点云数据进行造型处理的过程中，由于海量数据点的存在，使存储和处理这些点云数据成了不可突破的瓶颈。实际上并不是所有的数据点都对模型的重建起作用，因此，可以在保证一定精度的前提下减少数据量，对点云数据进行精简。目前采用的方法有：利用均匀网格减少数据的方法；利用减少多变形三角形达到减少数据点的方法；利用误差带减少多面体数据点的方法。

② 曲线处理过程：决定所要创建的曲线类型。曲线可以设计得与点的片段相同，或让曲线更光滑些；由已存在的点创建出曲面；检查/修改曲线，检查曲线与点或其他曲线的精确度、平滑度与连续的相关性。

③ 曲面处理过程：决定所要创建的曲面类型，可以选择创建的曲面以精确为主或以光滑为主，或两者居中；由点云或曲线创建曲面；检查/修改曲面，检查曲面与点或其他曲面或特征的精确度、平滑度与连续的相关性。

④ 误差分析：应该考虑被测物对机构引起的综合轨迹误差、逆向工程设计所依据的数据值存在的测量误差、设计中的被测物存在的加工误差、设计中的曲线拟合存在的拟合误差等方面。

6.2 Pro/ENGINEER 逆向工程应用

逆向工程的系统组成主要由三部分组成：产品实体外形的数字化、CAD 模型的重建、产品样本和模具制造，在逆向工程产品设计过程中，实物的 CAD 模型重建是逆向工程的关键部分，而 PTC 公司的 Pro/ENGINEER 是在机械设计领域被广泛应用的三维自动化模型设计软件，具有强大的数据建模功能。Pro/ENGINEER 软件具有参数化、基于特征、全相关等特点。其曲面造型集中在 Pro/Surface 模块,主要用于构造产品曲面模型和实体模型。重新造型和 Pro/SCAN-TOOLS 是 Pro/ENGINEER 的逆向造型模块,可以让用户通过扫描数据建立曲面,并维持曲面和 Pro/ENGINEER 的所有其他模块的关联性,还可以重新定义输入的曲面。通过基于 Pro/ENGINEER 的逆向工程技术,把实际设计中的问题解决在产品设计过程中,通过软件工具、分析工具使产品质量、速度得到保证。

6.2.1 Pro/ENGINEER 逆向工程工具

Pro/ENGINEER 软件具有参数化、基于特征、全相关等特点。其曲面造型集中在 Pro/Surface 模块,主要用于构造表面模型、实体模型,并且可以在实体上生成任意凹下凸起物等,并将特殊的曲面造型作为一种特征并入特征库中。可以让用户通过扫描数据建立曲面,并维持曲面和 Pro/ENGINEER 的所有其他模块的关联性,还可以重新定义输入的曲面。它提供了以下主要工具:

① 重新造型:根据输入的外部点云数据或特征曲线,重新创建模型的曲线和曲面特征。
② 独立几何:包括所有创建或输入到扫描工具中的几何和参照数据,捕捉特征线和特征曲面。
③ 使用外部参照:使用图像作为曲线参照来构建曲面,在 Pro/ENGINEER 中通过捕捉图片上面的关键位置的点线,重建这个模型或者以此为参考创建另一个模型,此流程通常用于工业设计、逆向工程造型设计方面。
④ 跟踪草绘:三种常见的图片使用情况,即单张图片、多张图片和图片贴于模型上;三维参考模型导入至 Pro/ENGINEER,直接参考相关几何进行设计,是逆向工程的一个方式。
⑤ 小平面建模:小平面建模是 Pro/ENGINEER 逆向工程中的一种数据处理模式。输入通过扫描对象获得的点集,纠正由所用扫描设备的局限性而导致的点集几何中的错误,创建包络特征。

6.2.2 逆向设计工程实例

1. 使用 DXF 文件

(1) 设置工作目录
选择系统主菜单中的"文件"→"设置工作目录"命令,系统弹出"选取工作目录"对话框。选取"…\chapter6-1\unfinish\"作为文件工作目录,单击"确定"按钮。

(2) 在 AutoCAD 中处理数据
在 AutoCAD 中把转换器上盖的视图分别移动至原点(0,0),并分别保存为"AutoCAD2004/LT2004 DXF(*.dxf)"文件格式"o1.dxf"、"o2.dxf"和"o3.dxf",如图 6-2 所示。
工程点拨:在 AutoCAD 中移动视图至原点即坐标点(0,0)位置,目的是使得导入特征的坐标系和 Pro/ENGINEER 系统的坐标系一致,便于视图的定位。

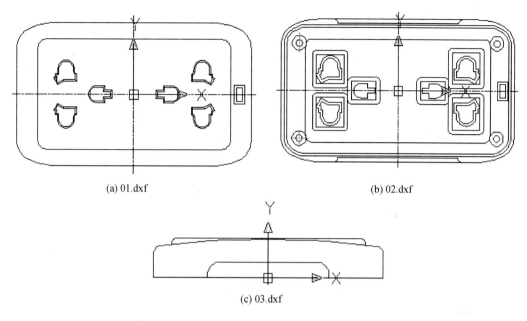

图 6-2 处理数据

（3）新建零件

选择系统主菜单中的"文件"→"新建"命令，系统弹出"新建"对话框。选择"零件"→"实体"选项，在"名称"文本框中输入"cover"，取消选中"使用缺省模板"复选框，单击"确定"按钮，弹出"新文件选项"对话框。在"模板"中选择"mmns_prt_solid"，单击"确定"按钮，进入零件模式。

（4）导入外部特征

① 选择系统主菜单中的"插入"→"共享数据"→"自文件"命令，系统弹出"打开"对话框。选择"01.dxf"，单击"打开"按钮，系统弹出"选择实体选项和放置"对话框，如图 6-3(a)所示。保存默认设置，在绘图区导入特征，如图 6-3(b)所示。同上步骤，通过文件"02.dxf"再次导入特征，如图 6-3(c)所示。

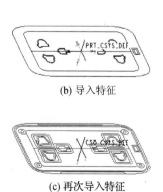

图 6-3 导入特征

② 单击"基准坐标系"工具按钮，系统弹出"坐标系"对话框，如图 6-4 所示。在"原点"选项中选择基准平面"TOP"、"FRONT"、"RIGHT"作为原点参照，在"方向"选项卡中设置"TOP"作为"Z"轴，使用"反向"按钮设置坐标轴的方向，设置"FRONT"作为"Y"轴，创建基准坐标系"CS0"。

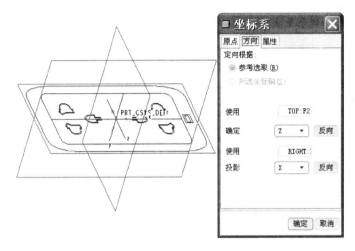

图 6-4 创建基准坐标系 CS0

③ 选择系统主菜单中的"插入"→"共享数据"→"自文件"命令，系统弹出"打开"对话框。选择"03.dxf"，单击"打开"按钮，系统弹出"选择实体选项和放置"对话框，如图 6-5(a)所示。单击坐标系选择按钮，选择所创建的坐标系"CS0"，其余保存默认设置，在绘图区导入特征，如图 6-5(b)所示。

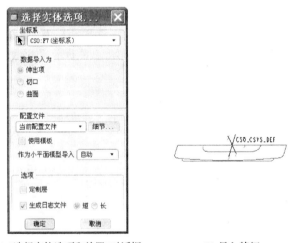

(a)"选择实体选项和放置"对话框　　　(b) 导入特征

图 6-5 导入特征 2

(5) 创建零件特征

① 单击"拉伸"工具按钮，系统打开拉伸特征操控板。单击"放置"下滑面板中的"定义"按钮，系统弹出"草绘"对话框。选择"FRONT"基准平面作为草绘平面，选择"RIGHT"基准平面作为左参照平面，进入草绘界面。如图 6-6(a)所示绘制拉伸截面，完成草绘后单击工具栏中

的√按钮。如图6-6(b)所示,设置拉伸深度至导入特征曲线。单击操控板中的√按钮,完成拉伸实体特征1的创建。

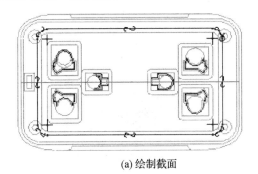
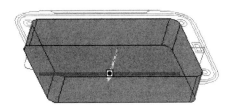

(a) 绘制截面　　　　　　　　　　(b) 设置拉伸深度和方向

图6-6　创建拉伸实体特征1

② 单击"拉伸"工具按钮,系统打开拉伸特征操控板。单击按钮,再单击"放置"下滑面板中的"定义"按钮,系统弹出"草绘"对话框。选择"FRONT"基准平面作为草绘平面,选择"RIGHT"基准平面作为左参照平面,进入草绘界面。如图6-7(a)所示绘制拉伸截面,完成草绘后单击工具栏中的√按钮。如图6-7(b)所示,设置单侧拉伸深度为"21",并选中"选项"面板中的"封闭端"复选框。单击操控板中的√按钮,完成拉伸曲面特征1的创建。

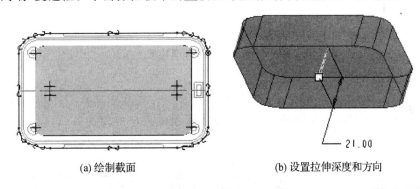

(a) 绘制截面　　　　　　　　　　(b) 设置拉伸深度和方向

图6-7　创建拉伸曲面特征1

③ 单击"拉伸"工具按钮,系统打开拉伸特征操控板。单击按钮,再单击"放置"下滑面板中的"定义"按钮,系统弹出"草绘"对话框。选择"TOP"基准平面作为草绘平面,选择"RIGHT"基准平面作为左参照平面,进入草绘界面。如图6-8(a)所示绘制拉伸截面,完成草绘后单击工具栏中的√按钮。如图6-8(b)所示,设置两侧对称拉伸深度为"90"。单击操控板中的√按钮,完成拉伸曲面特征2的创建。

④ 在绘图区选择所创建的"拉伸曲面特征1"与"拉伸曲面特征2",单击"合并"工具按钮,系统打开合并特征操控板。如图6-9(a)设置合并方向,如图6-9(b)所示,单击操控板中的√按钮,创建合并曲面特征1。

⑤ 选择系统主菜单中的"编辑"→"实体化"命令,系统打开实体化特征操控板。如图6-10所示,选择创建的合并曲面,单击操控板中的√按钮。

⑥ 单击"拔模"工具按钮,系统打开拔模特征操控板。如图6-11所示,选择模型侧面作为拔模模曲面,选择零件顶部平面作为拔模枢轴。在拔模特征操控板的文本框中输入拔模角度

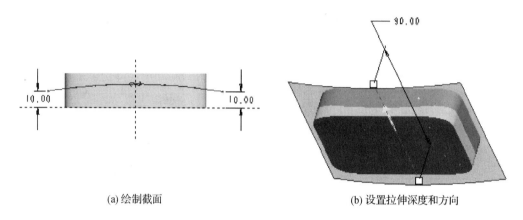

(a) 绘制截面　　　　　　　　　(b) 设置拉伸深度和方向

图 6-8　创建拉伸曲面特征 2

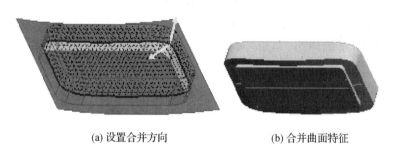

(a) 设置合并方向　　　　　　　(b) 合并曲面特征

图 6-9　创建合并曲面特征 1

值"1.5"。单击操控板中的☑按钮。

⑦ 单击"壳"工具按钮▣，系统打开壳特征操控板。在模型中选择零件的底部曲面作为要移除的面，如图 6-12 所示。在操控板"厚度"文本框中输入厚度值为"2"。单击操控板中的☑按钮，完成抽壳特征。

　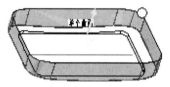　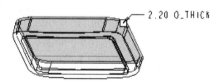

图 6-10　实体化曲面特征　　　图 6-11　创建拔模特征　　　图 6-12　创建抽壳特征

⑧ 单击"拉伸"工具按钮▣，系统打开拉伸特征操控板。单击"放置"下滑面板中的"定义"按钮，系统弹出"草绘"对话框。选择模型底部曲面作为草绘平面，选择"RIGHT"基准平面作为左参照平面，进入草绘界面。如图 6-13(a)所示绘制拉伸截面，完成草绘后单击工具栏中的☑按钮。如图 6-13(b)所示，设置拉伸深度为"穿透"。单击操控板中的☑按钮，完成拉伸实体特征 2 的创建。

⑨ 在绘图区选择步骤 8 所创建的拉伸实体特征 2，单击"特征"工具栏中的▣按钮，打开镜像特征操控板。在绘图区选择"TOP"基准平面作为镜像平面。单击操控板中的☑按钮，可创建新的镜像特征。

⑩ 如图 6-14 所示选择模型内部的边，倒 R0.5 的圆角。

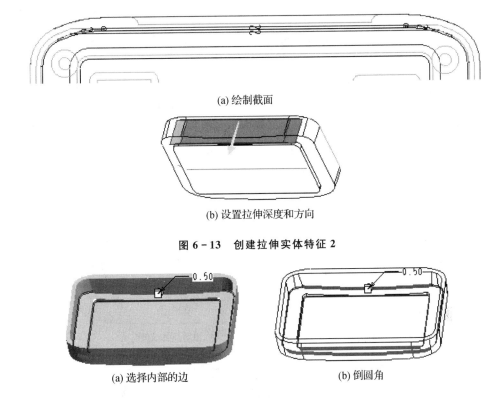

(a) 绘制截面

(b) 设置拉伸深度和方向

图 6-13　创建拉伸实体特征 2

(a) 选择内部的边　　　　　　(b) 倒圆角

图 6-14　创建倒圆角特征 1

⑪ 单击"拉伸"工具按钮，系统打开拉伸特征操控板。单击按钮，再单击"放置"下滑面板中的"定义"按钮，系统弹出"草绘"对话框。选择"FRONT"基准平面作为草绘平面，选择"RIGHT"基准平面作为左参照平面，进入草绘界面。如图 6-15(a)所示绘制拉伸截面，完成草绘后单击工具栏中的按钮。如图 6-15(b)所示，设置拉伸深度为"穿透"。单击操控板中的按钮，完成拉伸切除特征 1 的创建。

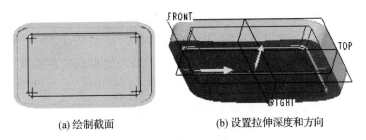

(a) 绘制截面　　　　　　(b) 设置拉伸深度和方向

图 6-15　创建拉伸切除特征 1

⑫ 如图 6-16 所示选择模型内部的边，倒 R0.5 的圆角。

⑬ 单击"拉伸"工具按钮，系统打开拉伸特征操控板。单击"放置"下滑面板中的"定义"按钮，系统弹出"草绘"对话框。选择模型内侧平面作为草绘平面，选择"RIGHT"基准平面作为左参照平面，进入草绘界面。如图 6-17(a)所示绘制拉伸截面，完成草绘后单击工具栏中的按钮。如图 6-17(b)所示，设置单侧拉伸深度为"2.8"。单击操控板中的按钮，完成拉伸实体特征 3 的创建。

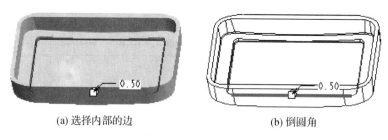

(a) 选择内部的边　　　　　(b) 倒圆角

图 6-16　创建倒圆角特征 2

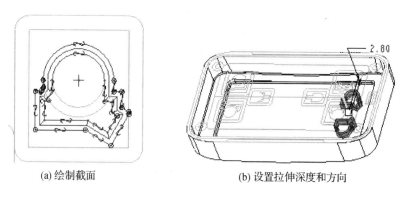

(a) 绘制截面　　　　　(b) 设置拉伸深度和方向

图 6-17　创建拉伸实体特征 3

⑭ 在绘图区选择步骤 13 所创建的拉伸实体特征,单击"特征"工具栏中的 按钮,打开镜像特征操控板。在绘图区选择"RIGHT"基准平面作为镜像平面。单击操控板中的 按钮,可创建新的镜像特征,如图 6-18 所示。

图 6-18　创建镜像特征 2

⑮ 单击"拉伸"工具按钮 ,系统打开拉伸特征操控板。单击"放置"下滑面板中的"定义"按钮,系统弹出"草绘"对话框。选择模型内侧平面作为草绘平面,选择"RIGHT"基准平面作为左参照平面,进入草绘界面。如图 6-19(a)所示绘制拉伸截面,完成草绘后单击工具栏中的 按钮。如图 6-19(b)所示,设置单侧拉伸深度为"19.8"。单击操控板中的 按钮,完成拉伸实体特征 4 的创建。

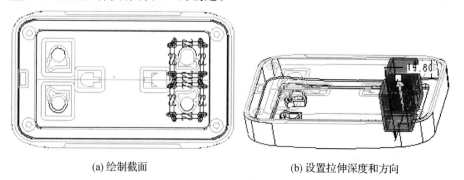

(a) 绘制截面　　　　　(b) 设置拉伸深度和方向

图 6-19　创建拉伸实体特征 4

⑯ 在绘图区选择步骤 15 所创建的拉伸实体特征,单击"特征"工具栏中的 按钮,打开镜像特征操控板。在绘图区选择"RIGHT"基准平面作为镜像平面。单击操控板中的 按钮,可创建新的镜像特征,如图 6-20 所示。

图 6-20 创建镜像特征 3

⑰ 单击"拉伸"工具按钮 ,系统打开拉伸特征操控板。单击"放置"下滑面板中的"定义"按钮,系统弹出"草绘"对话框。选择模型内侧平面作为草绘平面,选择"RIGHT"基准平面作为左参照平面,进入草绘界面。如图 6-21(a)所示绘制拉伸截面,完成草绘后单击工具栏中的 按钮。如图 6-21(b)所示,设置单侧拉伸深度为"22.8"。单击操控板中的 按钮,完成拉伸实体特征 5 的创建。

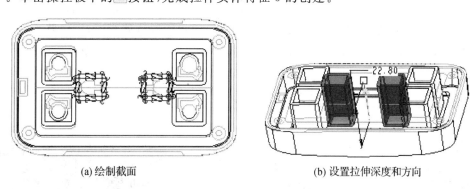

(a) 绘制截面　　　　　　　　　(b) 设置拉伸深度和方向

图 6-21 创建拉伸实体特征 5

⑱ 单击"特征"工具栏中的 按钮,系统弹出"基准平面"对话框。选择模型顶部平面作为偏移参照,设置偏移距离为"20",偏移方向如图 6-22 所示,单击"确定"按钮,创建基准平面"DTM1"。

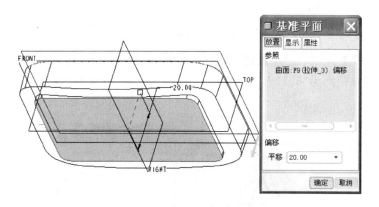

图 6-22 创建基准平面 DTM1

⑲ 单击"拉伸"工具按钮 ,系统打开拉伸特征操控板。单击"放置"下滑面板中的"定义"按钮,系统弹出"草绘"对话框。选择"DTM1"基准平面作为草绘平面,选择"RIGHT"基准平面作为左参照平面,进入草绘界面。如图 6-23(a)所示绘制拉伸截面,完成草绘后单击工具栏中的 按钮。如图 6-23(b)所示,设置拉伸深度方式为 ,单击操控板中的 按钮,完成拉伸实体特征 6 的创建。

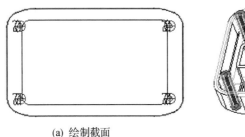

(a) 绘制截面　　　　　　　　(b) 设置拉伸深度和方向

图 6 - 23　创建拉伸实体特征 6

⑳ 单击"拉伸"工具按钮，系统打开拉伸特征操控板。单击按钮，再单击"放置"下滑面板中的"定义"按钮，系统弹出"草绘"对话框。选择模型底面作为草绘平面，选择"RIGHT"基准平面作为左参照平面，进入草绘界面。如图 6 - 24(a)所示绘制拉伸截面，完成草绘后单击工具栏中的按钮。如图 6 - 24(b)所示，设置单侧拉伸深度为"2.5"。单击操控板中的按钮，完成拉伸切除特征 2 的创建。

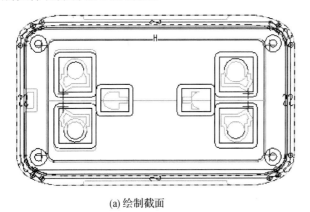

(a) 绘制截面　　　　　　　　(b) 设置拉伸深度和方向

图 6 - 24　创建拉伸切除特征 2

㉑ 单击"特征"工具栏中的按钮，系统弹出"基准平面"对话框。选择模型底部平面作为偏移参照，设置偏移距离为"6.15"，偏移方向如图 6 - 25 所示，单击"确定"按钮，创建基准平面"DTM2"。

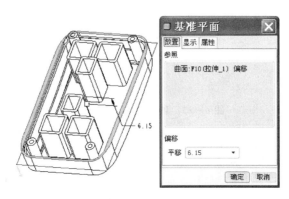

图 6 - 25　创建基准平面 DTM2

㉒ 单击"拉伸"工具按钮，系统打开拉伸特征操控板。单击"放置"下滑面板中的"定义"按钮。系统弹出"草绘"对话框，选择"DTM2"基准平面作为草绘平面，选择"RIGHT"基准平面作为左参照平面，进入草绘界面。如图 6-26(a)所示绘制拉伸截面，完成草绘后单击工具栏中的按钮。如图 6-26(b)所示，设置拉伸深度方式为，单击操控板中的按钮，完成拉伸实体特征 7 的创建。

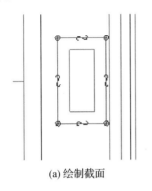

(a) 绘制截面　　　　(b) 设置拉伸深度和方向

图 6-26　创建拉伸实体特征 7

㉓ 单击"特征"工具栏中的按钮，系统弹出"基准平面"对话框，如图 6-27 所示。选择模型平面作为偏移参照，设置偏移距离为"5.5"，偏移方向如图 6-27 所示，单击"确定"按钮，创建基准平面"DTM3"。

㉔ 单击"拉伸"工具按钮，系统打开拉伸特征操控板。单击按钮，再单击"放置"下滑面板中的"定义"按钮，系统弹出"草绘"对话框。选择"DTM3"基准平面

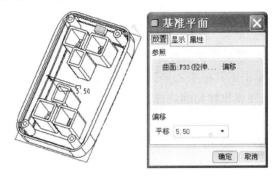

图 6-27　创建基准平面 DTM3

作为草绘平面，选择"RIGHT"基准平面作为左参照平面，进入草绘界面。如图 6-28(a)所示绘制拉伸截面，完成草绘后单击工具栏中的按钮。如图 6-28(b)所示，设置拉伸深度为"10"。单击操控板中的按钮，完成拉伸切除特征 3 的创建。

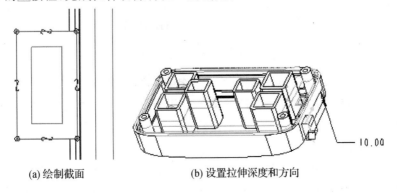

(a) 绘制截面　　　　(b) 设置拉伸深度和方向

图 6-28　创建拉伸切除特征 3

㉕ 单击"拉伸"工具按钮，系统打开拉伸特征操控板。单击按钮，再单击"放置"下滑面板中的"定义"按钮，系统弹出"草绘"对话框。选择"FRONT"基准平面作为草绘平面，选择"RIGHT"基准平面作为左参照平面，进入草绘界面。如图6-29(a)所示绘制拉伸截面，完成草绘后单击工具栏中的 按钮。如图6-29(b)所示，设置拉伸深度方式为 ，单击操控板中的 按钮，完成拉伸切除特征4的创建。

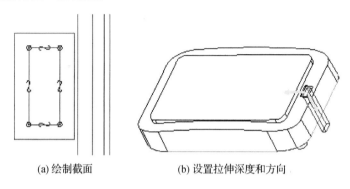

(a) 绘制截面　　　(b) 设置拉伸深度和方向

图6-29　创建拉伸切除特征4

㉖ 单击"拉伸"工具按钮，系统打开拉伸特征操控板。单击按钮，再单击"放置"下滑面板中的"定义"按钮，系统弹出"草绘"对话框。选择"FRONT"基准平面作为草绘平面，选择"RIGHT"基准平面作为左参照平面，进入草绘界面。如图6-30(a)所示绘制拉伸截面，完成草绘后单击工具栏中的 按钮。如图6-30(b)所示，设置拉伸深度方式为 ，单击操控板中的 按钮，完成拉伸切除特征5的创建。

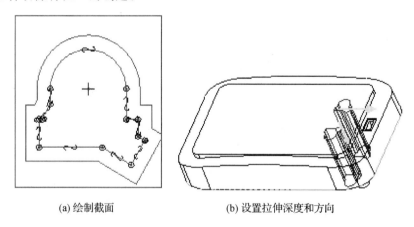

(a) 绘制截面　　　(b) 设置拉伸深度和方向

图6-30　创建拉伸切除特征5

㉗ 在绘图区选择步骤26所创建的拉伸实体特征，单击"特征"工具栏中的 按钮，打开镜像特征操控板。在绘图区选择"RIGHT"基准平面作为镜像平面。单击操控板中的 按钮，可创建新的镜像特征，如图6-31所示。并创建倒角特征(注意选择倒角边的时候，选用"目的链"选取模式)，如图6-32所示。

㉘ 单击"特征"工具栏中的 按钮，系统弹出"基准平面"对话框，如图6-33所示。选择"TOP"基准平面作为偏移参照，设置偏移距离为"27"，偏移方向如图6-33所示，单击"确定"按钮，创建基准平面"DTM4"。

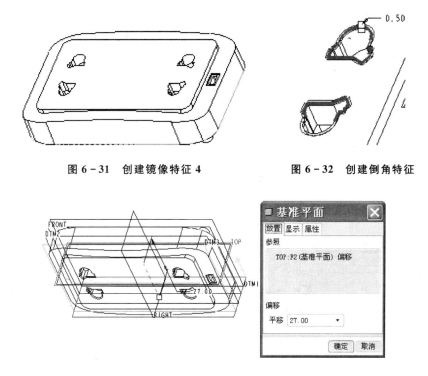

图 6-31 创建镜像特征 4　　　图 6-32 创建倒角特征

图 6-33 创建基准平面 DTM4

㉙ 单击"拉伸"工具按钮，系统打开拉伸特征操控板。单击按钮，再单击"放置"下滑面板中的"定义"按钮，系统弹出"草绘"对话框。选择"DTM4"基准平面作为草绘平面，选择"RIGHT"基准平面作为左参照平面，进入草绘界面。如图 6-34(a)所示绘制拉伸截面，完成草绘后单击工具栏中的按钮。如图 6-34(b)所示，设置单侧拉伸深度为"1.5"。单击操控板中的按钮，完成拉伸切除特征 6 的创建。

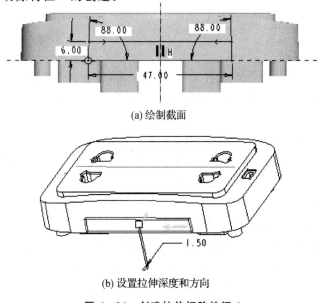

(a) 绘制截面

(b) 设置拉伸深度和方向

图 6-34 创建拉伸切除特征 6

㉚ 如图6-35所示选择模型内部的边,倒R5的圆角。

㉛ 单击"拔模"工具按钮 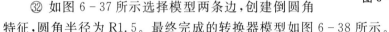,系统打开拔模特征操控板。如图6-36所示,选择模型侧面作为拔模曲面,选择零件顶部平面作为拔模枢轴。在操控板的文本框中输入拔模角度值"2"。单击操控板中的 ✓ 按钮。

㉜ 如图6-37所示选择模型两条边,创建倒圆角特征,圆角半径为R1.5。最终完成的转换器模型如图6-38所示。

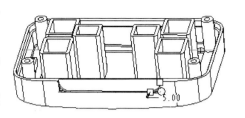

图6-35 创建倒圆角特征3

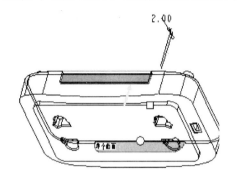

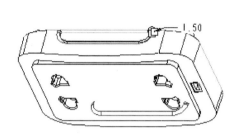

图6-36 创建拔模特征2　　　　图6-37 创建倒圆角特征4

图6-38 转换器上盖

2. 使用IGS曲线特征

(1) 设置工作目录

选择系统主菜单中的"文件"→"设置工作目录"命令,系统弹出"选取工作目录"对话框,选取"…\chapter6-2\unfinish\"作为文件工作目录,单击"确定"按钮。

(2) 新建零件

单击系统主菜单中的"文件"→"新建"命令,弹出"新建"对话框,选择"零件"→"实体"选项,在"名称"文本框中输入"6-2",清除"使用缺省模板",单击"确定"按钮,弹出"新文件选项"对话框,在"模板"中选择"mmns_prt_solid",单击"确定"按钮,进入零件模式。

(3) 导入曲线特征

选择系统主菜单中的"插入"→"共享数据"→"自文件"命令,系统弹出"打开"对话框,选择"6-2.igs",单击"打开"按钮,系统弹出"选择实体选项和放置"对话框,保存默认设置,在绘图区导入特征,如图6-39所示。

(4) 创建零件特征

1) 单击"特征"工具栏中的"镜像"工具按钮,系统打开镜像特征操控板,选择"RIGHT"

基准平面作为镜像平面,镜像曲线如图6-40所示。

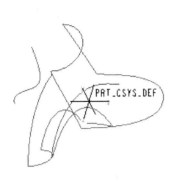

图6-39 导入特征曲线

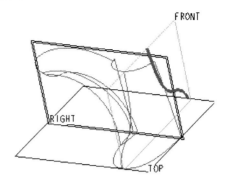

图6-40 镜像曲线特征

2)单击"特征"工具栏中的"基准平面"工具按钮，系统弹出"基准平面"对话框,选择如图6-41所示的曲线作为参照,创建基准平面DTM1。

3)单击"造型"工具按钮，进入自由造型曲面界面,构建自由造型曲线。具体步骤如下:

① 单击"设置活动平面"按钮，选择"DTM1"基准平面作为活动平面,单击鼠标右键,在弹出的快捷菜单中选择"活动平面方向"。

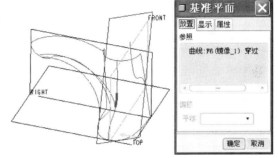

图6-41 创建基准平面DTM1

② 单击"创建曲线"按钮，系统弹出创建曲线操控板,单击"平面曲线"按钮，在DTM1平面上单击左键三次创建三个点,绘制如图6-42(a)所示的自由曲线(没有端点约束)。

③ 单击"编辑曲线"按钮，系统打开曲线编辑操控板,在绘图区选择所创建的平面曲线,按Shift键,单击鼠标左键选择曲线端点分别移动至上下曲线上。分别单击曲线的上下两个端点,在操控板的"相切"选项中设置上端点切线固定长度和角度分别为"55"和"160",设置下端点

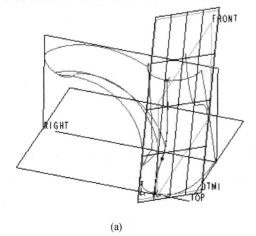

(a)

(b)

图6-42 创建平面曲线

183

切线固定长度和角度分别为"34.5"和"340"。并设置中间点的坐标如图6-42(b)所示。

④ 单击工具栏中的"完成"按钮✓,再单击操控板中的"完成"按钮✓,完成自由曲线的构建。

4)创建边界混合曲面1。单击"边界混合"工具按钮,系统打开边界混合特征操控板,如图6-43(a)所示,选择第一方向的三条曲线链和第二方向的两条曲线链,在"约束"下滑面板分别设置第一方向的两条边界曲线均垂直于"RIGHT"基准平面,创建的边界混合曲面1如图6-43(b)所示。

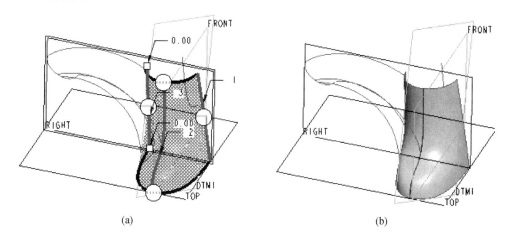

图6-43 创建边界混合曲面1

5)创建边界混合曲面2。单击"边界混合"工具按钮,系统打开边界混合特征操控板,如图6-44(a)所示选择第一方向的两条曲线链,在"约束"下滑面板设置第一方向的"RIGHT"基准平面上的边界曲线垂直于"RIGHT"基准平面,创建的边界混合曲面2如图6-44(b)所示。

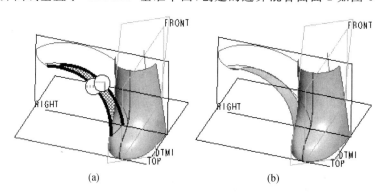

图6-44 创建边界混合曲面2

6)单击"拉伸"工具按钮,系统打开拉伸特征操控板,单击操控板中的"曲面"按钮和"切除材料"按钮,并选择"边界混合曲面2"作为修剪面组,单击"放置"下滑面板中的"定义"按钮,系统弹出"草绘"对话框,选择"RIGHT"基准平面作为草绘平面,选择"TOP"基准平面作为顶参照平面,进入草绘界面。如图6-45(a)所示绘制拉伸截面,完成草绘后单击工具栏中的"完成"按钮✓,如图6-45(b)所示设置拉伸深度为"30",单击操控板中的"完成"按钮✓,完成拉伸切除曲面特征1的创建,如图6-45(c)所示。

7）创建边界混合曲面 3。单击"边界混合"工具按钮，系统打开边界混合特征操控板，如图 6-45(d)所示，选择第一方向的两条曲线链和第二方向的两条曲线链，在"约束"下滑面板设置和边界混合曲面 2 相邻的边界曲线，"相切"于边界混合曲面 2，设置在 RIGHT 基准平面上的边界曲线垂直于 RIGHT 基准平面。创建的边界混合曲面 3 如图 6-45(d)所示。

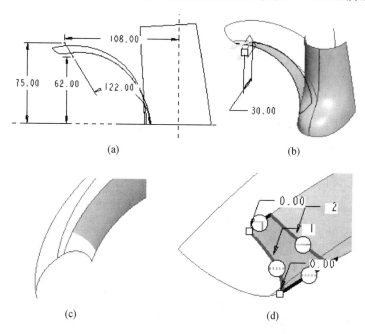

图 6-45 创建边界混合曲面 3

8）在绘图区选择所创建的"边界混合曲面 2"与"边界混合曲面 3"，单击"合并"工具按钮，系统打开合并特征操控板，注意设置合并方向，单击操控板中的"完成"按钮，创建合并曲面特征 1，如图 6-46 所示。

9）创建边界混合曲面 4。单击"边界混合"工具按钮，系统打开边界混合特征操控板，如图 6-47(a)所示选择第一方向的两条曲线链，创建的边界混合曲面 4 如图 6-47(b)所示。

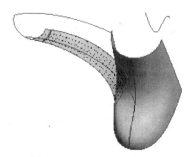

图 6-46 创建合并曲面 1

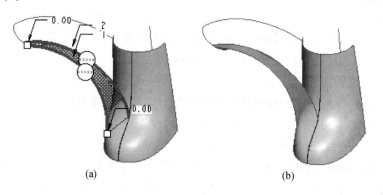

图 6-47 创建边界混合曲面 4

10）单击"草绘"工具按钮，系统弹出"草绘"对话框，选择"RIGHT"基准平面作为草绘平面，选择"TOP"基准平面作为顶参照平面，进入草绘界面。如图 6-48 所示绘制曲线。退出草绘模式，应用逼近复制粘贴该曲线。

11）单击"特征"工具栏中的"可变截面扫描"工具按钮，或选择系统主菜单中的"插入"→"可变截面扫描"命令，系统打开可变截面扫描特征操控板。在"参照"下滑面板中，如图 6-49

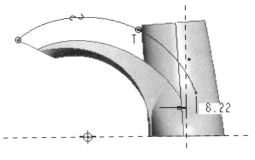

图 6-48　创建草绘曲线

(a)所示，选择所创建的草绘曲线作为原点轨迹点，边界混合曲面 4 的边界曲线作为一般轨迹线，剖面控制设置为"垂直于轨迹"，并在"选项"下滑面板中选择"可变剖面"复选框。单击操控板中的"草绘"按钮，进入草绘环境，如图 6-49(b)所示，草绘可变截面扫描的圆锥弧，应该注意的是其中设置角度为 90°，目的在于保证曲面垂直于"RIGHT"基准平面。完成草绘后单击工具栏中的"完成"按钮。再单击操控板中的"完成"按钮，完成可变截面扫描的创建，如图 6-49(c)所示。

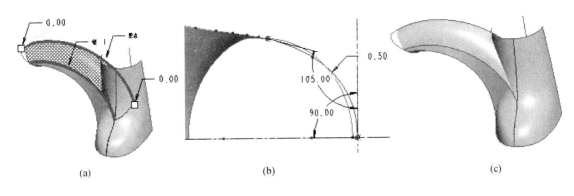

图 6-49　创建可变截面扫描曲面

12）单击"拉伸"工具按钮，系统打开拉伸特征操控板，单击操控板中的"曲面"按钮和"切除材料"按钮，并选择"可变截面扫描曲面"作为修剪面组，单击"放置"下滑面板中的"定义"按钮，系统弹出"草绘"对话框，选择"RIGHT"基准平面作为草绘平面，选择"TOP"基准平面作为顶参照平面，进入草绘界面。如图 6-50(a)所示绘制拉伸截面，完成草绘后单击工具栏中的"完成"按钮，如图 6-50(b)所示设置单侧拉伸深度为"30"，单击操控板中的"完成"按钮，完成拉伸切除曲面特征 2 的创建，如图 6-50(c)所示。

13）创建边界混合曲面 5。单击"边界混合"工具按钮，系统打开边界混合特征操控板，如图 6-50(d)所示，选择第一方向的两条曲线链和第二方向的两条曲线链，设置和可变截面扫描曲面相邻的边界曲线，"相切"于可变截面扫描曲面，设置在 RIGHT 基准平面上的边界曲线垂直于 RIGHT 基准平面。创建的边界混合曲面 5 如图 6-50(d)所示。

14）在绘图区选择所创建的"可变截面扫描曲面"与"边界混合曲面 5"，单击"合并"工具按钮，系统打开合并特征操控板，注意设置合并方向，单击操控板中的"完成"按钮，创建合并曲面 2，如图 6-51 所示。

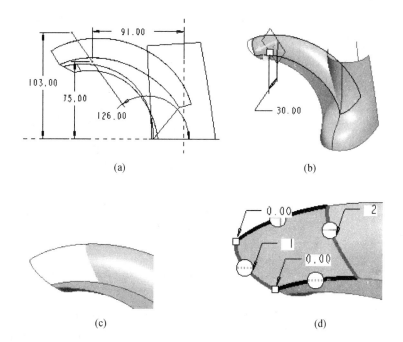

(a) (b)

(c) (d)

图 6-50 创建边界混合曲面 5

15）在绘图区选择面组"合并曲面 2"，单击"修剪"工具按钮，系统打开修剪特征操控板，如图 6-52(a)所示，选择边界混合曲面 1 作为修剪对象，单击"反向"按钮，单击操控板中的"完成"按钮，完成曲面修剪特征的创建，如图 6-52(b)所示。

16）在绘图区选择所创建的"修剪后的合并曲面 2"与"边界混合曲面 4"，单击"合并"工具按钮，系统打开合并特征操控板，注意设置合并方向，单击操控板中的"完成"按钮，创建合并曲面特征 3。如图 6-53 所示。

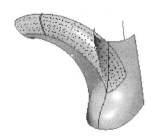

图 6-51 创建合并曲面 2

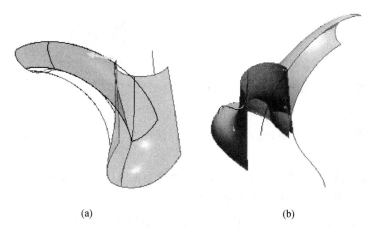

(a) (b)

图 6-52 创建曲面修剪特征

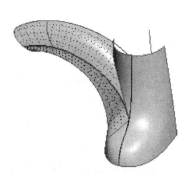

图 6-53 创建合并曲面 3

17) 单击"造型"工具按钮,进入自由造型曲面界面,构建自由造型曲线。步骤如下:

① 单击"创建曲线"按钮,系统弹出创建曲线操控板,单击"COS 曲线"按钮,在边界混合曲面 1 上单击左键两次创建两个点,绘制如图 6-54 所示的自由曲线(没有端点约束)。

② 单击"编辑曲线"按钮,系统打开曲线编辑操控板,在绘图区选择所创建的 COS 曲线,按 Shift 键,单击鼠标左键选择曲线端点分别移动至两条曲线上。分别单击曲线的上下两个端点,在操控板的"相切"选项中设置上端点固定长度为"12",且法向于"RIGHT"基准平面,下端点的长度比例为"0.45",切线的固定长度和角度分别为"18"和"30"。

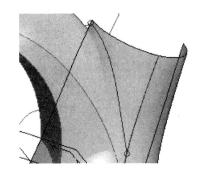

图 6-54 创建 COS 曲线

③ 单击工具栏中的"完成"按钮,再单击操控板中的"完成"按钮,完成自由曲线的构建。

18) 单击"拉伸"工具按钮,系统打开拉伸特征操控板,单击操控板中的"曲面"按钮和"切除材料"按钮,并选择"合并曲面 3"作为修剪面组,单击"放置"下滑面板中的"定义"按钮,系统弹出"草绘"对话框,选择"RIGHT"基准平面作为草绘平面,选择"TOP"基准平面作为顶参照平面,进入草绘界面。如图 6-55(a)所示绘制拉伸截面,完成草绘后单击工具栏中的"完成"按钮,如图 6-55(b)所示设置拉伸深度为"60",单击操控板中的"完成"按钮,完成拉伸切除曲面特征 3 的创建,如图 6-55(c)所示。

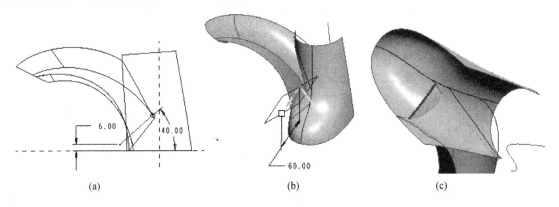

图 6-55 拉伸切除曲面特征 3

19) 应用倒圆角工具,选择"边界混合曲面 1"和"可变截面扫描曲面",创建两曲面的倒圆角特征,如图 6-56 所示,注意单击"通过曲线"按钮,选取步骤 17 所创建的 COS 曲线作为圆角半径的"驱动曲线"。

20) 单击"造型"工具按钮,进入自由造型曲面界面,构建自由造型曲线。步骤如下:

① 单击"创建曲线"按钮,系统弹出创建曲线操控板,单击"自由曲线"按钮,在边界混合曲面 1 上单击左键两次创建两个点,绘制如图 6-57 所示的自由曲线(没有端点约束)。

② 单击"编辑曲线"按钮,系统打开曲线编辑操控板,在绘图区选择所创建的自由曲线,按 Shift 键,单击鼠标左键选择曲线端点分别移动至两条曲线上。分别单击曲线的上下两个端

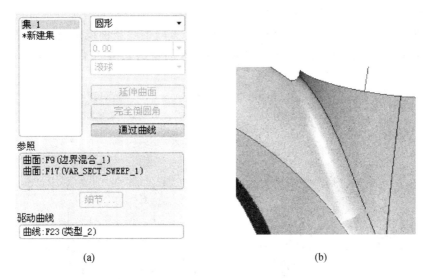

图 6-56 创建倒圆角曲面特征

点,在操控板的"点"选项中设置上端点的长度比例为"1",下端点的长度比例为"0.56"。在操控板的"相切"选项中设置上端点的第一约束为"相切",固定长度为"0.2"。下端点的第一约束为"曲面相切",固定长度为"2",角度为"40"。

③ 单击工具栏中的"完成"按钮☑,再单击操控板中的"完成"按钮☑,完成自由曲线的构建。

21) 在绘图区选择可变截面扫描曲面的边界曲线,依次按 Ctrl+C 和 Ctrl+V 组合键,系统打开粘贴曲面操控板,在"曲线类型"选项中选择"逼近",如图 6-58(a)所示在顶点单击鼠标右键,系统弹出快捷菜单,选择"修剪位置"命令,再选择如图 6-58(b)所示的倒圆角曲面边作为修剪参照,单击操控板中的"完成"按钮☑,完成曲线的复制。

图 6-57 创建自由造型曲线

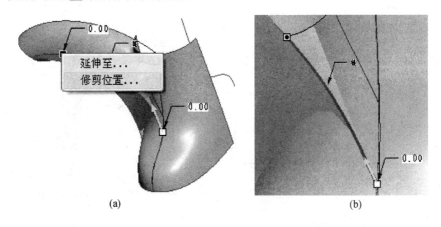

图 6-58 逼近复制曲线

22)创建边界混合曲面6。单击"边界混合"工具按钮,系统打开边界混合特征操控板,如图6-59(a)所示,选择第一方向的两条曲线链和第二方向的两条曲线链,在"约束"下滑面板中设置三条边界曲线,分别"相切"连续于相邻的曲面,创建的边界混合曲面6如图6-59(b)所示。

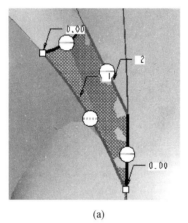
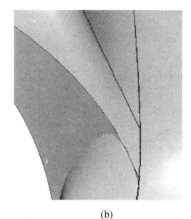

(a)   (b)

图6-59 创建边界混合曲面6

23)在绘图区选择所创建的"边界混合曲面6"与"倒圆角曲面",单击"合并"工具按钮,系统打开合并特征操控板,注意设置合并方向,单击操控板中的"完成"按钮,创建合并曲面4,如图6-60所示。

24)单击"拉伸"工具按钮,系统打开拉伸特征操控板,单击操控板中的"曲面"按钮,单击"放置"下滑面板中的"定义"按钮,系统弹出"草绘"对话框,选择"RIGHT"基准平面作为草绘平面,选择"TOP"基准平面作为顶参照平面,进入草绘界面。如图6-61(a)所示绘制拉伸截面,完成草绘后单击工具栏中的"完成"按钮,设置单侧拉伸深度为"90",单击操控板中的"完成"按钮,完成拉伸曲面特征的创建,如图6-61(b)所示。

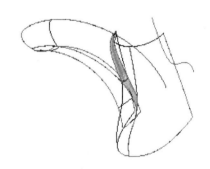

图6-60 创建合并曲面4

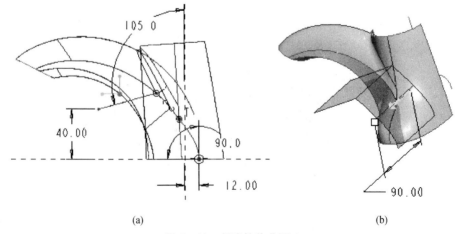

(a)   (b)

图6-61 创建拉伸曲面1

25) 在绘图区选择"边界混合曲面1",单击"修剪"工具按钮,系统打开修剪特征操控板,选择拉伸曲面1作为修剪的对象,如图6-62(a)所示设置修剪方向,单击操控板中的"完成"按钮,完成修剪特征的创建,如图6-62(b)所示。

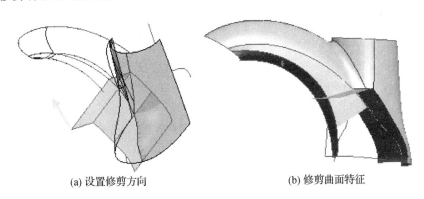

(a) 设置修剪方向　　　　(b) 修剪曲面特征

图6-62　创建曲面修剪特征

26) 在绘图区选择"合并曲面3",单击"修剪"工具按钮,系统打开修剪特征操控板,选择拉伸曲面1作为修剪的对象,如图6-63(a)所示设置修剪方向,单击操控板中的"完成"按钮,完成修剪特征的创建,如图6-63(b)所示。

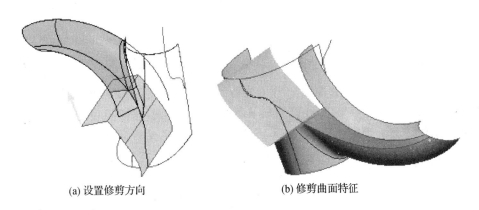

(a) 设置修剪方向　　　　(b) 修剪曲面特征

图6-63　创建曲面修剪特征

27) 在绘图区选择所创建的"修剪后的边界混合曲面1"与"合并曲面4",单击"合并"工具按钮,系统打开合并特征操控板,注意设置合并方向,单击操控板中的"完成"按钮,创建合并曲面5,如图6-64所示。

28) 选择如图6-65所示的曲线,依次按Ctrl+C和Ctrl+V组合键,系统打开粘贴曲面操控板,在"曲线类型"选项中选择"逼近",单击操控板中的"完成"按钮,完成曲线的复制。

29) 创建边界混合曲面7。单击"边界混合"工具按钮,系统打开边界混合特征操控板,如图6-66所示,选择第一方向的两条曲线链和第二方向的两条曲线链,在"约束"下滑面板设置上面的边界曲线,"曲率"连续于相邻曲面。创建的边界混合曲面7如图6-66所示。

30) 应用合并工具,如图6-67(a)所示,选择"边界混合曲面7"和"合并曲面5",创建"合并曲面6"。如图6-67(b)所示,选择"边界混合曲面5"和"合并曲面3",创建"合并曲面7"。如图6-67(c)所示,选择"合并曲面7"和"边界混合曲面4",创建合并曲面8。

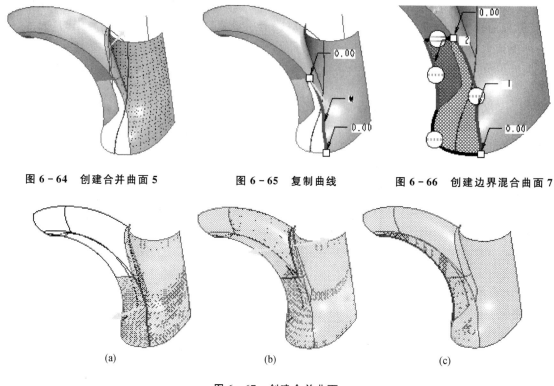

图 6-64 创建合并曲面 5　　图 6-65 复制曲线　　图 6-66 创建边界混合曲面 7

图 6-67 创建合并曲面

31) 单击"拉伸"工具按钮 ，系统打开拉伸特征操控板，单击操控板中的"曲面"按钮 和"切除材料"按钮 ，并选择"合并曲面 8"作为修剪面组，单击"放置"下滑面板中的"定义"按钮，系统弹出"草绘"对话框，选择"RIGHT"基准平面作为草绘平面，选择"TOP"基准平面作为顶参照平面，进入草绘界面。如图 6-68(a)所示绘制拉伸截面，完成草绘后单击工具栏中的"完成"按钮 ，单击操控板中的"完成"按钮 ，完成拉伸切除曲面特征 4 的创建，如图 6-68(c)所示。

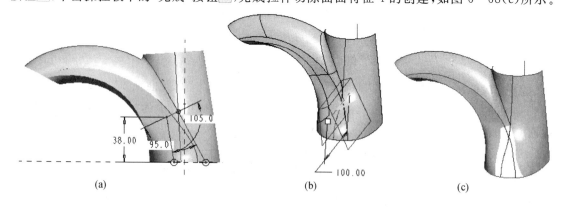

图 6-68 创建拉伸切除曲面 4

32) 单击"造型"工具按钮 ，进入自由造型曲面界面，构建自由造型曲线。步骤如下：

① 单击"设置活动平面"按钮 ，选择"TOP"基准平面作为活动平面，并设置活动平面为 TOP 基准平面偏移"28"，如图 6-69(a)所示，单击鼠标右键，在弹出的快捷菜单中选择"活动平面方向"。

② 单击"创建曲线"按钮～，系统弹出创建曲线操控板，单击"平面曲线"按钮，在 TOP 偏移平面上单击左键两次创建两个点，绘制如图 6-69(b)所示的自由曲线(没有端点约束)。

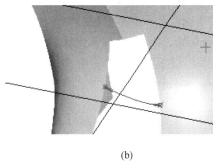

(a)　　　　　　　　　　　　　　　(b)

图 6-69　创建自由造型平面曲线

③ 单击"编辑曲线"按钮，系统打开曲线编辑操控板，在绘图区选择所创建的平面曲线，按 Shift 键，单击鼠标左键选择曲线端点移动至曲线上。分别单击曲线的左右端点，在操控板的"相切"选项中分别设置切线固定长度为"3.2"和"2"，并约束两端点曲率连续于相邻两侧面。

④ 单击工具栏中的"完成"按钮，再单击操控板中的"完成"按钮，完成自由曲线的构建。

33) 创建边界混合曲面 8。单击"边界混合"工具按钮，系统打开边界混合特征操控板，如图 6-70 所示，选择第一方向的两条曲线链和第二方向的两条曲线链，在"约

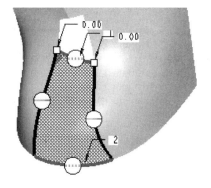

图 6-70　创建边界混合曲面 8

束"下滑面板，设置左右两侧的两条边界曲线，"相切"于相邻曲面。创建的边界混合曲面 8 如图 6-70 所示。

34) 单击"特征"工具栏中的"基准点"工具按钮，系统弹出"基准点"对话框，如图 6-71 所示选择曲面的边作为参照，并设置偏移比率为"0.60"，创建基准点"PNT0"。

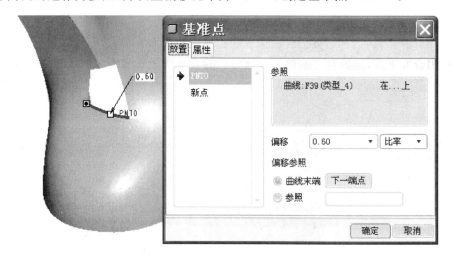

图 6-71　创建基准点 PTN0

35）选择如图6-72所示的曲线，依次按Ctrl+C和Ctrl+V组合键，系统打开粘贴曲面操控板，在"曲线类型"选项中选择"逼近"，单击操控板中的"完成"按钮，完成曲线的复制。

36）创建边界混合曲面9。单击"边界混合"工具按钮，系统打开边界混合特征操控板，如图6-73所示，选择第一方向的两条曲线链和第二方向的两条曲线链，在"约束"下滑面板，设置四条边界曲线，"相切"于相邻曲面。创建的边界混合曲面9如图6-73所示。如图6-74所示，在"控制点"下滑面板第一方向的"集"选项中添加新集，并选择控制点PNT0和曲线顶点。

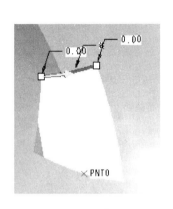 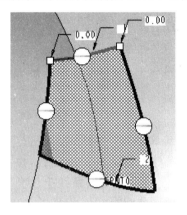

图6-72 复制曲线　　　　　图6-73 创建边界混合曲面9

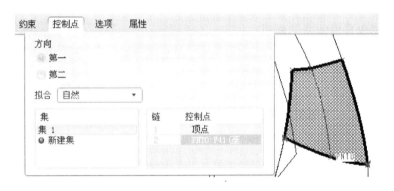

图6-74 设置控制点

37）应用合并工具，选择边界混合曲面8和边界混合曲面9，如图6-75(a)所示创建合并曲面9。再应用合并工具，选择合并曲面9和修剪后的合并曲面8，如图6-75(b)所示创建合并曲面10。

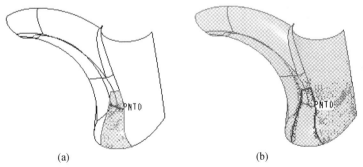

图6-75 创建合并曲面特征

38）应用镜像工具，以"RIGHT"基准平面作为镜像平面，创建镜像曲面特征如图6-76所示。应用合并工具，如图6-77所示，选择合并曲面9和合并曲面10，创建合并曲面11。

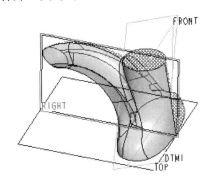
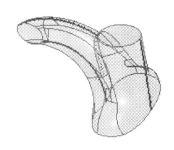

图6-76　创建镜像特征　　　　　　　图6-77　创建合并曲面11

39）应用曲面分析工具，分析所构建曲面的质量，着色曲率分析如图6-78所示，反射分析如图6-79所示。分析表明曲面质量良好。

图6-78　着色分析结果

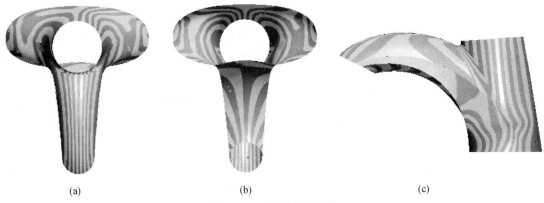

(a)　　　　　　　　　(b)　　　　　　　　　(c)

图6-79　反射分析结果

40) 在绘图区选择所创建的合并曲面11,选择系统主菜单中的"编辑"→"加厚"命令,系统打开加厚特征操控板,设置向内加厚的厚度为"2",单击操控板中的"完成"按钮☑,创建的加厚特征如图6-80所示。

3. 使用IGS点云数据

(1) 设置工作目录

选择系统主菜单中的"文件"→"设置工作目录"命令,系统弹出"选取工作目录"对话框,选取"…\chapter6-3\unfinish\"作为文件工作目录,单击"确定"按钮。

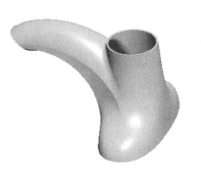

图6-80 创建加厚特征

(2) 新建零件

单击系统主菜单中的"文件"→"新建"命令,弹出"新建"对话框,选择"零件"→"实体"选项,在"名称"文本框中输入"6-3",清除"使用缺省模板",单击"确定"按钮,弹出"新文件选项"对话框,在"模板"中选择"mmns_prt_solid",单击"确定"按钮,进入零件模式。

(3) 导入点云数据

选择系统主菜单中的"插入"→"共享数据"→"自文件"命令,系统弹出"打开"对话框,选择"6-3.igs",单击"打开"按钮,系统弹出"选择实体选项和放置"对话框,保存默认设置,在绘图区导入点云数据,如图6-81所示。

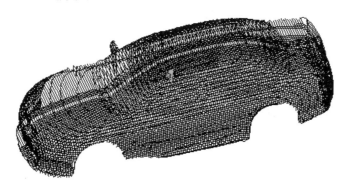

图6-81 导入点云数据

(4) 创建曲线特征

1) 单击"草绘"工具按钮☑,系统弹出"草绘"对话框,选择"TOP"基准平面作为草绘平面,选择"RIGHT"基准平面作为右参照平面,进入草绘界面。如图6-82所示绘制图元。完成草绘后单击工具栏中的"完成"按钮☑。

2) 单击"草绘"工具按钮☑,系统弹出"草绘"对话框,选择"FRONT"基准平面作为草绘平面,选择"RIGHT"基准平面作为右参照平面,进入草绘界面。如图6-83所示绘制图元。完成草绘后单击工具栏中的"完成"按钮☑。

3) 单击"草绘"工具按钮☑,系统弹出"草绘"对话框,选择"TOP"基准平面作为草绘平面,选择"RIGHT"基准平面作为右参照平面,进入草绘界面。如图6-84所示绘制样条曲线。完成草绘后单击工具栏中的"完成"按钮☑。

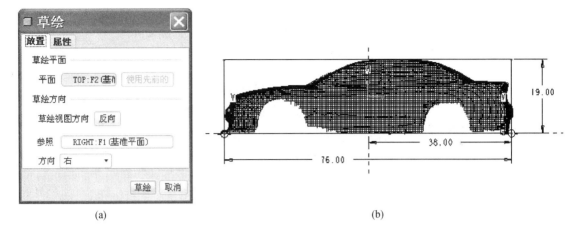

图 6-82 草绘曲线 1

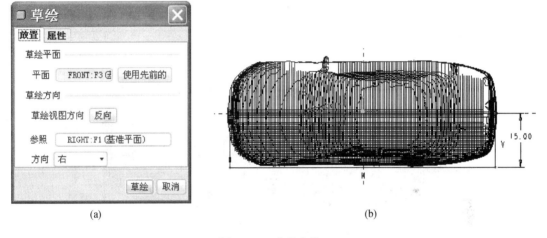

图 6-83 草绘曲线 2

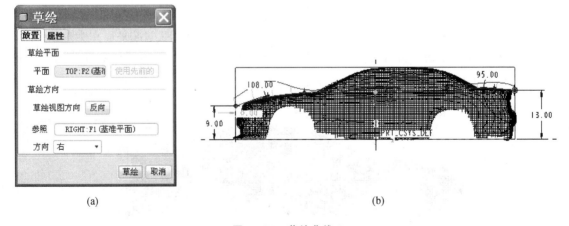

图 6-84 草绘曲线 3

4）单击"草绘"工具按钮，系统弹出"草绘"对话框，选择"TOP"基准平面作为草绘平面，选择"RIGHT"基准平面作为右参照平面，进入草绘界面。如图 6-85 所示绘制样条曲线。完成草绘后单击工具栏中的"完成"按钮✓。

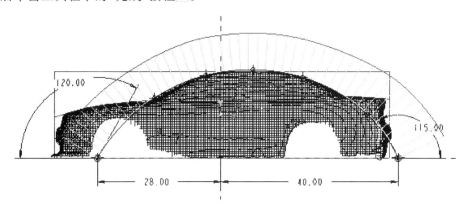

图 6-85 草绘曲线 4

5）单击"草绘"工具按钮，系统弹出"草绘"对话框，选择"FRONT"基准平面作为草绘平面，选择"RIGHT"基准平面作为右参照平面，进入草绘界面。如图 6-86 所示绘制样条曲线。完成草绘后单击工具栏中的"完成"按钮✓。

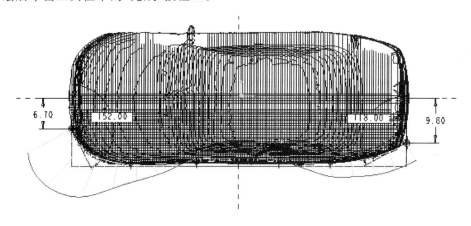

图 6-86 草绘曲线 5

6）单击"草绘"工具按钮，系统弹出"草绘"对话框，选择"TOP"基准平面作为草绘平面，选择"RIGHT"基准平面作为右参照平面，进入草绘界面。如图 6-87 所示绘制样条曲线。完成草绘后单击工具栏中的"完成"按钮✓。

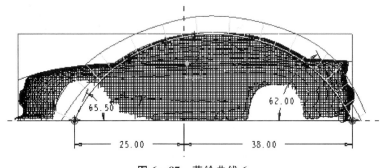

图 6-87 草绘曲线 6

7) 单击"草绘"工具按钮，系统弹出"草绘"对话框，选择"FRONT"基准平面作为草绘平面，选择"RIGHT"基准平面作为右参照平面，进入草绘界面。如图6-88所示绘制样条曲线。完成草绘后单击工具栏中的"完成"按钮。

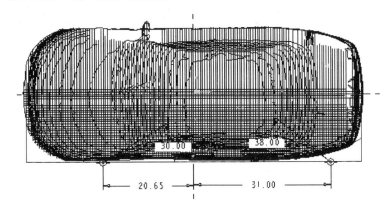

图6-88 草绘曲线7

8) 在模型树中单击左键选中草绘6，再按住Ctrl键，单击左键选中草绘7，选择系统主菜单中的"编辑"→"相交"命令，创建相交曲线1，如图6-89所示。

9) 单击"草绘"工具按钮，系统弹出"草绘"对话框，选择"FRONT"基准平面作为草绘平面，选择"RIGHT"基准平面作为右参照平面，进入草绘界面。如图6-90所示绘制样条曲线。完成草绘后单击工具栏中的"完成"按钮。

10) 单击"草绘"工具按钮，系统弹出"草绘"对话框，选择"TOP"基准平面作为草绘平面，选择"RIGHT"基准平面作为右参照平面，进入草绘界面。如图6-91所示绘制样条曲线。完成草绘后单击工具栏中的"完成"按钮。

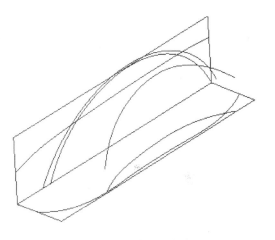

图6-89 创建相交曲线1

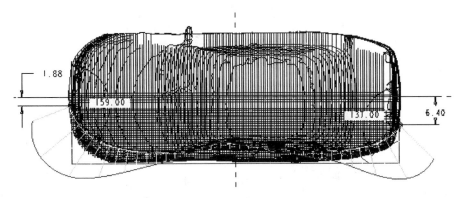

图6-90 草绘曲线8

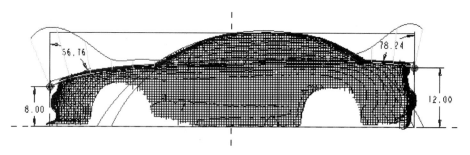

图 6-91 草绘曲线 9

11) 在模型树中单击左键选中草绘 8,再按住 Ctrl 键,单击左键选中草绘 9,选择系统主菜单中的"编辑"→"相交"命令,创建相交曲线 2,如图 6-92 所示。

12) 单击"拉伸"工具按钮,系统打开拉伸特征操控板,单击操控板中的"曲面"按钮,单击"放置"下滑面板中的"定义"按钮,系统弹出"草绘"对话框,选择"FRONT"基准平面作为草绘平面,选择"RIGHT"基准平面作为右参照平面,进入草绘界面。如图 6-93(a)所示绘制拉伸图元,完成草绘后单击工具栏中的

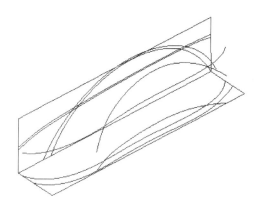

图 6-92 创建相交曲线 2

"完成"按钮,如图 6-93(b)所示,设置单侧拉伸深度为"20",单击操控板中的"完成"按钮,完成拉伸曲面 1 的创建。

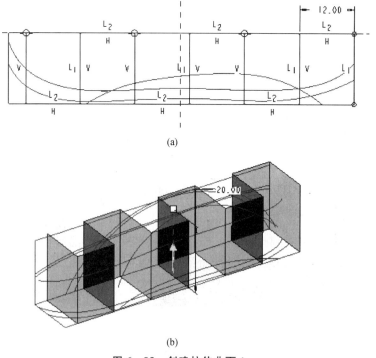

图 6-93 创建拉伸曲面 1

13) 单击"特征"工具栏中的"基准点"工具按钮，系统弹出"基准点"对话框，如图6-94(a)所示分别选择相交曲线2和拉伸曲面1的右侧曲面作为参照，单击"确定"按钮，创建基准点"PNT0"。同上如图6-94(b)所示分别选择相交曲线2和拉伸曲面1的其余曲面作为参照，创建基准点"PNT1"、"PNT2"、"PNT3"、"PNT4"、"PNT5"及"PNT6"。

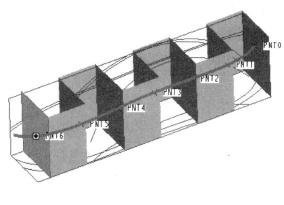

(a)　　　　　　　　　　　　　　　　　　　(b)

图6-94　创建基准点

14) 单击"特征"工具栏中的"基准点"工具按钮，系统弹出"基准点"对话框，如图6-95(a)所示分别选择草绘曲线3和拉伸曲面1的右侧曲面作为参照，单击"确定"按钮，创建基准点"PNT7"。同上如图6-95(b)所示分别选择草绘曲线3和拉伸曲面1的其余曲面作为参照，创建基准点"PNT8"、"PNT9"、"PNT10"、"PNT11"、"PNT12"及"PNT13"。

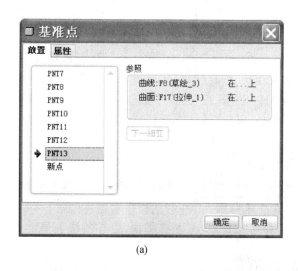
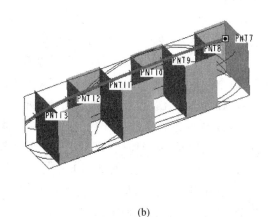

(a)　　　　　　　　　　　　　　　　　　　(b)

图6-95　创建基准点

15) 单击"造型"工具按钮，进入自由造型曲面界面，构建内部控制曲线。具体步骤如下：

① 单击"设置活动平面"按钮，分别选择上面步骤所创建的拉伸平面1作为活动平面，单击鼠标右键，在弹出的快捷菜单中选择"活动平面方向"。

② 单击"创建曲线"按钮～，系统弹出创建曲线操控板，单击"平面曲线"工具按钮，单击左键两次创建两个点，绘制自由曲线。

③ 单击"编辑曲线"按钮，系统打开曲线编辑操控板，如图6-96所示，在绘图区选择所创建的平面曲线，按Shift键，单击鼠标左键选择曲线的端点分别移动至草绘曲线3和相交曲线2之上。分别单击曲线位于"TOP"基准平面上的端点，在操控板的"相切"选项中分别设置切线约束为"法向"，即分别垂直于"TOP"基准平面。参照模型自左向右分别设置七条平面自由曲线的上下端点的固定长度值，创建的曲线如图6-96所示。单击操控板中的"完成"按钮。

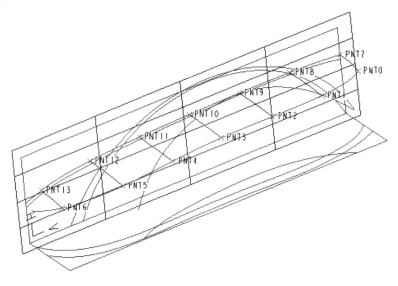

图6-96　创建自由曲线

16) 单击"特征"工具栏上的～按钮，弹出"曲线选项"菜单管理器，单击"通过点/完成"，系统弹出"曲线:通过点"对话框和"连接类型"菜单管理器，如图6-97(b)、(c)所示。选取"样条/添加点"，单击草绘曲线3和相交曲线2的左端点，选择"完成"命令，系统返回"曲线:通过点"对话框。在"曲线:通过点"对话框中，单击"相切/定义"，系统弹出"定义相切"菜单管理器，如图6-97(d)所示，如图6-97(e)所示设置终止点相对于"TOP"基准平面"法向"约束，选择"确定"命令。系统返回至"曲线:通过点"对话框中，单击"预览"按钮查看曲线，单击"确定"按钮完成基准曲线1的创建，如图6-97(f)所示。

17) 创建边界混合曲面1。在模型树中隐藏拉伸曲面1，单击"边界混合"工具按钮，系统打开边界混合特征操控板，如图6-98所示选择第一方向的两条曲线，以及第二方向的八条曲线，在"约束"下滑面板设置如图6-98所示的边界约束条件，也可以直接在绘图区的按钮上右击，在弹出的快捷菜单中设置边界约束条件为"垂直"于"TOP"基准平面，边界曲线上显示为""，完成边界混合曲面1的创建。

18) 单击"拉伸"工具按钮，系统打开拉伸特征操控板，单击操控板中的"曲面"按钮，单击"放置"下滑面板中的"定义"按钮，系统弹出"草绘"对话框，选择"FRONT"基准平面作为草绘平面，选择"RIGHT"基准平面作为右参照平面，进入草绘界面。如图6-99(a)所示绘制拉伸图元，完成草绘后单击工具栏中的"完成"按钮，如图6-99(b)所示，设置单侧拉伸深度为"20"，单击操控板中的"完成"按钮，完成拉伸曲面2的创建。

(a) 曲线选项　　(b) 曲线对话框　　(c) 连结类型　　(d) 定义起始点相切

 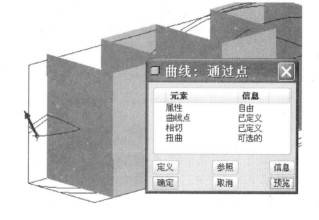

(e) 定义终止点相切　　(f) 创建的曲线

图 6-97　创建基准曲线 1

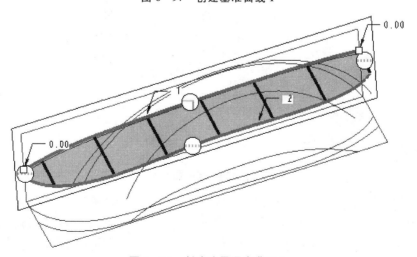

图 6-98　创建边界混合曲面 1

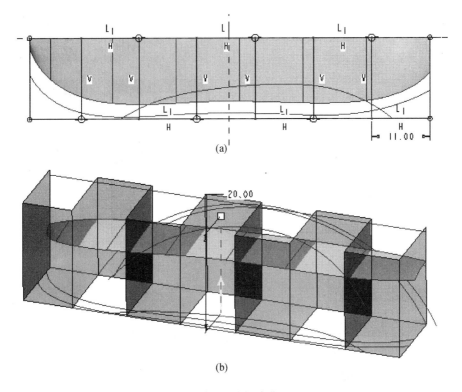

图 6-99 创建拉伸曲面 2

19）单击"特征"工具栏中的"基准点"工具按钮，系统弹出"基准点"对话框，如图 6-100 所示分别选择相交曲线 2 和拉伸曲面 2 的各侧曲面作为参照，单击"确定"按钮，创建基准点"PNT14"、"PNT15"、"PNT16"、"PNT17"、"PNT18"、"PNT19"、"PNT20"及"PNT21"。

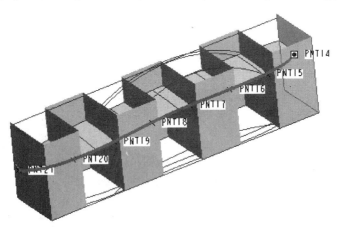

图 6-100 创建基准点

20）单击"特征"工具栏中的"基准点"工具按钮，系统弹出"基准点"对话框，如图 6-101 所示分别选择草绘曲线 5 和拉伸曲面 2 的侧曲面作为参照，单击"确定"按钮，创建基准点"PNT22"、"PNT23"、"PNT24"、"PNT25"、"PNT26"、"PNT27"、"PNT28"及"PNT29"。

21）单击"造型"工具按钮，进入自由造型曲面界面，构建内部控制曲线。具体步骤如下：

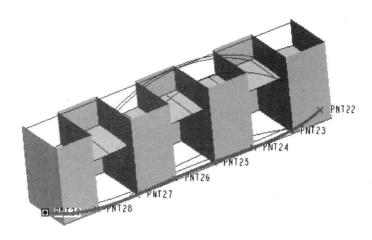

图 6-101 创建基准点

① 单击"设置活动平面"按钮，分别选择上面步骤所创建的拉伸平面 2 作为活动平面，单击鼠标右键，在弹出的快捷菜单中选择"活动平面方向"。

② 单击"创建曲线"按钮，系统弹出创建曲线操控板，单击"平面曲线"工具按钮，单击左键两次创建两个点，绘制自由曲线。

③ 单击"编辑曲线"按钮，系统打开曲线编辑操控板，如图 6-102 所示，在绘图区选择所创建的平面曲线，按 Shift 键，单击鼠标左键选择曲线的端点分别移动至草绘曲线 5 和相交曲线 2 之上。分别单击曲线位于"TOP"基准平面上的端点，参照模型自左向右分别设置八条自由曲线的端点的固定长度值，创建的曲线如图 6-102 所示。单击操控板中的"完成"按钮。

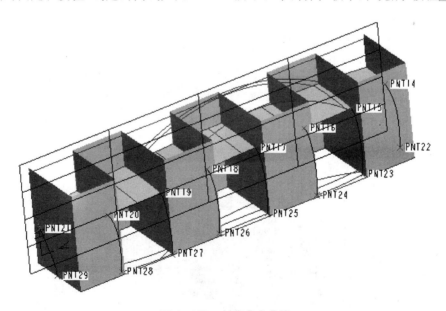

图 6-102 创建自由曲线

22) 创建边界混合曲面 2。在模型树中隐藏拉伸曲面 2，单击"边界混合"工具按钮，系统打开边界混合特征操控板，如图 6-103 所示选择第一方向的两条曲线，以及第二方向的八条曲线，在"约束"下滑面板设置如图 6-103 所示的边界约束条件，也可以直接在绘图区的按钮上右击，在弹出的快捷菜单中设置边界约束条件为"相切"于边界混合曲面1，边界曲线上显示为"⊖"，完成边界混合曲面2的创建。

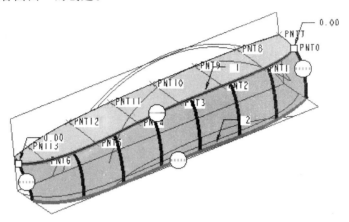

图6-103 创建边界混合曲面2

23）单击"拉伸"工具按钮，系统打开拉伸特征操控板，单击操控板中的"曲面"按钮，单击"放置"下滑面板中的"定义"按钮，系统弹出"草绘"对话框，选择"FRONT"基准平面作为草绘平面，选择"RIGHT"基准平面作为右参照平面，进入草绘界面。如图6-104(a)所示绘制拉伸图元，完成草绘后单击工具栏中的"完成"按钮，如图6-104(b)所示，设置单侧拉伸深度为"20"，单击操控板中的"完成"按钮，完成拉伸曲面3的创建。

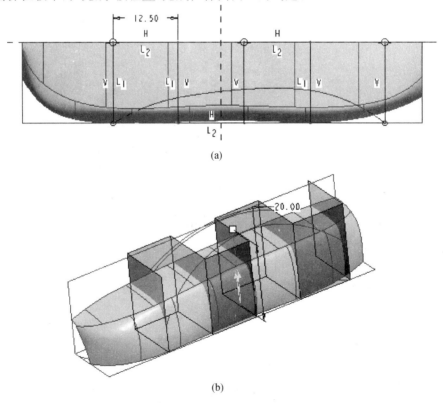

图6-104 创建拉伸曲面3

24）单击"特征"工具栏中的"基准点"工具按钮，系统弹出"基准点"对话框，如图6-105所示分别选择相交曲线1和拉伸曲面3的各侧曲面作为参照，单击"确定"按钮，创建基准点"PNT30"、"PNT31"、"PNT32"、"PNT33"及"PNT34"。同上如图6-105所示分别选择草绘曲线4和拉伸曲面3的各侧曲面作为参照，创建基准点"PNT35"、"PNT36"、"PNT37"、"PNT38"及"PNT39"。

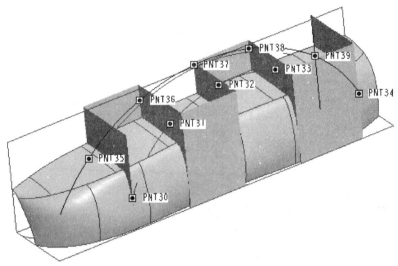

图6-105 创建基准点

25）单击"造型"工具按钮，进入自由造型曲面界面，构建内部控制曲线。具体步骤如下：

① 单击"设置活动平面"按钮，分别选择上面步骤所创建的拉伸平面3各侧面作为活动平面，单击鼠标右键，在弹出的快捷菜单中选择"活动平面方向"。

② 单击"创建曲线"按钮，系统弹出创建曲线操控板，单击"平面曲线"工具按钮，单击左键两次创建两个点，绘制自由曲线。

③ 单击"编辑曲线"按钮，系统打开曲线编辑操控板，如图6-106所示，在绘图区选择所

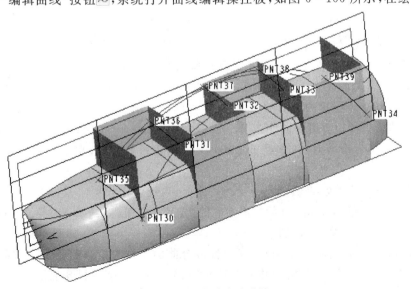

图6-106 创建自由曲线

创建的平面曲线,按 Shift 键,单击鼠标左键选择曲线的端点分别移动至草绘曲线 4 和相交曲线 1 之上。分别单击曲线位于"TOP"基准平面上的端点,在操控板的"相切"选项中分别设置切线约束为"法向",即分别垂直于"TOP"基准平面。参照模型自左向右分别设置五条平面自由曲线的上下端点的固定长度值,创建的曲线如图 6-106 所示。单击操控板中的"完成"按钮☑。

26) 创建边界混合曲面 3。在模型树中隐藏拉伸曲面 3,单击"边界混合"工具按钮,系统打开边界混合特征操控板,如图 6-107 所示选择第一方向的两条曲线,以及第二方向的五条曲线,在"约束"下滑面板设置如图 6-107 所示的边界约束条件,也可以直接在绘图区的⊙按钮上右击,在弹出的快捷菜单中设置边界约束条件为"垂直"于"TOP"基准平面,边界曲线上显示为"⊙",单击操控板中的"完成"按钮☑,完成边界混合曲面 3 的创建。

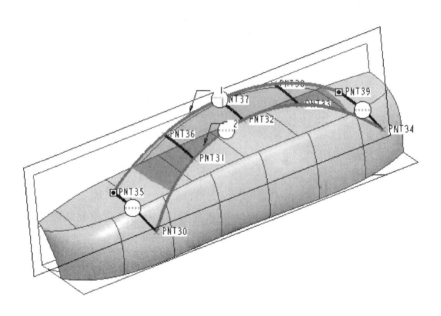

图 6-107 创建边界混合曲面 3

27) 选择系统主菜单中的"编辑"→"投影"命令,系统弹出投影工具操控板,在"参照"下滑面板中选择"投影草绘",单击"草绘"选项中的"定义"按钮,系统弹出"草绘"对话框,选择"TOP"基准平面作为草绘平面,如图 6-108(a)所示绘制曲线(以相交曲线 1 为参照向上偏移0.6),选择边界混合曲面 3 作为投影曲面,选择"FRONT"基准平面作为"方向参照",单击操控板中的"完成"按钮☑。创建的投影曲线如图 4-108(b)所示。

28) 在绘图区选择边界混合曲面 3,单击工具栏中的"修剪"按钮,系统打开修剪操控板,选择投影曲线 1 作为修剪对象,如图 6-109 所示设置修剪方向,单击操控板中的"完成"按钮☑。

29) 选择系统主菜单中的"编辑"→"投影"命令,系统弹出投影工具操控板,在"参照"下滑面板中选择"投影草绘",单击"草绘"选项中的"定义"按钮,系统弹出"草绘"对话框,选择"TOP"基准平面作为草绘平面,如图 6-110(a)所示绘制样条曲线,如图 4-110(b)所示以基准点 PNT40、PNT41 作为草绘参照,选择边界混合曲面 1 作为投影曲面,选择"FRONT"基准平面作为"方向参照",单击操控板中的"完成"按钮☑。创建的投影曲线如图 4-110(c)所示。

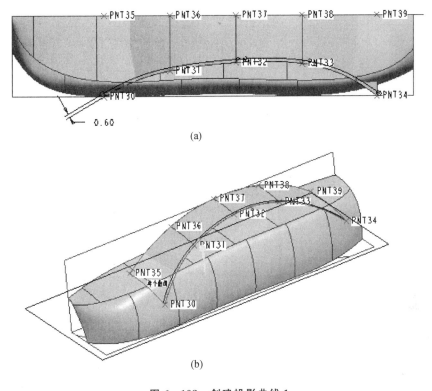

图 6-108 创建投影曲线 1

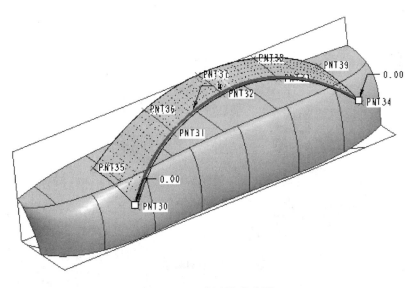

图 6-109 创建修剪曲面

30) 在模型树中取消拉伸曲面 3 的隐藏,单击"特征"工具栏中的"基准点"工具按钮,系统弹出"基准点"对话框,如图 6-111 所示分别选择投影曲线 2 和拉伸曲面 3 的各侧曲面作为参照,单击"确定"按钮,创建基准点"PNT42"、"PNT43"及"PNT44"。

31) 单击"特征"工具栏中的"基准点"工具按钮,系统弹出"基准点"对话框,如图 6-112 所示分别选择投影曲线 1 和拉伸曲面 3 的各侧曲面作为参照,单击"确定"按钮,创建基准点

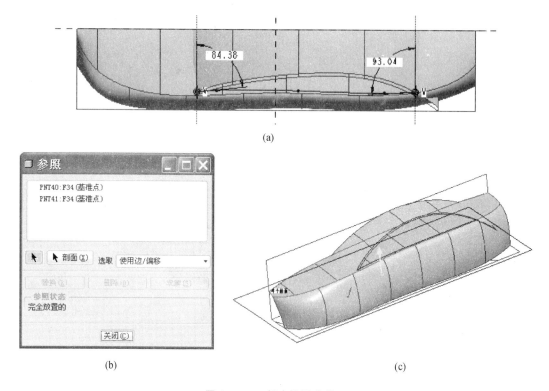

图 6-110 创建投影曲线 2

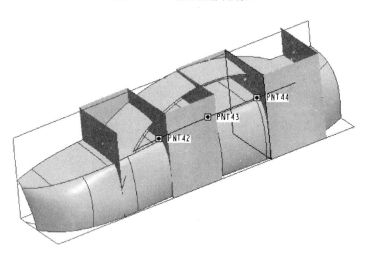

图 6-111 创建基准点

"PNT45"、"PNT46"及"PNT47"。

32) 单击"造型"工具按钮,进入自由造型曲面界面,构建内部控制曲线。具体步骤如下:

① 单击"设置活动平面"按钮,分别选择上面步骤所创建的拉伸平面 3 作为活动平面,单击鼠标右键,在弹出的快捷菜单中选择"活动平面方向"。

② 单击"创建曲线"按钮,系统弹出创建曲线操控板,单击"平面曲线"工具按钮,单击左键两次创建两个点,绘制自由曲线。

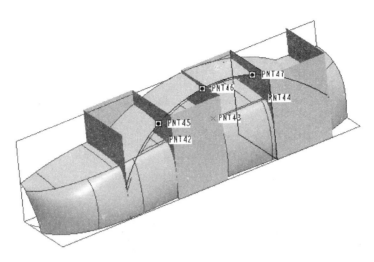

图 6-112 创建基准点

③ 单击"编辑曲线"按钮，系统打开曲线编辑操控板，如图 6-113 所示，在绘图区选择所创建的平面曲线，按 Shift 键，单击鼠标左键选择曲线的端点分别移动至草绘曲线 3 和相交曲线 2 之上。分别单击曲线位于"TOP"基准平面上的端点，参照模型自左向右分别设置三条平面自由曲线的上下端点的固定长度值，创建的曲线如图 6-113 所示。单击操控板中的"完成"按钮。

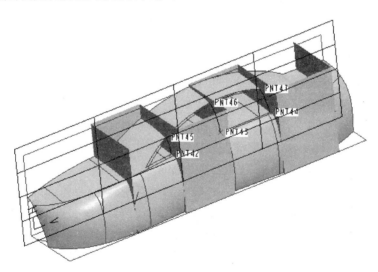

图 6-113 创建自由曲线

33）创建边界混合曲面 4。在模型树中隐藏拉伸曲面 3，单击"边界混合"工具按钮，系统打开边界混合特征操控板，如图 6-114 所示选择第一方向的两条曲线，以及第二方向的三条曲线，单击操控板中的"完成"按钮，完成边界混合曲面 4 的创建。

34）在绘图区选择所创建的"边界混合曲面 1"与"边界混合曲面 3"，单击"合并"工具按钮，系统打开合并特征操控板，单击操控板中的按钮，创建合并曲面 1，如图 6-115(a) 所示。在绘图区选择所创建的"合并曲面 1"与"边界混合曲面 4"，单击"合并"工具按钮，系统打开合并特征操控板，单击操控板中的按钮，创建合并曲面 2，如图 6-115(b) 所示。在绘图区选择

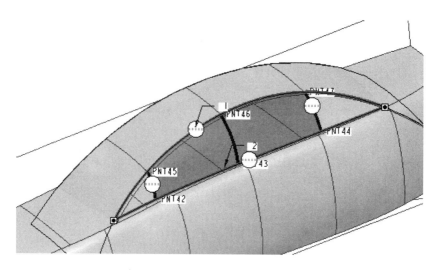

图 6-114 创建边界混合曲面 4

所创建的"合并曲面 2"与"边界混合曲面 2",单击"合并"工具按钮,系统打开合并特征操控板,单击操控板中的 按钮,创建合并曲面 3,如图 6-115(c)所示。

35)创建边界混合曲面 5。单击"边界混合"工具按钮,系统打开边界混合特征操控板,如图 6-116 所示选择第一方向的两条曲线,以及第二方向的八条曲线,在"约束"下滑面板设置如图 6-116 所示两侧边界链的约束条件,也可以直接在绘图区的 按钮上右击,在弹出的快捷菜单中设置边界约束条件为"相切"于其相邻"边界混合曲面 1",边界曲线上显示为"",完成边界混合曲面 5 的创建。

36)单击"拉伸"工具按钮,系统打开拉伸特征操控板,单击操控板中的"曲面"按钮,单击"放置"下滑面板中的"定义"按钮,系统弹出"草绘"对话框,选择"FRONT"基准平面作为草绘平面,选择"RIGHT"基准平面作为右参照平面,进入草绘界面。如图 6-117(a)所示绘制拉伸图元,完成草绘后单击工具栏中的"完成"按钮,如图 6-117(b)所示,设置单侧拉伸深度为"20",单击操控板中的"完成"按钮,完成拉伸曲面 4 的创建。

37)单击"特征"工具栏中的"基准点"工具按钮,系统弹出"基准点"对话框,如图 6-118(a)所示分别选择曲线端点作为参照,单击"确定"按钮,创建基准点"PNT48"、"PNT49"及"PNT50"。同上如图 6-118(b)所示选择拉伸曲面 4 修剪后得到的曲线上的端点作为参照,创建基准点"PNT51"。

38)单击"特征"工具栏中的 按钮,系统弹出"基准平面"对话框,如图 6-119 所示,选择"TOP"基准平面和基准点"PNT51"作为参照,单击"确定"按钮,创建基准平面"DTM1"。再单击"特征"工具栏中的 按钮,系统弹出"基准平面"对话框,如图 6-120 所示,选择"FRONT"基准平面作为参照,并设置偏移距离为"5"。单击"确定"按钮,创建基准平面"DTM2"。

39)单击"造型"工具按钮,进入自由造型曲面界面,构建内部控制曲线。具体步骤如下:

① 单击"设置活动平面"按钮,分别选择上面步骤所创建的"TOP"和"DTM1"基准平面作为活动平面,单击鼠标右键,在弹出的快捷菜单中选择"活动平面方向"。

② 单击"创建曲线"按钮,系统弹出创建曲线操控板,单击"平面曲线"工具按钮,单击左键三次创建三个点,绘制自由曲线。

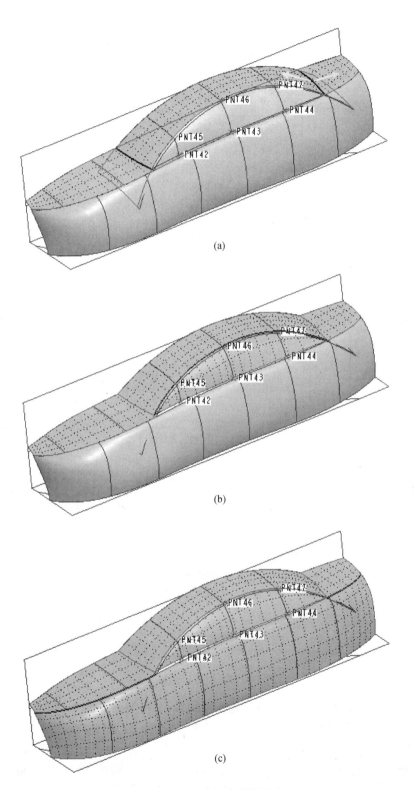

图 6-115 创建合并曲面

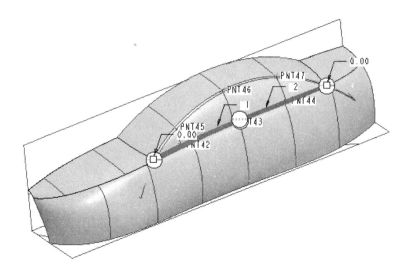

图6-116 创建边界混合曲面5

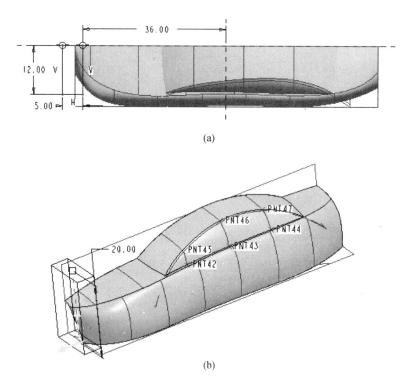

(a)

(b)

图6-117 创建拉伸曲面4

③ 单击"编辑曲线"按钮 ，系统打开曲线编辑操控板，如图6-121所示，在绘图区选择所创建的平面曲线，按Shift键，单击鼠标左键选择曲线的端点分别移动至相应曲线之上。分别单击曲线位于的上端点，在操控板的"相切"选项中分别设置切线约束为"曲面相切"，即分别相切边界混合曲面1。分别单击曲线的端点，参照模型自左向右分别设置两条平面自由曲线的上下端点的固定长度值，以及中间点的坐标值。创建的曲线如图6-121所示。单击操控板中的"完成"按钮 。

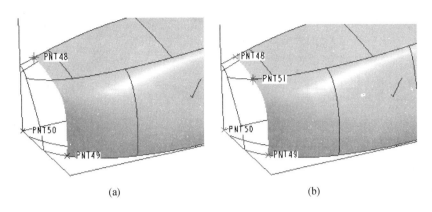

图 6-118　创建基准点

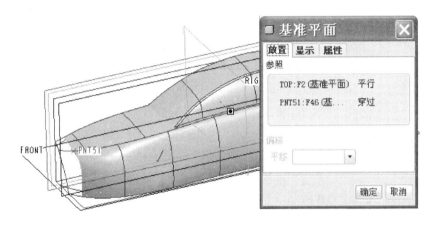

图 6-119　创建基准平面 DTM1

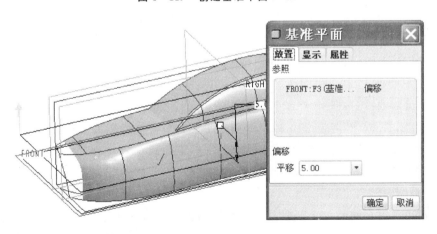

图 6-120　创建基准平面 DTM2

40) 在绘图区中如图 6-122 所示,左键单击曲线,红色高亮显示其被选中,按住"Ctrl+C"组合键,再按"Ctrl+V"键,系统打开特征复制操控板,设置曲线类型为"逼近",单击操控板中的"完成"按钮,完成复制曲线的创建。

41) 创建边界混合曲面 6。单击"边界混合"工具按钮,系统打开边界混合特征操控板,如图 6-123 所示选择第一方向的两条曲线,以及第二方向的两条曲线,在"约束"下滑面板设置如

图 6-123 所示"TOP"基准平面上的边界链的边界约束条件,也可以直接在绘图区的按钮上右击,在弹出的快捷菜单中设置边界约束条件为"垂直"于"TOP"基准平面,边界曲线上显示为" ",设置如图 6-123 所示边界混合曲面 1 边界链的约束条件,也可以直接在绘图区的按钮上右击,在弹出的快捷菜单中设置边界约束条件为"相切"于相邻的"边界混合曲面 1",边界曲线上显示为" ",完成边界混合曲面 6 的创建。

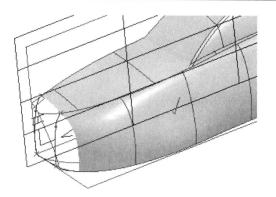

图 6-121 创建自由曲线

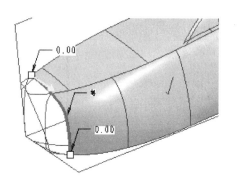

图 6-122 创建复制曲线

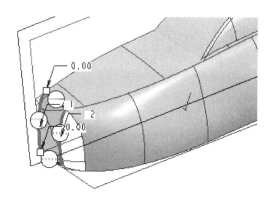

图 6-123 创建边界混合曲面 6

42)单击"造型"工具按钮,进入自由造型曲面界面,构建内部控制曲线。具体步骤如下:

① 单击"设置活动平面"按钮,选择所创建的"DTM2"基准平面作为活动平面,单击鼠标右键,在弹出的快捷菜单中选择"活动平面方向"。

② 单击"创建曲线"按钮,系统弹出创建曲线操控板,单击"平面曲线"工具按钮,单击左键三次创建三个点,绘制自由曲线。

③ 单击"编辑曲线"按钮,系统打开曲线编辑操控板,如图 6-124 所示,在绘图区选择所创建的平面曲线,按 Shift 键,单击鼠标左键选择曲线的端点分别移动至相应曲线之上。分别单击曲线的两个端点,在操控板的"相切"选项中分别设置切线约束为"曲面相切",即分别相切于相邻曲面。参照模型设置自由曲线端点的固定长度值,创建的曲线如图 6-124 所示。单击操控板中的"完成"按钮。

43)创建边界混合曲面 7。单击"边界混合"工具按钮,系统打开边界混合特征操控板,如图 6-125 所示选择第一方向的两条曲线,以及第二方向的两条曲线,在"约束"下滑面板设置如图 6-125 所示的边界约束条件,也可以直接在绘图区的按钮上右击,在弹出的快捷菜单中设置边界约束条件为"相切"于相邻曲面,边界曲线上显示为" ",完成边界混合曲面 7 的创建。

44)单击"草绘"工具按钮,系统弹出"草绘"对话框,选择"TOP"基准平面作为草绘平面,选择"RIGHT"基准平面作为右参照平面,进入草绘界面。如图 6-126 所示绘制样条曲线。完成草绘后单击工具栏中的"完成"按钮。

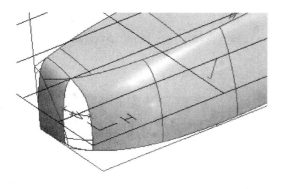

图 6-124 创建自由曲线

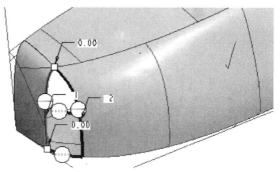

图 6-125 创建边界混合曲面 7

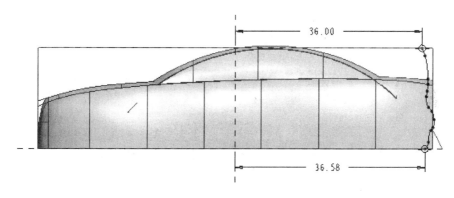

图 6-126 草绘曲线 10

45）单击"草绘"工具按钮，系统弹出"草绘"对话框，选择"FRONT"基准平面作为草绘平面，选择"RIGHT"基准平面作为右参照平面，进入草绘界面。如图 6-127 所示绘制图元。完成草绘后单击工具栏中的"完成"按钮。

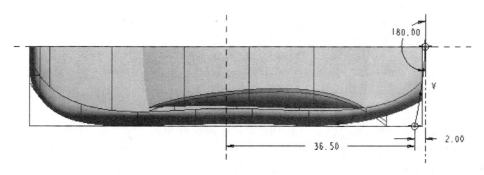

图 6-127 草绘曲线 11

46）选择系统主菜单中的"插入"→"扫描"→"曲面"命令，系统打开"曲面：扫描"对话框，以及显示"扫描轨迹"菜单管理器。选择"选取轨迹"命令，系统显示"设置草绘平面"菜单管理器，以及"选取"对话框，选中草绘曲线 11 作为扫描轨迹，完成选取后选择"完成"命令。系统弹出"属性"菜单管理器，按住默认设置，选择"完成"命令。系统再次进入草绘界面，选择草绘曲线 10 边作为截面图元，完成草绘后单击工具栏中的"完成"按钮。单击"曲面：扫描"对话框中的"预览"和"确定"按钮，完成扫描曲面特征的创建，如图 6-128 所示。

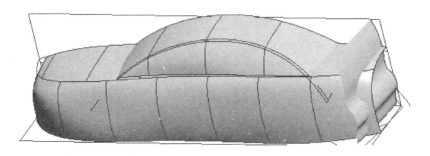

图 6-128 创建扫描曲面

47）在绘图区选择所创建的"合并曲面3"与"扫描曲面",单击"合并"工具按钮,系统打开合并特征操控板,单击操控板中的按钮,创建合并曲面4,如图6-129所示。

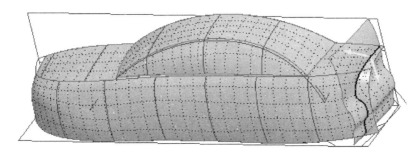

图 6-129 创建合并曲面 4

48）在绘图区如图6-130所示选择合并曲面的边,应用倒圆角工具,倒R1的角。

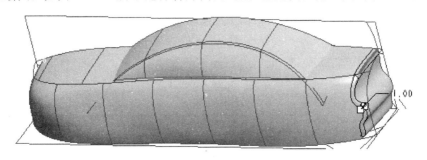

图 6-130 创建倒圆角特征

49）在绘图区选择所创建的"合并曲面4"与"边界混合曲面7",单击"合并"工具按钮,系统打开合并特征操控板,单击操控板中的按钮,创建合并曲面5,如图6-131(a)所示。在绘图区选择所创建的"合并曲面5"与"边界混合曲面6",单击"合并"工具按钮,系统打开合并特征操控板,单击操控板中的按钮,创建合并曲面6,如图6-131(b)所示。在绘图区选择所创建的"合并曲面6"与"边界混合曲面5",单击"合并"工具按钮,系统打开合并特征操控板,单击操控板中的按钮,创建合并曲面7,如图6-131(c)所示。

50）在绘图区如图6-132所示选择合并曲面的边,应用倒圆角工具,倒R1的角。

51）单击"拉伸"工具按钮,系统打开拉伸特征操控板,单击操控板中的和按钮,选择所创建的合并曲面7作为修剪面组,单击"放置"下滑面板中的"定义"按钮,系统弹出"草绘"对话框,选择"TOP"基准平面作为草绘平面,选择"RIGHT"基准平面作为右参照平面,进入草绘

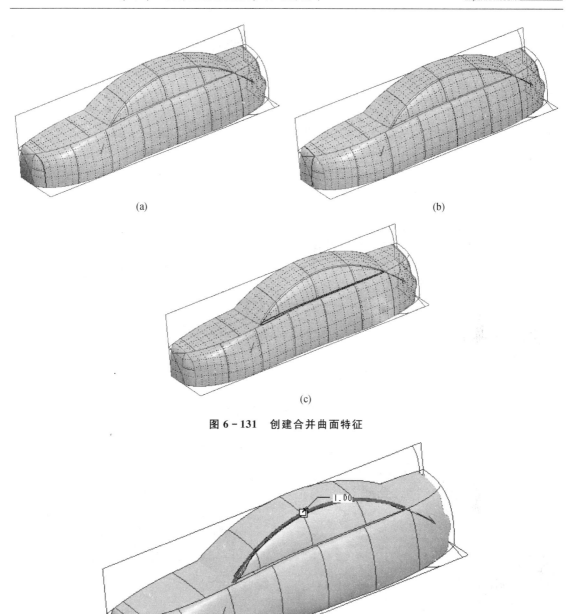

图 6-131 创建合并曲面特征

图 6-132 创建倒圆角特征

界面。如图 6-133(a)所示绘制拉伸图元,完成草绘后单击工具栏中的"完成"按钮✓,如图 6-133(b)所示,设置单侧拉伸深度为"穿透",单击操控板中的"完成"按钮✓,完成拉伸曲面 5 的创建,如图 6-133(c)所示。

52) 在绘图区中如图 6-134 所示,分别左键单击曲线,红色高亮显示其被选中,按住"Ctrl+C"组合键,再按"Ctrl+V"键,系统打开特征复制操控板,设置曲线类型为"逼近",单击操控板中的"完成"按钮✓,完成三条复制曲线的创建。

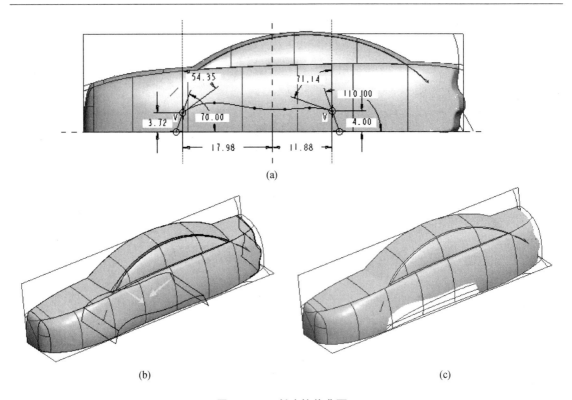

图 6-133 创建拉伸曲面 5

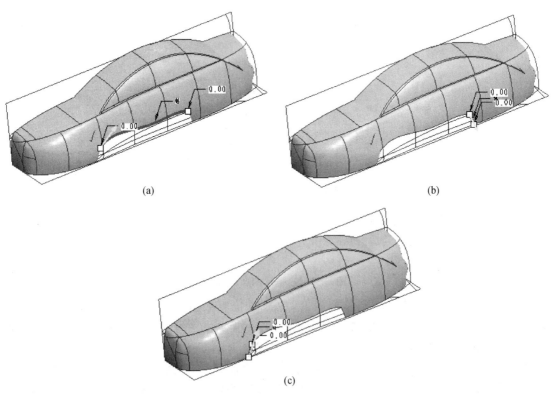

图 6-134 创建复制曲线

53）单击"特征"工具栏中的"基准点"工具按钮，系统弹出"基准点"对话框，如图 6-135 所示分别选择曲线端点作为参照，单击"确定"按钮，创建基准点"PNT52"及"PNT53"。

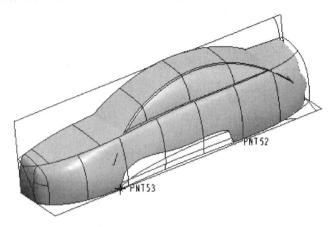

图 6-135　创建基准点

54）单击"特征"工具栏上的 按钮，弹出"基准曲线"菜单管理器，单击"通过点/完成"，系统弹出"曲线:通过点"对话框和"连接类型"菜单管理器。选取"样条/添加点"，单击"PNT52"及"PNT53"基准点，选择"完成"命令，系统返回"曲线:通过点"对话框。在"曲线:通过点"对话框中，单击"相切/定义"，系统弹出"定义相切"菜单管理器，设置起始和终止点相对于相邻曲面的"相切"约束，选择"确定"命令。系统返回至"曲线:通过点"对话框中，单击"预览"按钮查看曲线，单击"确定"按钮完成基准曲线 2 的创建，如图 6-136 所示。

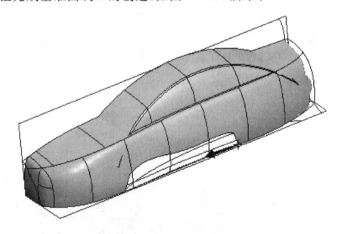

图 6-136　创建基准曲线 2

55）单击"拉伸"工具按钮，系统打开拉伸特征操控板，单击操控板中的"曲面"按钮，单击"放置"下滑面板中的"定义"按钮，系统弹出"草绘"对话框，选择"FRONT"基准平面作为草绘平面，选择"RIGHT"基准平面作为右参照平面，进入草绘界面。如图 6-137(a)所示绘制拉伸图元，完成草绘后单击工具栏中的"完成"按钮，如图 6-137(b)所示，设置单侧拉伸深度为"10"，单击操控板中的"完成"按钮，完成拉伸曲面 6 的创建。

56）单击"特征"工具栏中的"基准点"工具按钮，系统弹出"基准点"对话框，如图 6-138 所示分别选择复制曲线和拉伸曲面 6 的各侧曲面作为参照，单击"确定"按钮，创建基准点

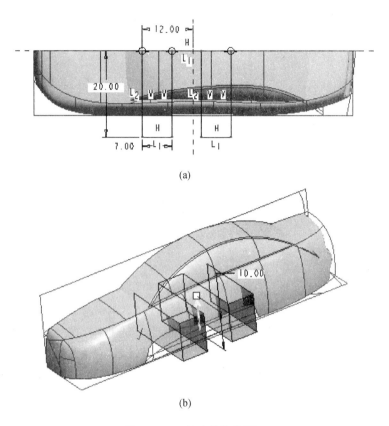

图 6-137 创建拉伸曲面 6

"PNT54"、"PNT55"、"PNT56"及"PNT57"。同上分别选择基准曲线 2 和拉伸曲面 6 的各侧曲面作为参照,创建基准点"PNT58"、"PNT59"、"PNT60"及"PNT61"。

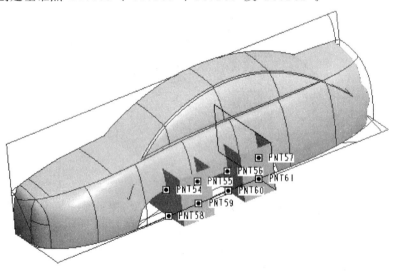

图 6-138 创建基准点

57) 单击"造型"工具按钮,进入自由造型曲面界面,构建内部控制曲线。具体步骤如下:

① 单击"设置活动平面"按钮,分别选择上面步骤所创建的拉伸平面 6 作为活动平面,单

击鼠标右键,在弹出的快捷菜单中选择"活动平面方向"。

② 单击"创建曲线"按钮,系统弹出创建曲线操控板,单击"平面曲线"工具按钮,单击左键三次创建三个点,绘制自由曲线。

③ 单击"编辑曲线"按钮,系统打开曲线编辑操控板,如图 6-139 所示,在绘图区选择所创建的平面曲线,按 Shift 键,单击鼠标左键选择曲线的端点分别移动至复制曲线和基准曲线 2 之上。分别单击曲线的端点,在操控板的"相切"选项中分别设置切线约束为"相切",即分别相切于相邻曲面。参照模型自左向右分别设置四条平面自由曲线的端点的固定长度值,创建的曲线如图 6-139 所示。单击操控板中的"完成"按钮。

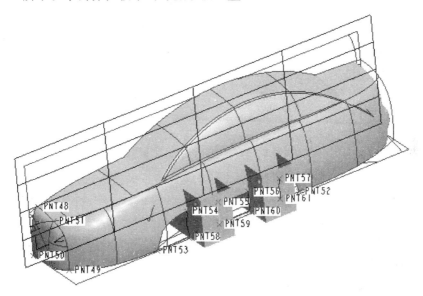

图 6-139 创建自由曲线

58) 创建边界混合曲面 8。在模型树中隐藏拉伸曲面 6,单击"边界混合"工具按钮,系统打开边界混合特征操控板,如图 6-140 所示选择第一方向的两条曲线,以及第二方向的四条曲线,在"约束"下滑面板设置如图 6-140 所示的边界约束条件,也可以直接在绘图区的按钮上右击,在弹出的快捷菜单中设置边界约束条件为"相切"于相邻曲面,边界曲线上显示为"",完成边界混合曲面 8 的创建。

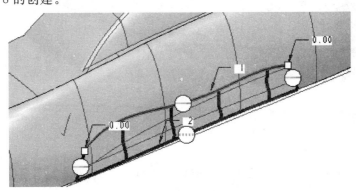

图 6-140 创建边界混合曲面 8

59）在绘图区选择所创建的"合并曲面 7"与"边界混合曲面 8",单击"合并"工具按钮 ,系统打开合并特征操控板,单击操控板中的 按钮,创建合并曲面 8,如图 6-141 所示。

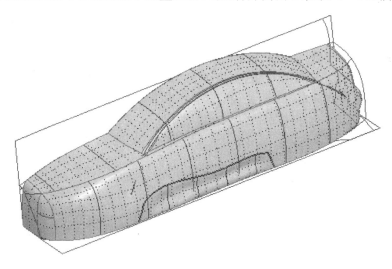

图 6-141　创建合并曲面 8

60）单击"特征"工具栏中的 按钮,系统打开镜像特征操控板,选择所创建的"TOP"基准平面作为镜像平面,镜像所创建的合并曲面 8,如图 6-142 所示。在绘图区选择所创建的"合并曲面 8"与"镜像曲面特征",单击"合并"工具按钮 ,系统打开合并特征操控板,单击操控板中的 按钮,创建合并曲面 9,如图 6-143(a)所示。利用层工具,隐藏所有曲线和辅助面特征,最终得到的模型曲面如图 6-143(b)所示。

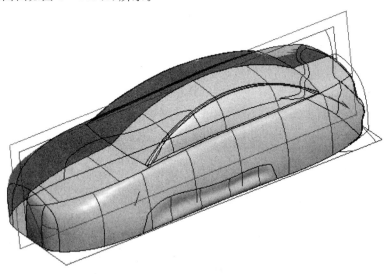

图 6-142　创建镜像曲面特征

工程点拨：

该模型曲面的创建,采用了产品设计的常用方法,即创建曲线—创建曲面—创建实体。曲线创建的依据就是导入的参考数据。注意样条曲线创建时曲率分析工具的应用,空间曲线常采用平面曲线相交的方法创建,曲面的创建依然遵循第 4 章介绍的优质曲面的构建原则。

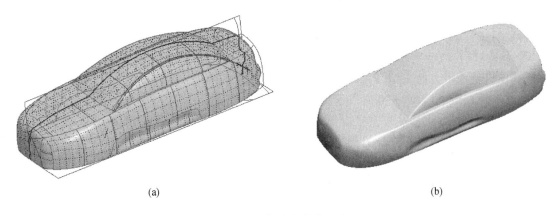

图 6-143　创建合并曲面特征

6.2.3　跟踪草绘

可在三个默认基准平面的其中一个上将草绘导入到"自由形式曲面"中：正面、顶面或右面，用户定义的基准平面或平面曲面。使用"自由形式曲面"可以参照图像，并使用图像来为"自由形式曲面"特征的零件建模。手工跟踪草绘的关键特征时，参照的图像或草绘可用作创建几何的基础。

1. 插入草绘特征

① 单击"特征"工具栏中的 按钮，进入自由曲面造型界面。

② 选择系统主菜单中的"造型"→"跟踪草绘"命令。系统弹出"跟踪草绘"对话框，如图 6-144 所示。

③ 在"跟踪草绘"对话框中选择"前"、"右"及"顶"中的任一缺省基准平面，或者单击 按钮，选择一个基准平面或一个平面曲面以放置草绘，系统弹出"打开"对话框。

④ 浏览到所需参照图片并选择该图片。

⑤ 单击"打开"按钮，系统即将图像添加到屏幕上选定的基准平面或平面曲面，并将基准平面或平面曲面及图像的名称添加到"跟踪草绘"对话框内的列表中。

⑥ 单击"确定"按钮，完成草绘特征的插入。

图 6-144　"跟踪草绘"对话框

2. 设置草绘属性

在"自由形式曲面"中插入草绘后，可使用"跟踪草绘"对话框和屏幕控制滑块来缩放和对齐插入的草绘。

① 拟合：调整草绘的比例以匹配模型的已知尺寸，如果已知尺寸为水平尺寸，选中"水平"复选框；如果为垂直尺寸，则选中"垂直"复选框。拖动图形窗口中的尺寸标注条，在草绘中定义一个已知尺寸，输入水平或垂直尺寸值，然后单击"拟合"按钮，草绘将按比例缩放，以匹配模型的尺寸。

② 旋转草绘：拖动旋转选项的控制滑块，或者输入旋转角度值，以旋转草绘特征。在拖动控制滑块时按住 Shift 键，可将旋转增量限定为"15°"。

③ 移动草绘：拖动插入的草绘特征可自由移动它。在拖动草绘时的同时按住 Ctrl 和 Alt 键，使其仅沿着水平方向或垂直方向平行于活动基准平面移动。拖动移动选项的控制滑块，或者输入移动距离值，沿着水平方向或垂直方向移动草绘特征。

④ 缩放草绘：拖动缩放选项的控制滑块，可进行草绘特征的二维缩放。默认情况下，"缩放"控制滑块被锁定为保持草绘的长宽比。单击 ● 可解锁水平与垂直尺寸，然后可单独缩放这两个尺寸。

⑤ 调整草绘的透明度：使用"透明"滑块在"0"到"100"之间更改该值。值为"0"时表示草绘完全不透明，而值为"100"时表示草绘完全透明。

3. 跟踪草绘工程实例

(1) 设置工作目录

选择系统主菜单中的"文件"→"设置工作目录"命令，系统弹出"选取工作目录"对话框，选取"…\chapter6-4\unfinish\"作为文件工作目录，单击"确定"按钮。

(2) 新建零件

单击系统主菜单中的"文件"→"新建"命令，弹出"新建"对话框，选择"零件"→"实体"选项，在"名称"文本框中输入"6-4"，清除"使用缺省模板"，单击"确定"按钮，弹出"新文件选项"对话框，在"模板"中选择"mmns_prt_solid"，单击"确定"按钮，进入零件模式。

(3) 插入图片

1) 单击"特征"工具栏中的"自由曲面"工具按钮 ●，进入自由曲面造型界面。选择系统主菜单中的"造型"→"跟踪草绘"命令，系统弹出"跟踪草绘"对话框。在"跟踪草绘"对话框中选择"前"，系统弹出"打开"对话框。浏览到"…\chapter6-4\unfinish\FRONT.JPEG"并选择该图片，单击"打开"按钮，系统将图像添加到屏幕上的"FRONT"基准平面。在"跟踪草绘"对话框中，将图像的名称添加到"跟踪草绘"对话框内的列表中。如图 6-145 所示，设置"拟合"选项，单击"确定"按钮，完成草绘特征 1 的插入。

工程点拨：

插入不同的草绘特征，其尺寸可能不匹配。解决的方法是：采用"跟踪草绘"对话框中的"拟合"选项，如在插入"FRONT.JPEG"特征时，图片的宽度是"200"，可通过设置"水平"拟合值为"200"（即图片的宽度），即可调整图片的尺寸大小，同时，通过移动十字光标至模型原点，再移动图片至系统坐标系原点和十字光标重合即可。

2) 单击"特征"工具栏中的"自由曲面"工具按钮 ●，进入自由曲面造型界面。选择系统主菜单中的"造型"→"跟踪草绘"命令，系统弹出"跟踪草绘"对话框。在"跟踪草绘"对话框中选择"右"，系统弹出"打开"对话框。浏览到"…\chapter6-4\unfinish\RIGHT.JPEG"并选择该图片，单击"打开"按钮，系统将图像添加到屏幕上的"RIGHT"基准平面。在"跟踪草绘"对话框中，将图像的名称添加到"跟踪草绘"对话框内的列表中。如图 6-146 所示，设置"拟合"与"属性"选项，单击"确定"按钮，完成草绘特征 2 的插入。

3) 单击"特征"工具栏中的"自由曲面"工具按钮 ●，进入自由曲面造型界面。选择系统主菜单中的"造型"→"跟踪草绘"命令，系统弹出"跟踪草绘"对话框。在"跟踪草绘"对话框中选择

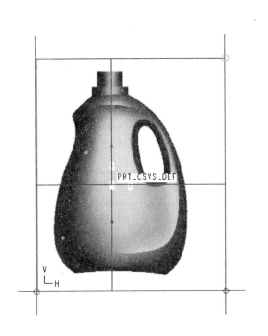 

(a) (b)

图 6-145 插入图片 FRONT.JPEG

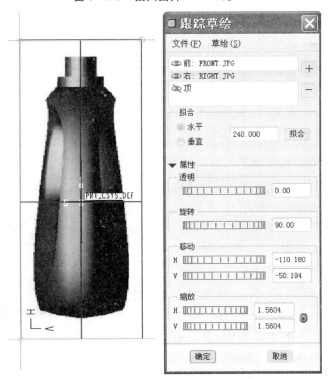

图 6-146 插入图片 RIGHT.JPEG

"顶",系统弹出"打开"对话框。浏览到"…\chapter6-4\unfinish\TOP.JPEG"并选择该图片,单击"打开"按钮,系统将图像添加到屏幕上的"TOP"基准平面。在"跟踪草绘"对话框中,将图像的名称添加到"跟踪草绘"对话框内的列表中。如图6-147所示,设置"拟合"与"属性"选项,单击"确定"按钮,完成草绘特征3的插入。完成草绘插入后,设置右和顶的图片的透明度为"50",如图6-148所示。

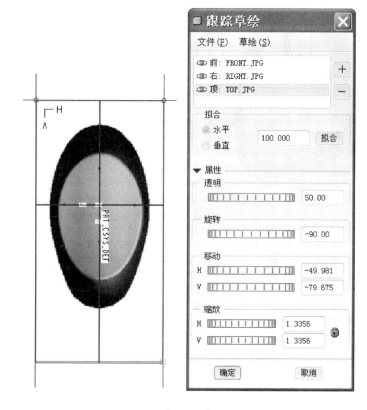

图6-147 插入图片 TOP.JPEG

(4) 产品造型

产品造型设计过程中的步骤如下:

1) 单击"旋转"工具按钮,打开旋转特征操控板。单击"曲面"按钮,单击"放置"下滑面板中的"定义"按钮,系统弹出"草绘"对话框。在绘图区中选择"FRONT"作为草绘平面,选择"RIGHT"基准平面作为右参照平面。单击"草绘"对话框中的"草绘"按钮,系统进入草绘工作环境。单击按钮,绘制一条中心线作为截面的旋转中心线,在中心线的一侧绘制旋转截面,如图6-149(a)所示,绘制完毕单击"草绘"工具栏中的按钮,系统返回旋转特征操控板。单击"选项"面板,选择拉伸深度模式

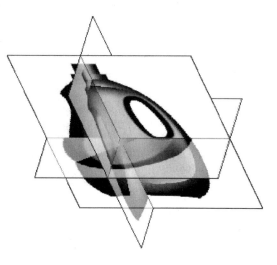

图6-148 插入草绘

,并设置单侧旋转角度值为"180",如图 6-149(b)所示。单击旋转特征操控板中的☑按钮,完成旋转曲面特征的创建。

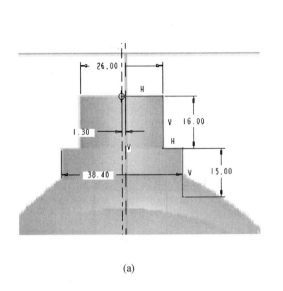
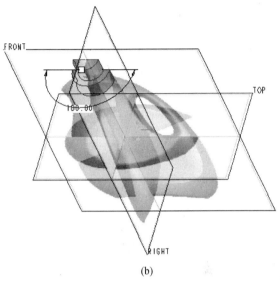

图 6-149 创建旋转曲面特征

2) 在绘图区单击鼠标左键选择"旋转曲面"和"RIGHT"基准平面,选择系统主菜单中的"编辑"→"相交"命令,创建相交曲线,如图 6-150 所示。

3) 单击"特征"工具栏中的"基准点"工具按钮,系统弹出"基准点"对话框,如图 6-151(a)所示分别选择三条边界曲线作为参照,如图 6-151(b)所示设置"偏移"的"比率"分别为"0.45"、"0.55"及"0.40",单击"确定"按钮,创建基准点"PNT0"、"PNT1"和"PNT2"。

4) 单击"特征"工具栏中的☐按钮,系统弹出"基准平面"对话框,如图 6-152 所示,选择"TOP"基准平面作为"偏移"参照,设置偏移距离为"92",单击"确定"按钮,创建基准平面"DTM1"。

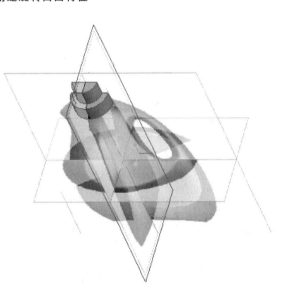

图 6-150 创建相交曲线

5) 单击"草绘"工具按钮,系统弹出"草绘"对话框,选择"DTM1"基准平面作为草绘平面,选择"RIGHT"基准平面作为右参照平面,进入草绘界面。如图 6-153 所示绘制样条曲线,注意设置样条曲线的插值点 X 和 Y 坐标分别为(−31.13,−16.77)、(0,−32)、(45.1,−18.98)。完成草绘后单击工具栏中的"完成"按钮☑。

6) 应用造型工具,根据插入图片,创建三条自由造型曲线,如图 6-154 所示。

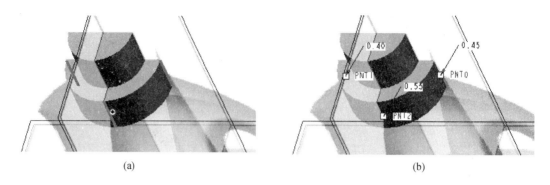

图 6-151 创建基准点

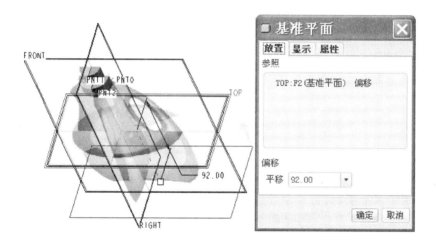

图 6-152 创建基准平面 DTM1

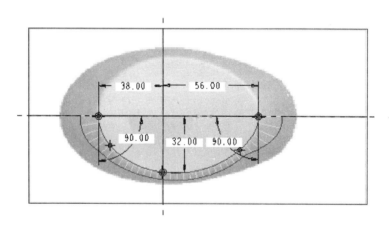

图 6-153 草绘曲线 4

单击"造型"工具按钮，进入自由造型曲面界面，构建两条控制曲线。具体步骤如下：

① 单击"设置活动平面"按钮，选择"FRONT"基准平面作为活动平面，单击鼠标右键，在弹出的快捷菜单中选择"活动平面方向"。

② 单击"创建曲线"按钮，系统弹出创建曲线操控板，单击"平面曲线"工具按钮，单击鼠标左键六次创建六个点，绘制自由曲线。

③ 单击"编辑曲线"按钮,系统打开曲线编辑操控板,在绘图区选择所创建的左侧平面曲线,按 Shift 键,单击鼠标左键选择曲线上端点移动至"PNT1"基准点。按 Shift 键,单击鼠标左键选择曲线下端点移动至"草绘曲线 4"的左端点上。

在绘图区选择所创建的右侧平面曲线,按 Shift 键,单击鼠标左键选择曲线上端点移动至"PNT0"基准点。按 Shift 键,单击鼠标左键选择曲线下端点移动至"草绘曲线 4"的右端点上。

参照模型设置相应中间点的坐标值以及端点的相切属性,保证曲线和参照图片的轮廓线相重合,创建的两条曲线分别如图 6-154(a)、图 6-154(b)所示,单击操控板中的"完成"按钮。

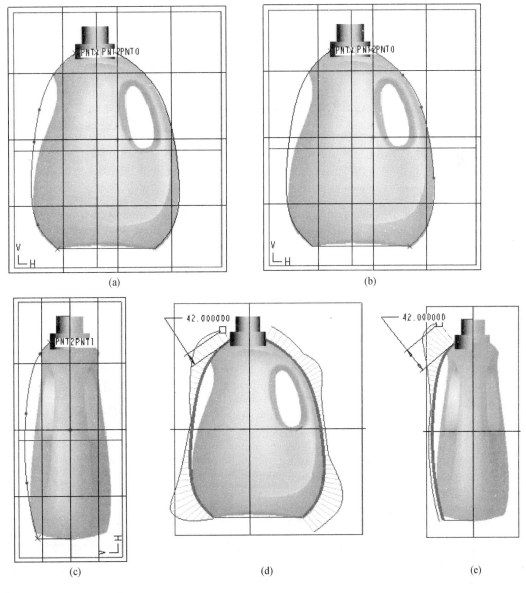

图 6-154 创建自由造型曲线

单击"造型"工具按钮,进入自由造型曲面界面,构建一条控制曲线。具体步骤如下:
① 单击"设置活动平面"按钮,选择"RIGHT"基准平面作为活动平面,单击鼠标右键,在

弹出的快捷菜单中选择"活动平面方向"。

② 单击"创建曲线"按钮~，系统弹出创建曲线操控板，单击"平面曲线"工具按钮，分别单击左键五次创建六个点，绘制自由曲线。

③ 单击"编辑曲线"按钮，系统打开曲线编辑操控板，在绘图区选择所创建的平面曲线，按 Shift 键，左键选择曲线上端点移动至"PNT2"基准点。按 Shift 键，单击鼠标左键选择曲线下端点移动至"草绘曲线 4"和"RIGHT"基准平面的交点之上。参照模型设置相应中间点的坐标值以及端点的相切属性，保证曲线和参照图片的轮廓线相重合，如图 6-154(c)所示，单击操控板中的"完成"按钮。

最终通过曲率分析工具，分析所创建的曲线的曲率，分别如图 6-154(d)、图 6-154(e)所示，通过分析可以调整曲线，以改善其质量。

工程点拨：

应用造型工具创建自由造型曲线时，注意使用曲率分析工具，随时观察曲线的曲率状况，通过修改曲线端点的约束条件以及中间点的位置，以改善曲线质量，为创建优质曲面创造基本条件。

7) 创建边界混合曲面 1。单击"边界混合"工具按钮，系统打开边界混合特征操控板，如图 6-155(a)所示选择第一方向的三条曲线，在"约束"下滑面板设置如图 6-155(a)所示的边界约束条件，也可以直接在绘图区的按钮上右击，在弹出的快捷菜单中设置边界约束条件为"垂直"于"FRONT"基准平面，边界曲线上显示为""。创建的边界混合曲面 1 如图 6-155(b)所示。

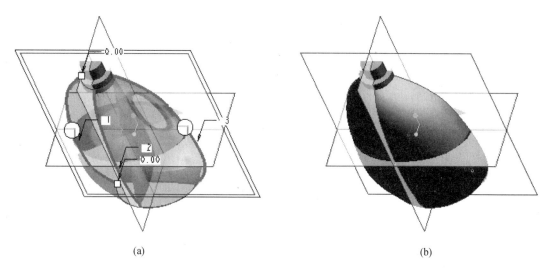

(a)　　　　　　　　　　　　　　　　　(b)

图 6-155　创建边界混合曲面 1

8) 单击"拉伸"工具按钮，系统打开拉伸特征操控板，单击操控板中的"曲面"按钮和"切除材料"按钮，选择步骤 7 所创建的边界混合曲面 1 作为修剪面组，单击"放置"下滑面板中的"定义"按钮，系统弹出"草绘"对话框，选择"FRONT"基准平面作为草绘平面，选择"RIGHT"基准平面作为右参照平面，进入草绘界面。如图 6-156(a)所示绘制拉伸图元，完成草绘后单击工具栏中的"完成"按钮，如图 6-156(b)所示，设置单侧拉伸深度为"50"，单击操控板中的"完成"按钮，完成拉伸修剪曲面的创建，如图 6-156(c)所示。

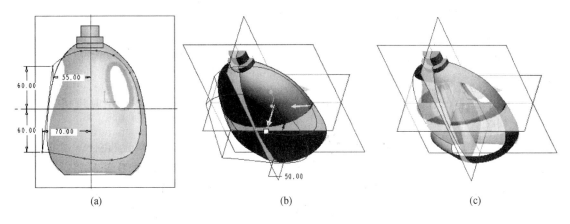

图 6-156 创建拉伸切除特征

9) 在绘图区中如图 6-157 所示，左键单击曲线，红色高亮显示其被选中，按住"Ctrl＋C"组合键，再按"Ctrl＋V"键，系统打开特征复制操控板，设置曲线类型为"逼近"，单击操控板中的"完成"按钮☑，完成复制曲线的创建。

10) 单击"拉伸"工具按钮，系统打开拉伸特征操控板，单击操控板中的"曲面"按钮，单击"放置"下滑面板中的"定义"按钮，系统弹出"草绘"对话框，选择"FRONT"基准平面作为草绘平面，选择"RIGHT"基准平面作为右参照平面，进入草绘界面。如图 6-158(a)所示绘制拉伸图元，完成草绘后单击工具栏中的"完成"按钮☑，如图 6-158(b)所

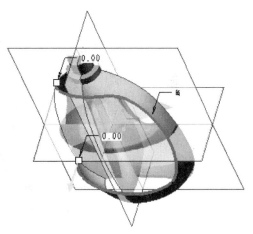

图 6-157 复制曲线特征

示，设置单侧拉伸深度为"80"，单击操控板中的"完成"按钮☑，完成拉伸曲面1的创建。

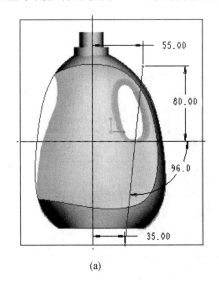
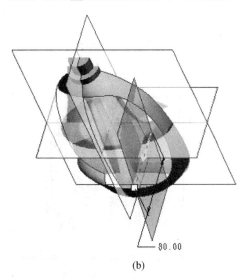

图 6-158 创建拉伸曲面 1

11) 单击"造型"工具按钮，进入自由造型曲面界面，构建第一条控制曲线。具体步骤如下：

① 单击"设置活动平面"按钮，选择"拉伸曲面1"作为活动平面，单击鼠标右键，在弹出的快捷菜单中选择"活动平面方向"。

② 单击"创建曲线"按钮，系统弹出创建曲线操控板，单击"平面曲线"工具按钮，单击左键三次创建三个点，绘制自由曲线。

③ 单击"编辑曲线"按钮，系统打开曲线编辑操控板，在绘图区选择所创建的左侧平面曲线，按Shift键，单击鼠标左键选择曲线上下两个端点，分别移动至复制曲线上，如图6-159(a)所示。

参照模型设置相应中间点的坐标值，以及端点的相切属性，保证曲线和参照图片的轮廓线相重合，创建的曲线曲率分析如图6-159(b)所示，单击操控板中的"完成"按钮。

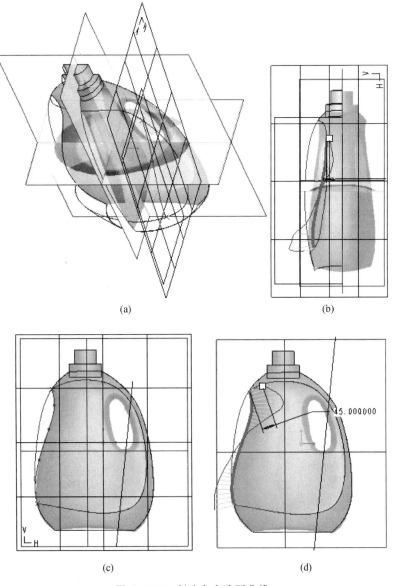

图 6-159 创建自由造型曲线

构建第二条控制曲线，具体步骤如下：

① 单击"设置活动平面"按钮，选择"FRONT"基准平面作为活动平面，单击鼠标右键，在弹出的快捷菜单中选择"活动平面方向"。

② 单击"创建曲线"按钮，系统弹出创建曲线操控板，单击"平面曲线"工具按钮，单击左键三次创建三个点，绘制自由曲线。

③ 单击"编辑曲线"按钮，系统打开曲线编辑操控板，在绘图区选择所创建的左侧平面曲线，按Shift键，单击鼠标左键选择曲线上下两个端点，分别移动至复制曲线端点上，如图6-159(c)所示。

参照模型设置相应中间点的坐标值，以及端点的相切属性，保证曲线和参照图片的轮廓线相重合，创建的曲线曲率分析如图6-159(d)所示，单击操控板中的"完成"按钮。

12) 创建边界混合曲面2。在模型树中隐藏拉伸曲面1，单击"边界混合"工具按钮，系统打开边界混合特征操控板，如图6-160(a)所示选择第一方向的两条曲线，以及第二方向的两条曲线，在"约束"下滑面板，设置如图6-160(a)所示左侧曲线的边界约束条件，也可以直接在绘图区的按钮上右击，在弹出的快捷菜单中设置边界约束条件为"垂直"于"FRONT"基准平面，边界曲线链上显示为""，设置如图6-160(a)所示底侧曲线的边界约束条件，也可以直接在绘图区的按钮上右击，在弹出的快捷菜单中设置边界约束条件为"相切"于相邻曲面，边界曲线链上显示为""。创建的边界混合曲面2如图4-160(b)所示。

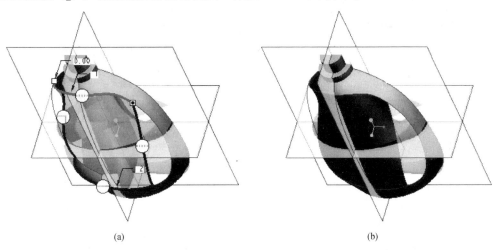

(a)　　　　　　　　　　　　　　　(b)

图6-160　创建边界混合曲面2

13) 单击"拉伸"工具按钮，系统打开拉伸特征操控板，单击操控板中的"曲面"按钮和"切除材料"按钮，选择步骤12所创建的边界混合曲面2作为修剪面组，单击"放置"下滑面板中的"定义"按钮，系统弹出"草绘"对话框，选择"FRONT"基准平面作为草绘平面，选择"RIGHT"基准平面作为右参照平面，进入草绘界面。如图6-161(a)所示绘制拉伸图元，完成草绘后单击工具栏中的"完成"按钮，如图6-161(b)所示，设置单侧拉伸深度为"80"，单击操控板中的"完成"按钮，完成拉伸修剪曲面的创建，如图6-161(c)所示。

14) 单击"拉伸"工具按钮，系统打开拉伸特征操控板，单击操控板中的"曲面"按钮，单击"放置"下滑面板中的"定义"按钮，系统弹出"草绘"对话框，选择"FRONT"基准平面作为草绘平面，选择"RIGHT"基准平面作为右参照平面，进入草绘界面。如图6-162(a)所示绘制拉伸图元，完成草绘后单击工具栏中的"完成"按钮，如图6-162(b)所示，设置单侧拉伸深度为

"50",单击操控板中的"完成"按钮☑,完成拉伸曲面2的创建。

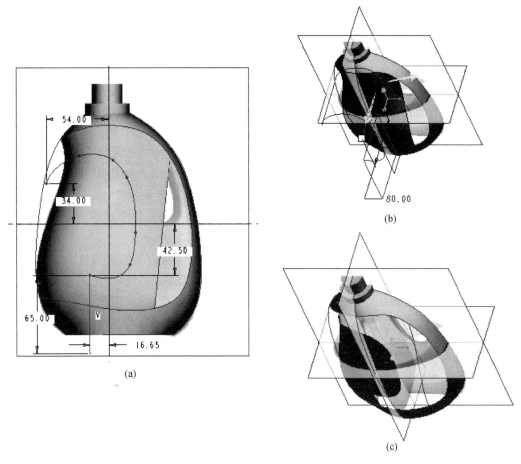

图 6-161 创建拉伸切除特征

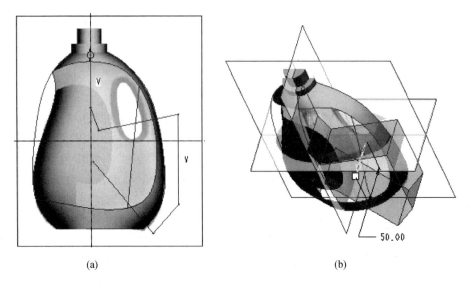

图 6-162 创建拉伸曲面2

15）应用造型工具创建三条自由造型曲线，如图6-163所示。创建步骤如下：

① 单击"设置活动平面"按钮，选择"拉伸曲面2"作为活动平面，单击鼠标右键，在弹出的快捷菜单中选择"活动平面方向"。

② 单击"创建曲线"按钮，系统弹出创建曲线操控板，单击"平面曲线"工具按钮，单击左键三次创建三个点，绘制自由曲线。

③ 单击"编辑曲线"按钮，系统打开曲线编辑操控板，在绘图区选择所创建的左侧平面曲线，按 Shift 键，单击鼠标左键选择曲线上下两个端点，分别移动至复制曲线和拉伸修剪曲面的边界上，如图6-163(a)所示。参照模型设置相应中间点的坐标值，以及端点的相切属性，如图6-163(b)所示，分别设置拉伸修剪曲面的边界上的端点的相切属性为"曲面相切"，单击操控板中的"完成"按钮。

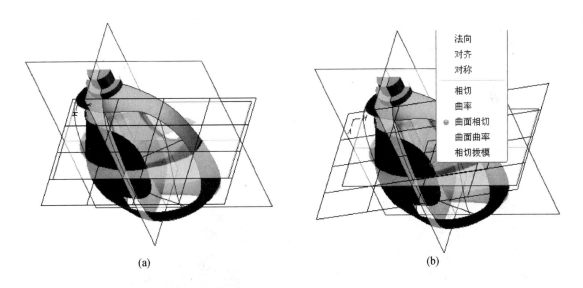

图6-163 创建自由造型曲线

工程点拨：创建内部控制自由曲线，常采用通过拉伸曲面创建自由造型平面曲线的手段，因为平面曲线易于控制，同时拉伸曲面的创建相比基准平面的创建更加便捷，但读者应注意拉伸曲面位置的合理性，即是否有利于曲面的构建，是否有利于提高曲面质量。

16）在绘图区中如图6-164所示，左键分别单击两条曲线，红色高亮显示其被选中，按住"Ctrl+C"组合键，再按"Ctrl+V"键，系统打开特征复制操控板，设置曲线类型为"逼近"，单击操控板中的"完成"按钮，完成复制曲线的创建。

16）创建边界混合曲面3。在模型树中隐藏拉伸曲面2，单击"边界混合"工具按钮，系统打开边界混合特征操控板，如图6-165(a)所示选择第一方向的两条曲线，以及第二方向的五条曲线，在"约束"下滑面板设置如图6-165(a)所示左侧曲线链的边界约束条件，也可以直接在绘图区的按钮上右击，在弹出的快捷菜单中设置边界约束条件为"垂直"于"FRONT"基准平面，边界曲线上显示为""。设置如图6-165(a)所示两条曲线的边界约束条件，也可以直接在绘图区的按钮上右击，在弹出的快捷菜单中设置边界约束条件为"相切"于相邻曲面，边界曲线链上显示为""。创建的边界混合曲面3如图6-165(b)所示。

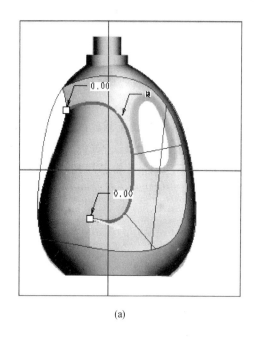
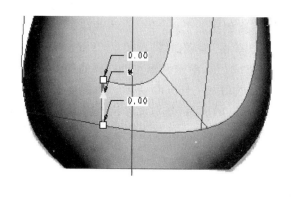

(a)   (b)

图 6-164　复制曲线

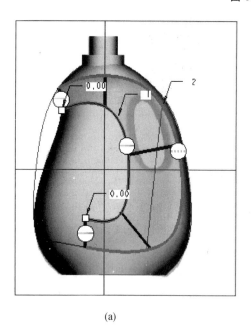
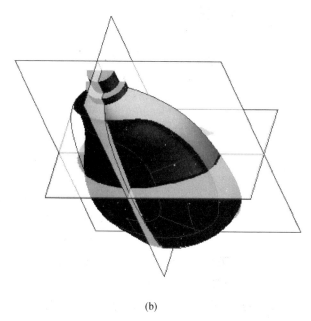

(a)   (b)

图 6-165　创建边界混合曲面 3

18）单击"拉伸"工具按钮，系统打开拉伸特征操控板，单击操控板中的"曲面"按钮和"切除材料"按钮，选择步骤 17 所创建的边界混合曲面 3 作为修剪面组，单击"放置"下滑面板中的"定义"按钮，系统弹出"草绘"对话框，选择"FRONT"基准平面作为草绘平面，选择"RIGHT"基准平面作为右参照平面，进入草绘界面。如图 6-166(a)所示绘制拉伸图元，完成草绘后单击工具栏中的"完成"按钮，如图 6-166(b)所示，设置单侧拉伸深度为"60"，单击操控板中的"完成"按钮，完成拉伸修剪曲面的创建，如图 6-166(c)所示。

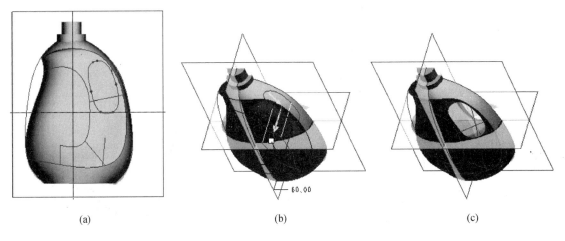

图 6-166 创建拉伸切除特征

19) 单击"草绘"工具按钮,系统弹出"草绘"对话框,选择"FRONT"基准平面作为草绘平面,选择"RIGHT"基准平面作为右参照平面,进入草绘界面。根据图 6-167 所示绘制样条曲线。完成草绘后单击工具栏中的"完成"按钮。

20) 在绘图区中如图 6-168 所示,分别单击曲线,红色高亮显示其被选中,按住"Ctrl+C"组合键,再按"Ctrl+V"键,系统打开特征复制操控板,设置曲线类型为"逼近",单击操控板中的"完成"按钮,完成复制曲线的创建。

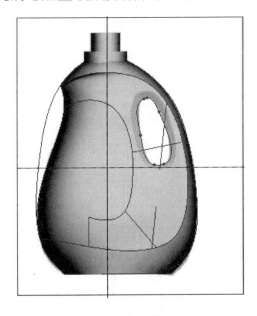

图 6-167 草绘曲线

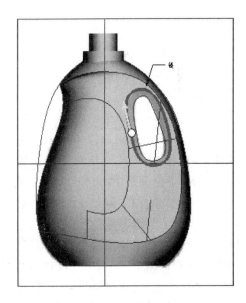

图 6-168 复制曲线

21) 创建边界混合曲面4。单击"边界混合"工具按钮,系统打开边界混合特征操控板,如图 6-169(a)所示选择第一方向的两条曲线,在"约束"下滑面板设置如图 6-169(a)所示位于"FRONT"基准平面曲线链的边界约束条件,也可以直接在绘图区的按钮上右击,在弹出的快捷菜单中设置边界约束条件为"垂直"于"FRONT"基准平面,边界曲线上显示为""。创建的边界混合曲面 4 如图 6-169(b)所示。

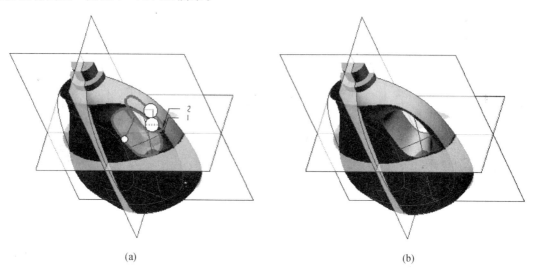

图 6-169　创建边界混合曲面 4

工程点拨：本工程实例的主要目的在于学习跟踪草绘在产品造型设计中的具体应用，后续的曲面造型方法主要是前面章节知识的综合运用，读者应结合实例文件，认真总结曲面造型的曲面拆分与技巧方法，通过工程实践领悟优质曲线和曲面的构建原则。

22）单击"草绘"工具按钮，系统弹出"草绘"对话框，选择"FRONT"基准平面作为草绘平面，选择"RIGHT"基准平面作为右参照平面，进入草绘界面。根据图 6-170 所示绘制样条曲线。完成草绘后单击工具栏中的"完成"按钮。

23）单击"特征"工具栏中的"可变截面扫描"工具按钮，或选择系统主菜单中的"插入"→"可变截面扫描"命令，系统打开可变截面扫描特征操控板。单击操控板中的"曲面"按钮，使用可变截面扫描工具创建实体特征。在"参照"下滑面板中，按住 Shift 键并单击鼠标左键选择上面步骤所创建的草绘曲线作为扫描轨迹，剖面控制设置为"垂直于轨迹"，并在"选项"下滑面板中选择"可变剖面"复选框。单击操控板中的"草绘"按钮，进入草

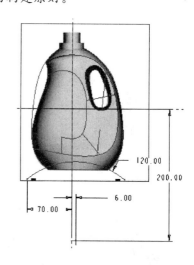

图 6-170　草绘曲线

绘环境，绘制扫描截面，如图 6-171(a)所示。完成草绘后单击工具栏中的"完成"按钮。预览特征如图 6-171(b)所示。单击操控板中的"完成"按钮，创建的可变截面扫描特征如图 6-171(c)所示。

24）应用合并工具，如图 6-172 所示创建合并曲面特征。

25）在绘图区中选择旋转曲面，选择系统主菜单中的"编辑"→"偏移"命令，如图 6-173 所示，设置向外偏移距离为"1"，创建偏移曲面特征。

26）在绘图区选择合并曲面面组和偏移曲面特征，应用合并工具创建合并曲面特征，如图 6-174 所示。

第 6 章 Pro/ENGINEER 产品逆向设计

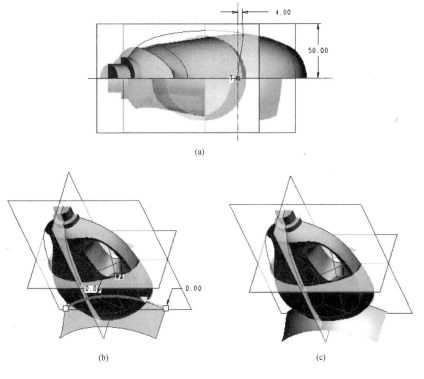

图 6-171 创建可变截面扫描特征

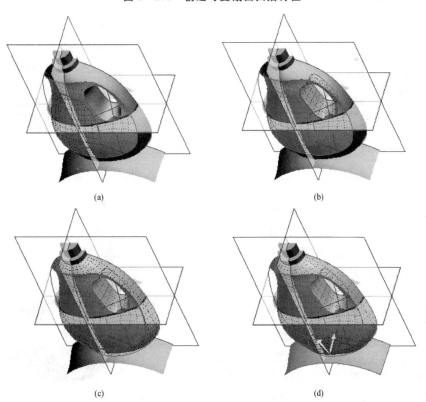

图 6-172 创建合并曲面特征

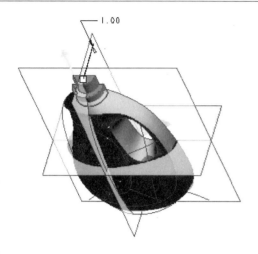

图6-173 创建曲面偏移特征

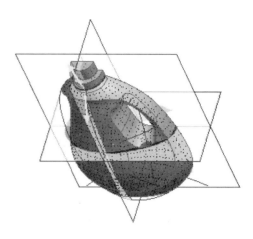

图6-174 创建合并曲面特征

27) 以"FRONT"基准平面作为镜像曲面,如图6-175所示创建合并曲面面组的镜像特征。再应用合并工具,如图6-176所示,创建合并曲面特征。如图6-177所示选择模型的边,创建倒圆角特征。

图6-175 创建曲面镜像特征

图6-176 创建合并曲面特征

28) 在绘图区选择所创建的合并曲面面组,选择系统主菜单中的"编辑"→"加厚"命令,系统打开加厚特征操控板,设置向内加厚的厚度为"1.5",单击操控板中的"完成"按钮,创建的加厚特征如图6-178所示。

29) 单击工具栏中的"层"工具按钮,系统显示模型的层树,选中"03_PART_AII_CURVES"单击右键,在弹出的快捷菜单中选择"隐藏"命令。再在层树中单击右键,在弹出的快捷菜单中选择"新建层"命令,系统弹出"层属性"对话框,如图6-179所示,把所创建的类

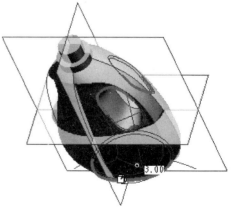

图6-177 创建倒圆角特征

型特征添加至其中。再在层树中右击,在弹出的快捷菜单中选择"保存状态"命令,从而完成所有曲线特征的隐藏。最终创建的产品模型如图 6-180(a)所示。

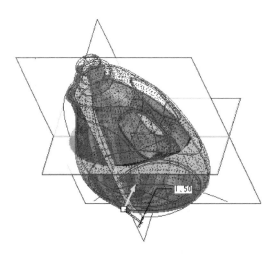 

图 6-178 创建加厚特征　　　　　　　　图 6-179 设置层属性

30)单击系统主菜单中的"视图"→"视图管理器"选项,或单击工具栏中的"视图管理器"按钮,系统弹出"视图管理器"对话框,单击对话框中的"新建",显示新剖面"XSC0001",按"Enter"键,系统弹出"剖截面创建"菜单管理器。通过平面(选取偏移方式,先设置草绘平面和参照平面,再进入草绘环境绘制图元)方式,设置平面选择"FRONT"平面作为剖截面,得到如图 6-180(b)所示的剖面。把剖面"XSC0001"设置为活动,可以观察加厚特征的内部结构。

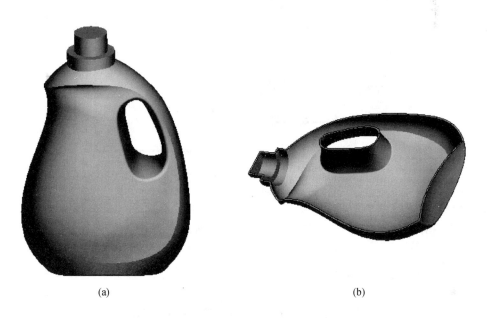

(a)　　　　　　　　　　　　　　(b)

图 6-180 产品模型

31）应用分析工具，如图6-181和图6-182所示，经过分析可知模型的曲面质量良好。

图6-181　曲面曲率分析

图6-182　曲面反射分析

工程点拨：读者可以自行思考与实践如何进一步改善曲面质量。如在创建边界混合曲面2时，增加一条内部控制曲线，在一定程度上可以提高曲面质量。

6.3　逆向设计工程实战

在Pro/ENGINEER系统中进行表6-1所列的产品逆向设计。

第 6 章　Pro/ENGINEER 产品逆向设计

表 6-1　产品逆向设计项目

名　称	参照特征
汽车	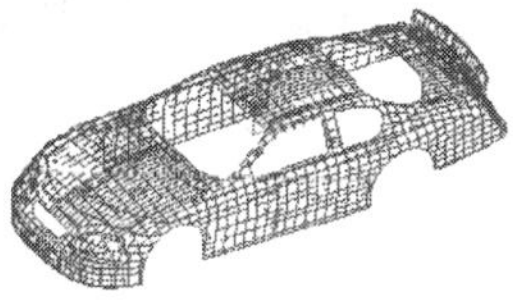
水龙头	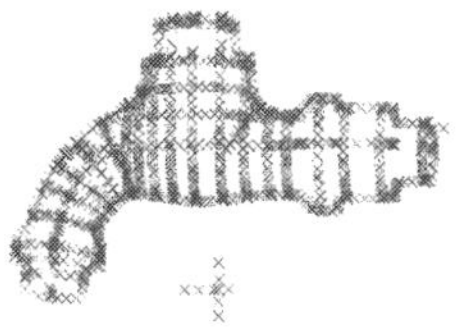
电话曲线	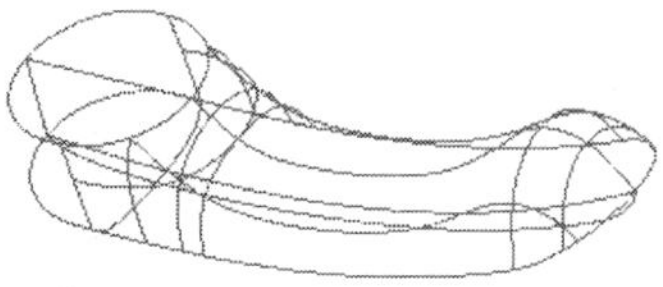

第 7 章 Pro/ENGINEER 参数化程序设计

7.1 Pro/ENGINEER 参数化技术

7.1.1 造型技术

在 CAD 技术发展的初期，CAD 仅限于计算机辅助绘图，随着计算机软、硬件技术的飞速发展，CAD 技术才从二维平面绘图发展到三维产品建模，并随之产生了三维线框造型、曲面造型以及实体造型技术，如今参数化及变量化设计思想和特征造型则代表了当今 CAD 技术的发展新方向。产品造型技术的应用与比较如表 7-1 所列。

表 7-1 产品造型技术的应用与比较

造型方式	应用范围	局限性
线框造型	绘制三维线框图	不能表示实体，图形会有二义性
表面造型	艺术图形，形体表面的显示，数控加工	不能表示实体
实体造型	物性计算，有限元分析，用集合运算构造形体	只能产生正则实体，抽象形体的层次较低
特征造型	在实体造型基础上加入实体的精度信息、材料信息、技术信息、动态信息等	目前还没有实用化系统问世，主要集中在概念的提出和特征的定义及描述上

参数化设计是以一种全新的思维方式来进行产品的创建和修改设计的方法。它用约束来表达产品几何模型的形状特征，定义一组参数以控制设计结果，从而能够通过调整参数来修改设计模型，并能方便地创建一系列在形状或功能上相似的设计方案。

变量化设计是指设计对象的修改需要更大的自由度，通过求解一组约束方程来确定产品的尺寸和形状。约束方程可以是几何关系，也可以是工程计算条件，设计结果的修改受到约束方程驱动。变量化设计允许尺寸欠约束的存在，这样设计者便可以采用先形状后尺寸的设计方式，将满足设计要求的几何形状放在第一位而暂不用考虑尺寸细节，设计过程相对宽松。

特征造型是 CAD 建模方法的一个新里程碑，它是在 CAD/CAM 技术的发展和应用达到一定的水平，要求进一步提高生产组织的集成化和自动化程度的历史进程中孕育成长起来的。过去的 CAD 技术都是着眼于完善产品的几何描述能力，亦即只描述了产品的几何信息；而特征造型则是着眼于更好地表达产品完整的功能和生产管理信息，为建立产品的集成信息模型服务。特征在这里作为一个专业术语，兼有形状和功能两种属性，它包括产品的特定几何形状、拓扑关系、典型功能、绘图表示方法、制造技术和公差要求。特征造型技术使得产品的设计工作在更高的层次上进行，设计人员的操作对象不再是原始的线条和体素，而是产品的功能要素。特征的引用直接体现了设计意图，使得建立的产品模型更容易为人理解和组织生产，为开发新一代的基于统一产品信息模型的 CAD/CAPP/CAM 集成系统创造了前提。

7.1.2 参数化模型

在参数化设计系统中,首先必须建立参数化模型。在计算机辅助设计系统的设计中,不同型号的产品往往只是尺寸不同而结构相同,映射到几何模型中,就是几何信息不同而拓扑信息相同。因此,参数化模型要体现零件的拓扑结构,从而保证设计过程中几何拓扑关系的一致。

实际上,用户输入的草图中就隐含了拓扑元素间的关系。几何信息的修改需要根据用户输入的约束参数来确定,因此需要在参数化模型中建立几何信息和参数的对应机制。该机制是通过尺寸标注线来实现的。对于拓扑关系改变的产品零部件,也可以用它的尺寸参数变量来建立参数化变量,进而建立参数化模型。

7.1.3 参数化驱动

参数驱动法又称为尺寸驱动法,是一种参数化图形的方法,它基于对图形数据的操作和对几何约束的处理,是利用驱动树分析几何约束来对图形进行编程的方法。

采用图形系统完成一个图形的绘制以后,图形中的各个实体(如点、线、圆、圆弧等)都以一定的数据结构存入到图形数据库中。不同的实体类型有不同的数据形式,其内容可分两类:一类是实体属性数据,包括实体的颜色、线型、类型名和所在图层名等;另一类是实体的几何特征数据,如圆有圆心、半径等,圆弧有圆心、半径、起始角和终止角等。

对于二维图形,通过尺寸标注线可以建立几何数据与其参数的对应关系。通常图形系统都提供多种尺寸标注形式,一般有线性尺寸、直径尺寸、半径尺寸、角度尺寸等。因此,每一种尺寸标注都应具有相应的参数驱动方式。

通过参数驱动机制,可以对图中所有的几何数据进行参数化修改。但只靠尺寸线终点来标识要修改的数据是不够的,还需要约束间关联性的驱动手段约束联动。约束联动通过图形特征联动和相关参数联动两种方式来实现。所谓图形特征联动,就是保证在图形拓扑关系(连续、相切、垂直、平行等)不变的情况下,对约束的驱动。所谓相关参数联动,就是建立不同约束之间在数值上和逻辑上的关系。

7.1.4 参数化建模

目前参数化建模技术大致可以分为三种方法:
(1) 基于尺寸驱动的参数化建模

基于尺寸驱动的参数化建模通过对模型的几何尺寸进行修改实现对图元的生成,是应用最广泛的建模方法,也是最基本的方法。尺寸数字实质上就是参数名,用户通过对参数值的编辑实现对相应实体的修改。

(2) 基于约束驱动的参数化建模

基于约束驱动的参数化建模用几何约束表达产品模型的形状特征,定义一组参数以控制设计结果,从而能够通过调整参数来修改设计模型。产品模型的修改通过尺寸驱动实现,通过给定的几组参数值,实现系列零件或标准件的生成。约束的引入使对设计目标依赖关系的描述成为可能。

(3) 基于特征模型的参数化建模

基于特征的参数化建模综合运用参数化特征造型的变量几何法和基于生成历程法这两种造型方法实现特征的构造和编辑。基于特征的参数化建模是新兴的建模方法。

综合比较以上三种建模方法:基于尺寸驱动的参数化建模没有明确模型的几何约束关系,因此只能通过参数改变模型的大小,却不能改变零件之间的约束关系,但建模简单,易于实现;基于约束驱动的参数化建模需要将工程约束降解为几何约束,增加建模难度,但彻底克服了自由建模的无约束状态,集合形状均以尺寸约束和形位约束的形式而被牢固地控制;基于特征的参数化建模一般应用于复杂产品,能够完整地表达产品的工程语义信息和形状信息,但复杂度高也是其巨大缺点。

7.1.5 基于特征的参数化设计

随着 CAD 技术的发展,出现了将参数化设计应用到特征设计中去,使得特征可以随着参数的变化而变化,这就是基于特征的参数化设计技术。基于特征的参数化设计技术是一种面向产品制造全过程的描述信息和信息关系的产品数字建模方法。如 Pro/ENGINEER、I-DEAS、SolidWorks 等都是在一定程度上以参数化、变量化、特征设计为特点的新一代实体造型软件产品。

基于特征的参数化设计的关键是特征及其相关尺寸、公差的变化量化描述。采用特征建模技术,产品零件可描述为形状特征的集合,形状特征有其对应的结构与关系固定的几何元素,这些元素可用几何约束来连接,从而构成产品的几何模型。任何一个产品可以用一个包含特征链表、参数变量和约束的结构来表示。特征链表描述产品的组成元素,参数变量表示几何、材料和技术等参数,约束用来协调特征关系以及产品的尺寸结构。基于特征的参数化造型定义方法如图 7-1 所示。

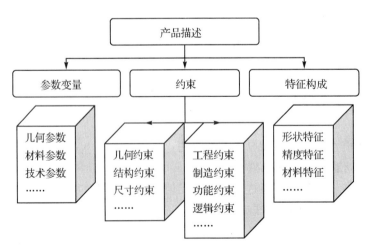

图 7-1 基于特征的参数化造型定义方法

约束通常可分为几何约束和工程约束两大类。几何约束包括结构约束(也称拓扑约束)和尺寸约束。结构约束指对产品结构的定性描述,它表示几何元素之间的拓扑约束关系,如平行、垂直、相切、对称等,进而可以表征特征要素之间的相对位置关系。尺寸约束是特征/几何元素之间相互位置的量化表示,是通过尺寸标注表示的约束,如距离尺寸、角度尺寸、半径尺寸等。工程约束是指尺寸之间的约束关系,包括制造约束关系、功能约束关系、逻辑约束关系等,通过人工定义尺寸变量及它们之间在数值上和逻辑上的关系来表示。

基于特征的设计与参数化设计的有机结合,使得设计人员可以在造型过程中随时调整产品的结构和尺寸,并带动特征自身的变动,从而实现产品基于特征的参数化设计。

7.2 关 系

7.2.1 基本概念

1. 关系概念

关系是使用者自定义的符号尺寸和参数之间的代数方程或等式。关系捕获特征之间、参数之间或组件之间的设计关系,因此,允许使用者来控制对模型修改的影响作用。

关系是捕获设计知识和意图的一种方式。和参数一样,它们用于驱动模型——改变关系也就改变了模型。关系可用于控制模型的修改效果,定义零件和组件中的尺寸值。作为设计条件的约束(例如,指定孔相对于零件边的位置)。在设计过程中描述某个模型或组件的不同零件之间的条件关系。关系可以是简单值(例如 d1=10)或复杂的条件分支语句。

2. 关系类型

有等式和比较两种类型的关系,分别介绍如下:

1) 等式:使等式左边的一个参数等于右边的表达式。这种关系用于给尺寸和参数赋值。例如,简单的赋值:d1=5;复杂的赋值:d5=d2 * (SQRT(d6/3.0+d2))。

2) 比较:比较左边的表达式和右边的表达式。这种关系通常用于作为一个约束或用于逻辑分支的条件语句中。例如,作为约束:(d1 + d2)>(d3 +d4)。使用在条件语句:Ifd1>10。

3. 关系功能

在 Pro/ENGINEER 系统中,可以把关系添加到特征的截面(在"草绘器"模式下)、特征(在"零件"或"组件"模式下)、零件(在"零件"或"组件"模式下)和组件(在"组件"模式下)。

可使用关系按以下方式控制建模过程:控制模型的修改效果,设置设计条件的约束,定义零件和组件的尺寸值,描述模型或组件的不同零件之间的条件关系。

在零件模式下,选择系统主菜单中的"工具"→"关系"命令,系统弹出"关系"对话框,如图7-2所示。可以通过该对话框添加关系。

4. 关系中使用的参数符号

在关系中使用四种类型的参数符号,分别是尺寸符号、公差、实例数和用户定义参数,如

图 7-2 "关系"对话框

表 7-2 所列。由系统保留使用的参数如表 7-3 所列。

工程点拨：使用系统主菜单中的"工具"→"参数"命令，在弹出的"参数"对话框中，定义的参数是全局参数，其值是不相关的。即使使用系统定义的参数（如尺寸或质量属性参数）定义参数值，这些值也不会在模型再生时更新。Pro/ENGINEER 需要添加关系才可以使参数值相关联。

表 7-2 参数符号

参数类型	运算符号	说　　明
尺寸符号	d♯	零件或组件模式下的尺寸
	d♯:♯	组件模式下的尺寸。组件或组件的进程标识添加为后缀
	rd♯	零件或顶层组件中的参考尺寸
	rd♯:♯	组件模式中的参考尺寸（组件或组件的进程标识添加为后缀）
	rsd♯	草绘器中（截面）的参考尺寸
	kd♯	在草绘（截面）中的已知尺寸（在父零件或组件中）
	Ad♯	零件、组件或绘图模式下从动尺寸
公差	tpm♯	加减对称格式中的公差；♯是尺寸数
	tp♯	加减格式中的正公差；♯是尺寸数
	tm♯	加减格式中的负公差；♯是尺寸数
实例数	p♯	其中♯是实例的个数。注意：如果将实例数改成一个非整数值，Pro/ENGINEER 将截去其小数部分。例如，3.8 将变为 3
用户定义参数		这些可以是通过添加参数或关系定义的参数，如 Volume＝d0＊d1＊d2。用户定义参数名必须以字母开头。不能使用 d♯、kd♯、rd♯、tm♯、tp♯ 或 tpm♯ 作为用户参数名，因为系统需要保留它们，和尺寸一起使用。用户定义参数名不能包含非字母数字字符，如！、@、♯ 和 ＄

表 7-3　由系统保留使用的参数

参数符号	说　明	代数数值
PI	圆周率(π)	3.14159
G	重力加速度(g)	9.8 m/s^2
C	缺省值(C#)	C1=1.0,C2=2.0,C3=3.0,C4=4.0

说明:可以使用"关系"菜单中的"增加"命令改变这些系统参数。这些改变的值应用于当前工作区的所有模型

7.2.2　关系中的运算符

可在关系(包括方程和条件语句)中使用比较运算符、算术运算符及赋值运算符,如表7-4～表7-6所列。

表 7-4　比较运算符号

运算类型	运算符号	说　明
比较运算符	==	等于
	>	大于
	>=	大于等于
	!=,<>,~=	不等于
	<	小于
	<=	小于等于
	|	或
	&	与
	~,!	非

表 7-5　算术运算符

运算类型	运算符号	说　明
算术运算符	=	等于
	+	加
	-	减
	/	除
	*	乘
	^	指数
	( )	括号

表 7-6　赋值运算符

运算类型	运算符号	说明
赋值运算符	=等于	

7.2.3　关系中的函数

1. 数学函数

关系中也可以包括如表7-7所列的数学函数。

2. 复合曲线轨道函数

在关系中可以使用复合曲线的轨道参数 trajpar_of_pnt,返回一个0.0和1.0之间的值。

该函数的语法格式是:trajpar_of_pnt("trajname","pointname")。其中,trajname是复合曲线名,pointname是基准点名。

表 7-7 数学函数

函数类型	运算符号	说明	函数类型	运算符号	说明
三角函数	sin( )	正弦	其他数学函数	log( )	以10为底的对数
	cos( )	余弦		ln( )	自然对数
	tan( )	正切		exp( )	e的幂
	asin( )	反正弦		sqrt( )	平方根
	acos( )	反余弦		sinh( )	双曲线正弦
	atan( )	反正切		cosh( )	双曲线余弦
取整函数	Ceil( )	不小于其值的最小整数		tanh( )	双曲线正切
	Floor( )	不超过其值的最大整数		abs( )	绝对值

轨线是一个沿复合曲线的参数，在它上面垂直于曲线切线的平面通过基准点。因此，基准点不必位于曲线上，在复合曲线上距基准点最近的点上计算该参数值。如果复合曲线被用作多轨道扫描的骨架，则 trajpar_of_pnt 与 trajpar 或 1.0 - trajpar 一致（取决于为混合特征选择的起点）。

3. 图形函数（曲线表）

曲线表计算使使用者能用曲线表特征，通过关系来驱动尺寸。尺寸可以是草绘器、零件或组件尺寸。格式为：evalgraph("graph_name", x)。其中，graph_name 是曲线表的名称，x 是沿曲线表 x 轴的值，返回 y 值。

对于混合特征，可以指定轨线参数 trajpar 作为该函数的第二个自变量。trajpar 是一个从 0 到 1 增的轨迹跟踪函数，起始为 0，结束为 1。

工程点拨：曲线表特征通常是用于计算 x 轴上所定义范围内 x 值对应的 y 值。当超出范围时，y 值是通过外推的方法来计算的。对于小于初始值的 x 值，系统通过从初始点延长切线的方法计算外推值。同样，对于大于终点值的 x 值，系统通过将切线从终点往外延伸计算外推值。

4. 曲线方程

在 Pro/ENGINEER 软件环境中，常见的曲线方程如表 7-8 所列。

在 Pro/ENGINEER 软件环境中，从方程创建基准曲线的一般步骤如下：

1）单击"特征"工具栏上的"基准曲线"工具按钮 ~，弹出"基准曲线"菜单管理器，单击"从方程/完成"，系统弹出"曲线：从方程"对话框和"得到坐标系"菜单管理器，如图 7-3(a)、(b)、(c)所示。

2）选取参照坐标系 PRT_CSYS_DEF，系统弹出"设置坐标类型"菜单管理器，此处选择"球"命令，设置坐标系类型为球坐标系，如图 7-3(d)所示。

3）在系统弹出的记事本文件中输入方程，如图 7-3(e)所示，关闭记事本，并保存文件。

4）系统返回至"曲线：从方程"对话框中，单击"预览"按钮查看曲线，单击"确定"按钮完成对望曲线创建，如图 7-3(f)所示。

(a) "曲线选项"菜单管理器　　　(b) "曲线：方程"对话框　　　(c) "得到坐标系"菜单管理器

 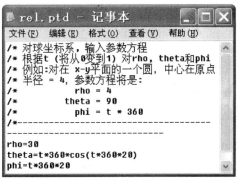 

(d) "设置坐标类型"菜单管理器　　(e) 输入参数方程　　(f) 对望曲线

图 7-3　从方程创建基准曲线

表 7-8　Pro/ENGINEER 曲线方程

曲线名称	创建环境	参数方程
正弦曲线	Pro/ENGINEER 软件、笛卡尔坐标系	$x=50*t$ $y=10*\sin(t*360)$ $z=0$
螺旋线	Pro/ENGINEER 软件、圆柱坐标系	$r=t$ $theta=10+t*(20*360)$，t. u% M6 X# M $z=t*3$
蝴蝶曲线	Pro/ENGINEER 软件、球坐标系	$rho=8*t$ $theta=360*t*4$ $phi=-360*t*8$
Rhodonea 曲线	Pro/ENGINEER 软件、笛卡尔坐标系	$theta=t*360*4$ $x=25+(10-6)*\cos(theta)+10*\cos((10/6-1)*theta)$ $y=25+(10-6)*\sin(theta)-6*\sin((10/6-1)*theta)$
圆内螺旋线	Pro/ENGINEER 软件、圆柱坐标系	$theta=t*360$ $r=10+10*\sin(6*theta)$ $z=2*\sin(6*theta)$

续表 7-8

曲线名称	创建环境	参数方程
渐开线	Pro/ENGINEER 软件、笛卡尔坐标系	r=1 ang=360*t s=2*pi*r*t x0=s*cos(ang) y0=s*sin(ang) x=x0+s*sin(ang) y=y0-s*cos(ang) z=0
对数曲线	Pro/ENGINEER 软件、笛卡尔坐标系	z=0 x=10*t y=log(10*t+0.0001)
球面螺旋线	Pro/ENGINEER 软件、球坐标系	rho=4 theta=t*180 phi=t*360*20
双弧外摆线	Pro/ENGINEER 软件、笛卡尔坐标系	l=2.5 b=2.5 x=3*b*cos(t*360)+l*cos(3*t*360) y=3*b*sin(t*360)+l*sin(3*t*360)
星行线	Pro/ENGINEER 软件、笛卡尔坐标系	a=5 x=a*(cos(t*360))^3 y=a*(sin(t*360))^3
心脏线	Pro/ENGINEER 软件、圆柱坐标系	a=10 r=a*(1+cos(theta)) theta=t*360
叶形线	Pro/ENGINEER 软件、笛卡尔坐标系	a=10 x=3*a*t/(1+(t^3)) y=3*a*(t^2)/(1+(t^3))
螺旋线	Pro/ENGINEER 软件、笛卡尔坐标系	x=4*cos(t*(5*360)) y=4*sin(t*(5*360)) z=10*t
抛物线	Pro/ENGINEER 软件、笛卡尔坐标系	x=(4*t) y=(3*t)+(5*t^2) z=0
碟形弹簧	Pro/ENGINEER 软件、圆柱坐标系	r=5 theta=t*3600 z=(sin(3.5*theta-90))+24
阿基米德螺旋线	Pro/ENGINEER 软件、笛卡尔坐标系	x=(a+fsin(t))cos(t)/a y=(a-2f+fsin(t))sin(t)/b

7.2.4 关系式工程实例

实例 1：使用关系创建可变截面扫描特征。

1）选择系统主菜单中的"文件"→"新建"命令，系统弹出"新建"对话框，在"类型"选项组中选择"零件"选项，在"子类型"选项组中选择"实体"选项，在"名称"文本框中输入"guopen"，取消"使用缺省模板"复选框，单击"确定"按钮，弹出"新文件选项"对话框，在"模板"选项中选择"mmns_prt_solid"公制模板，单击"确定"按钮，进入零件模式。

2）单击"特征"工具栏中的"拉伸"工具按钮 ，系统打开拉伸特征操控板，单击"放置"下滑面板中的"定义"按钮，系统弹出"草绘"对话框，选择"TOP"基准平面作为草绘平面，并选择"RIGHT"基准平面作为右参照，进入草绘环境。如图 7-4(a)所示绘制拉伸截面，完成草绘后单击工具栏中的"完成"按钮 ，如图 7-4(b)所示，设置拉伸方向和拉伸深度为"1"，单击操控板中的"完成"按钮 ，创建拉伸实体特征。

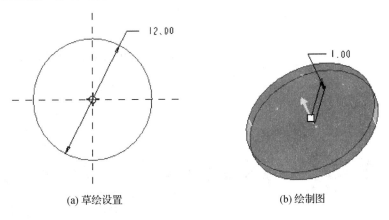

(a) 草绘设置　　　　　　　　(b) 绘制图

图 7-4　创建拉伸特征

3）单击"特征"工具栏中的"可变截面扫描"工具按钮 ，或选择系统主菜单中的"插入"→"可变截面扫描"命令，系统打开可变截面扫描特征操控板。单击操控板中的"实体"按钮 ，使用可变截面扫描工具创建实体特征。在"参照"下滑面板中，按住 Shift 键选择上面步骤所创建的草绘圆作为扫描轨迹，剖面控制设置为"垂直于轨迹"，并在"选项"下滑面板中选择"可变剖面"复选框。

工程点拨：在使用系统主菜单中的"插入"→"可变截面扫描"命令时，也可选取一个或多个轨迹。使用 Ctrl 键可选取多个轨迹，使用 Shift 键可选取一条链中的多个图元。

4）单击操控板中的"草绘"按钮 ，进入草绘环境，绘制扫描截面如图 7-5(a)所示。

方法一：选择系统主菜单中的"工具"→"关系"命令，系统弹出"关系"对话框。选择系统主菜单中的"信息"→"切换尺寸"命令，可以显示草绘中的尺寸名称，如图 7-5(b)所示。输入带 trajpar 参数的如下关系式"sd8＝10＋sin(trajpar＊360＊15)"，如图 7-5(c)所示，单击"确定"按钮，关闭"关系"对话框。完成草绘后单击工具栏中的"完成"按钮 。

工程点拨：trajpar 是 Pro/ENGINEER 的轨迹参数，它是从 0 到 1 的一个变量（呈线性变化)表示扫描特征的长度百分比。在扫描开始时,trajpar 的值是 0,结束时为 1。比如在草绘中加入关系式 sd#=trajpar+n,此时尺寸 sd#受到 trajpar+n 控制。在扫描开始时值为 n,结束时值为 n+1。截面的高度尺寸呈线性变化。若截面的尺寸受 sd#=a*sin(trajpar*360*b)+c 控制,则呈现正弦曲线变化。读者可以尝试改变参数 a、b、c 的值,观察扫描特征的变化,并思考因何而变化及如何变化。

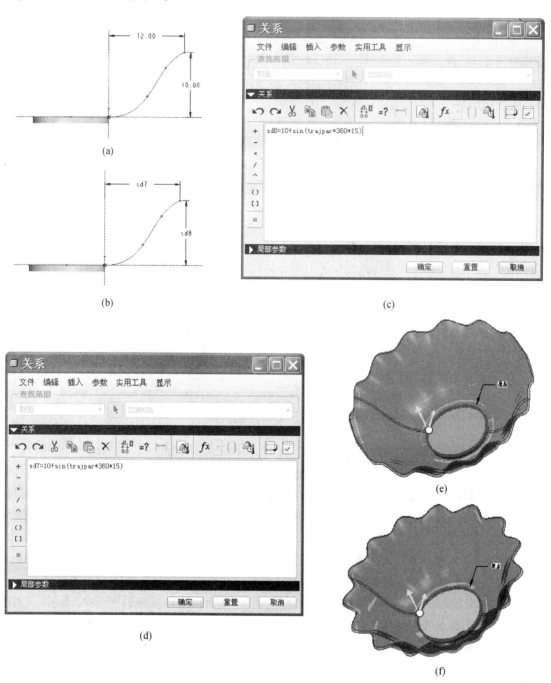

图 7-5 创建可变截面扫描特征

方法二：如果选择系统主菜单中的"工具"→"关系"命令，系统弹出"关系"对话框。选择系统主菜单中的"信息"→"切换尺寸"命令，可以显示草绘中的尺寸名称，如图7-5(b)所示。输入带trajpar参数的如下关系式"sd7＝10＋sin(trajpar*360*15)"，如图7-5(d)所示，单击"确定"按钮，关闭"关系"对话框。完成草绘后单击工具栏中的"完成"按钮✓。

5) 对于步骤4中的方法一，单击特征操控板上的"薄壁"工具按钮◻，输入厚度值为"0.5"，单击"完成"按钮✓，完成可变截面扫描特征的创建，如图7-5(e)所示。

对于步骤4中的方法二，单击特征操控板上的"薄壁"工具按钮◻，输入厚度值为"0.5"，单击"完成"按钮✓，完成可变截面扫描特征的创建，如图7-5(f)所示。

请读者自行比较两种建模方法得到的加厚特征的区别之处，进而加深对关系式中轨迹函数的理解。

6) 单击"旋转"工具按钮◈，系统弹出旋转特征操控板，单击"放置"下滑面板中的"定义"按钮，系统弹出"草绘"对话框，选择"FRONT"基准平面作为草绘平面，选择"RIGHT"基准平面作为草绘右参照，进入草绘界面，如图7-6(a)所示绘制截面，完成草绘后单击工具栏中的"完成"按钮✓，单击操控板中的"切除材料"工具按钮◿，再单击"完成"按钮✓，完成旋转切除特征的创建，对于步骤4中的不同创建方法，分别如图7-6(b)和图7-6(c)所示。

工程点拨：创建底部特征的目的是设计果盆的支撑面，读者思考为何如此设计，采用扫描特征工具能否也能创建此特征，如果可以请自行实践。

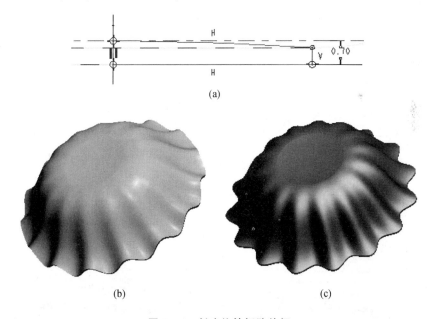

图7-6 创建旋转切除特征

7) 对于步骤4中的不同创建方法，最终完成果盆的创建，分别如图7-7(a)和图7-7(b)所示，保存文件后退出。

工程点拨：可变剖面扫描

使用"可变剖面扫描"特征可创建实体或曲面特征。可在沿一个或多个选定轨迹扫描剖面时通过控制剖面的方向、旋转和几何来添加或移除材料。可使用恒定截面或可变截面创建

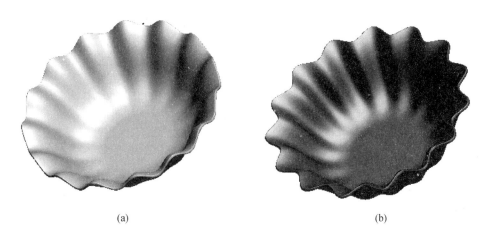

图 7-7 果 盆

扫描。

可变剖面扫描特征的创建一般要定义一条原始轨迹线、一条 X 轨迹线、多条一般轨迹线和一个截面。其中,原始轨迹线是截面掠过的路线,即截面开始于原始轨迹线的起点,终止于原始轨迹线的终点;X 轨迹线决定截面上坐标系 X 轴的方向,可以用来控制截面的方向;多条一般轨迹线用来控制截面的形状。

选择系统主菜单中的"插入"→"可变剖面扫描"命令,系统弹出"可变剖面扫描"操控板,如图 7-8(a)所示。单击操控板中的"参照"和"选项"按钮,弹出"参照"和"选项"下滑面板,如图 7-8(b)和图 7-8(c)所示。

图 7-8 可变截面扫描特征操控板

"可变剖面扫描"工具可以有以下多种轨迹类型:原点轨迹、法向轨迹、X 轨迹和相切轨迹。原点轨迹主要用来确定在变截面扫描过程中截面原点的位置。在"轨迹"项右侧有 3 个复选框:"X"、"N"、"T",其中"X"代表"X"向量;"N"代表垂直方向也就是 Z 轴;"T"代表相切参照。

要选择并改变轨迹类型,可单击操控板中的"参照"。在"轨迹"下将列出选定的轨迹。可按以下方法更改选定轨迹的类型:单击轨迹旁的 X 复选框使该轨迹成为 X 轨迹。第一个选择的轨迹不能是 X 轨迹。单击轨迹旁的 N 复选框使该轨迹成为法向轨迹。单击轨迹旁的 T 复选框使该轨迹成为切向轨迹。

(1) 剖面控制

垂直于轨迹:截面始终垂直于轨迹。

垂直于投影:沿投影方向查看,截面始终垂直于轨迹。

恒定法向:截面始终与所选的方向保持平行。

(2) 水平/垂直控制

垂直于曲面:截面 Y 轴方向与参照曲面的法向保持一致。

X 轨迹:截面水平方向根据 X 轨迹来确定。

自动:截面水平方向根据原点轨迹自动进行计算。

(3) 起点的 X 方向参照

定义 X 方向的参照,Z 轴沿所定义的方向将呈恒定走向。

"选项"下滑面板主要控制在扫描过程中截面的变化。

可变剖面:曲面位于选定的轨迹上,并根据轨迹的变化而变化。

恒定截面:曲面位于选定的原点轨迹上,并沿原点轨迹进行扫描。

封闭端点:将曲面的两端点进行封闭。

草绘放置点:通过选择基准点来定义草绘截面的放置点。

实例 2:使用图形函数创建可变截面扫描。

1) 选择系统主菜单中的"文件"→"新建"命令,系统弹出"新建"对话框,在"类型"选项组中选择"零件"选项,在"子类型"选项组中选择"实体"选项,在"名称"文本框中输入"graph_1",取消"使用缺省模板"复选框,单击"确定"按钮,弹出"新文件选项"对话框,在"模板"选项中选择"mmns_prt_solid"公制模板,单击"确定"按钮,进入零件模式。

2) 选择系统主菜单中的"插入"→"模型基准"→"图形"命令,系统弹出如图 7-9(a)所示的"为 feature 输入一个名字"文本框,输入图形名称"GRAPH_A",单击"确认"按钮,进入草绘界面,单击工具栏中的"坐标系"按钮,在绘图区任意位置单击左键,绘制 X-Y 坐标系,单击工具栏中的"中心线"绘制工具按钮,过坐标系 X、Y 轴分别绘制两条中心线,并绘制一条平行于 X 轴的中心线,再应用直线绘制工具绘制如图 7-9(b)所示直线段。

3) 选择系统主菜单中的"插入"→"模型基准"→"图形"命令,系统弹出如图 7-9(c)所示的"为 feature 输入一个名字"文本框,输入图形名称"GRAPH_B",单击"确认"按钮,进入草绘界面,单击工具栏中的"坐标系"按钮,在绘图区任意位置单击左键,绘制 X-Y 坐标系,单击工具栏中的"中心线"绘制工具按钮,过坐标系 X、Y 轴分别绘制两条中心线,并绘制一条平行于 X 轴的中心线,再应用圆弧绘制工具绘制如图 7-9(d)所示直线段。

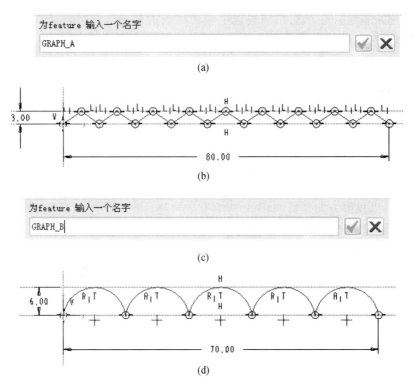

图 7-9 创建图形基准

4) 单击"草绘"工具按钮，系统弹出"草绘"对话框，如图 7-10(a)所示，选择"TOP"基准平面作为草绘平面，选择"right"基准平面作为右参照平面，如图 7-10(b)所示绘制圆，完成草绘后单击工具栏中的 ✓ 按钮。

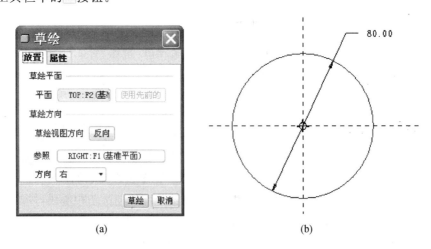

图 7-10 草绘圆

5) 单击"特征"工具栏中的"可变截面扫描"工具按钮，或选择系统主菜单中的"插入"→"可变截面扫描"命令，系统打开可变截面扫描特征操控板。单击操控板中的"实体"按钮，使用可变截面扫描工具创建实体特征。在"参照"下滑面板中，按住 Shift 键选择上面步骤所创建的草绘圆作为扫描轨迹,剖面控制设置为"垂直于轨迹",并在"选项"下滑面板中选择"可变剖面"复选框。

6) 单击操控板中的"草绘"按钮,进入草绘环境,绘制扫描截面如图 7-11(a)所示。选择系统主菜单中的"工具"→"关系"命令,系统弹出"关系"对话框。选择系统主菜单中的"信息"→"切换尺寸"命令,可以显示草绘中的尺寸名称,如图 7-11(b)所示。输入如下的图形函数关系式:sd4=evalgraph("graph_b",trajpar*70)+10;sd11=evalgraph("graph_a",trajpar*80)+10。

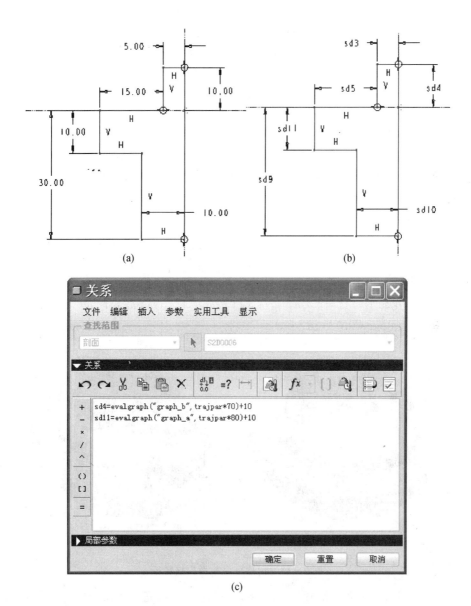

图 7-11 草绘扫描截面

单击"确定"按钮,关闭"关系"对话框。完成草绘后单击工具栏中的"完成"按钮。完成后预览特征如图 7-12 所示,单击"完成"按钮,并保存文件。

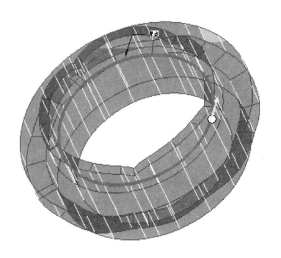

图 7-12 预览扫描结果

工程点拨：关系式"sd4＝evalgraph("graph_b",trajpar＊70)＋10"的意义是：通过图形函数加 10 后赋值给尺寸 sd4，"graph_b"表示图形函数返回 Y 值是图形基准"graph_b"确定，x 值是关于轨迹函数 trajpar 的变化值，由 0 至 70 变化。关系式"sd11＝evalgraph("graph_a",trajpar＊80)＋10"意义同上。

7）如图 7-13 所示，创建可变截面扫描特征。在模型树中单击 Var Sect Sweep 1 选中可变截面扫描特征，单击右键弹出快捷菜单，选择"编辑定义"命令，系统打开可变截面扫描特征操控板，单击"草绘"按钮，进入草绘环境，选择系统主菜单中的"工具"→"关系"命令，打开"关系"对话框。修改关系式如下：sd4＝4＊evalgraph("graph_b",trajpar＊70)＋10；sd11＝4＊evalgraph("graph_a",trajpar＊80)＋10。

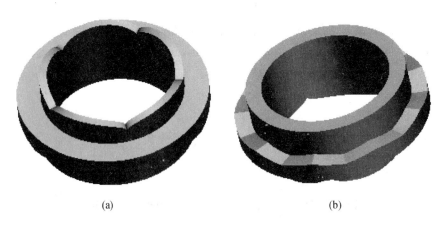

(a)　　　　　　　　　　　　　(b)

图 7-13 创建可变截面扫描特征

如图 7-14(a)所示完成关系式修改后，单击"确定"按钮，完成后预览特征如图 7-14(b)所示，单击"完成"按钮。创建的可变截面扫描特征如图 7-14(c)和图 7-14(d)所示。通过系统主菜单中的"文件"→"保存副本"命令，把该模型保存副本为"GRAPH_B"，相比零件"GRAPH_A"，由于关系式中图形函数乘于 4，显然模型变幅增大很多。

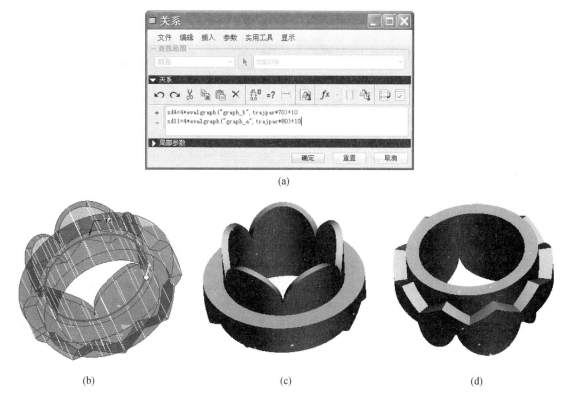

图 7-14 修改关系式

7.3 程序设计

Pro/Program 是 Pro/ENGINEER 软件提供的一种程序化的二次开发工具。利用 Pro/ENGINEER 造型的同时，Pro/Program 会产生特征的记录文件，记录着模型树中每个特征的详细信息，包括各个特征的建立过程、参数设置、尺寸以及关系式等，通过修改和添加特征的程序来生成基本参数相同的一系列模型。参数化程序设计关键在于确定独立可变参数，应尽量以最少的参数来确定整个零件的可变尺寸，并通过参数化尺寸驱动实现对设计结果的修改。

利用 Pro/Program 对 Pro/ENGINEER 软件进行二次开发时不需要重新撰写设计步骤，只需加入几个相关的语法指令就可以让整个零件或组件变得弹性化与多样化，其主要思想是利用 Pro/Program 模块的功能来接收、换算和传递用户输入的有关参数，通过改变特征的尺寸及特征之间的关系来达到参数化设计的目的。这里需要注意的是，开发工作的关键在于确定独立可变参数，应尽量以最少的参数来确定整个零件的可变尺寸，并通过参数化尺寸驱动实现对设计结果的修改。

7.3.1 Pro/Program 编程

(1) 启动程序

选择系统主菜单中的"工具"→"程序"命令，显示"程序"菜单管理器，如图 7-15 所示。

① 显示设计。显示 Pro/ENGINEER 产生的程序内容。

② 编辑设计。编辑 Pro/ENGINEER 产生的程序内容。

③ 例证。将零件模型转变为零件族的实例从而建立族表。

④ 允许替换。允许程序控制所使用的元件模型。

⑤ 不允许替换。不允许程序控制所使用的元件模型。

⑥ J-链接。用于模型的 J-链接应用功能。

(2) 编辑设计

图 7-15 "程序"菜单管理器

在"程序"菜单管理器中,选择"编辑设计"命令,系统就会自动打开其程序的记事本文件,在"Input…End Input"、"Relations…End Relations"语句之间进行相应的程序编辑。

① 在"Input"和"End Input"之间输入基本参数语句和提示语句。

```
Input
A NUMBER
    "请输入:"
    …
End Input
```

② 在"Relations"和"End Relations"之间输入关系语句。

```
Relations
…
End Relations
```

(3) 输入变量值

参数化程序设计完毕,保存记事本文件,系统消息栏弹出"确认"对话框,如图 7-16 所示。单击"是"按钮,在"程序"菜单管理器中单击"输入"选项,选取需修改的参数再生参数化三维模型。

也可以通过选择系统主菜单中的"工具"→"参数"命令,在弹出的对话框中修改相应的参数值,再选择系统主菜单中的"编辑"→"再生"命令,或单击工具栏中的 按钮,即可驱动三维实体模型的再生,从而完成模型的参数化设计。

图 7-16 "确认"对话框

7.3.2 Pro/Program 语句

Pro/Program 其实是一门很简单的程序设计语言。这门语言的基本词语总共就只有 11 个:Input…End Input、Relations…End Relations、Add…End Add、Execute…End Execute、If…

End If、Massprop…End Massprop、Lookup_inst、Suppressed、Modify、Choose、Interact。

Pro/Program 程序可分成几个部分,第一部分是版本与文件信息,第二部分是一个 Input…End Input 语句,第三部分是一个 Relations…End Relations 语句,第四部分是若干个 Add…End Add 语句,第五部分是一个 Massprop…End Massprop 语句,第一部分是系统自动生成.第二部分设置变量,第三部分设置关系式,第四部分管理所有的特征及零件,第五部分设置质量属性。应用 Pro/Program 的重点就在第二、三、四这三部分。

(1) IF…End If 语句

IF…End If 语句基本结构如下:

```
IF 条件 1
  执行语句 1
Else
  执行语句 2
End if
```

(2) Input…End Input 语句

Input…End Input 语句中需要人工输入的变量和变量类型以及相关提示信息。程序每次再生的时候,系统会提示我们输入每一个变量的新值。典型的 Input…End Input 语句基本结构如下:

```
Input
  参数名 参数值类型
  "提示语句"
End Input
```

提示:

① 语句必须指出变量的名称和类型。变量名必须以字符开头。

② 变量的类型有三种:number、string、yes - no。number 就是实数型,其值是任意一个实数。string 就是字符型,取值是任意一个字符串。yes - no 就是布尔型,也就是取值为 yes 或 no 之一。

③ 如果设置时不指定变量类型,则系统当它是实数型。

④ 系统提示输入时若不输入新值,则各个变量系统会取当前值。若是第一次运行时也不输入,则系统将实数型变量取值为 0,布尔型变量取值为 no,字符串型变量取值为空。

⑤ 在 Input 语句中可使用 IF…Else…End If 语句,以实现选择性输入。

⑥ 在 Input 语句中也可为输入变量加提示。应当注意的是,提示信息必须包含在引号里;提示信息必须紧跟在相应的输入变量之后。

(3) Relations…End Relations 语句

Relations…End Relations 语句中是零件/组件中需要用到的各种关系式。在零件/组件中加入的各种关系式都放在这里(不含草图关系式及阵列关系式)。在编程时也可直接在这里增加关系,所有在这里的关系都可以在"程序"中体现。

```
Relations
A = "Part0007"
B = 20.0
C = d5 * 5/d2
```

D = cos（d6）
End Relations

应当注意的是：

① Relations 语句中也可使用 IF…Else…End If 语句。

② 如果关系式一行超过 80 个字符，可在行尾写一个反斜杠(\)，然后接着在下一行写。

（4）Add…End Add 语句

Add…End Add 语句用于添加特征或者零件。语句基本结构如下：

Add Feature 特征名……End Add，
Add Part 零件名……End Add，
Add Subassembly 子组件名……End Add。

（5）Massprop…End Massprop 语句

Massprop…End Massprop 语句用于再生时计算质量属性。计算后系统里的质量属性相关的参数变成最新值，可在其他地方直接引用而不必在引用前再进行一次质量属性计算。语句基本结构如下：

Massprop
    Part partname1
    Part partname2
    …，
    Assembly asmname1
    Assembly asmname2
    …
End Massprop

工程点拨：

① 为输入变量定制提示：任何时候若需要输入，系统会提示用户输入变量的值。可以为特殊的输入变量定制提示而不使用系统提示。在设计执行期间，当相关的变量要求输入时会出现提示。加入提示的规则如下：提示必须包含在引号中；提示必须紧跟在相应的输入变量之后。如"请输入齿轮模数："。

② 如果要在程序中修改某个尺寸的值，可在 Relations 语句中修改。在 Relations 语句中修改的，再生后将在关系列表里加一条关系，这个尺寸变成由关系控制的，以后不能直接在模型中修改它的尺寸值，必须进入关系编辑器或程序编辑器里才能修改。

③ 使用注释来注释关系和特征，可以在程序中使用注释来注释关系和特征。使用"/＊注释"格式插入注释，注意斜杠和星号在注释之前，而且，特征的注释必须紧跟 Add Feature 行。注释附着在要添加的特征上，并显示在信息窗口中。

7.4 齿轮参数化精确建模

7.4.1 齿轮渐开线方程

渐开线是用 Pro/ENGINEER 建立理论上精确的圆柱齿轮的基础，以下是笛卡儿坐标系和圆柱坐标系的渐开线方程。

① 笛卡儿坐标系下的渐开线参数方程如下（设压力角 θ 由 0 到 60°，基圆半径为 r）：

theta＝60 * t
x＝r * cos(theta)＋pi * r * theta /180 * sin(theta)
y＝r * sin(theta)－pi * r * theta /180 * cos(theta)
z＝0

② 圆柱坐标系下的渐开线参数方程如下（设基圆半径为 r，压力角 α 由 0 到 60°）：

alpha ＝ 60 * t
r ＝ (r^2 ＋ (pi * 10 * afa/180)^2)^0.5
theta ＝ afa－atan((pi * r * afa/180)/r)
z ＝ 0

在 Pro/ENGINEER 系统中使用基准曲线工具可以创建精确渐开线。齿轮的齿廓形状有两种情况，即齿根圆的半径小于或大于渐开线的基圆半径，如图 7-17 所示。

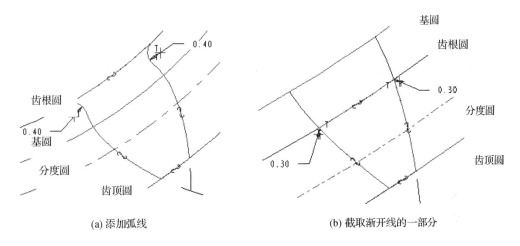

(a) 添加弧线　　　　　　　(b) 截取渐开线的一部分

图 7-17　齿轮齿部形状

因齿轮的啮合只在渐开线部分，因此对于第一种情况齿根圆的半径小于基圆半径，设计时可在基圆的以下部分添加与渐开线和齿根圆均相切的弧线以连接齿根圆，如图 7-17(a)所示。而对于第二种情况齿根圆的半径大于基圆半径，则无须加相切直线，仅截取渐开线的一部分即可，如图 7-17(b)所示。

齿轮参数化设计必须综合考虑上述两种情况，否则容易导致参数化建模失败。而基于 Pro/ENGINEER 的特征建模技术可以解决此类问题，只要草绘齿廓曲线图元时应用相切约束使齿廓圆角分别与渐开线和齿根圆曲线相切，并约束两圆角相等，通过尺寸约束驱动圆弧曲线的生成，即可形成封闭的草绘图元，如图 7-18 所示。

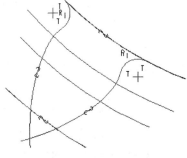

图 7-18　齿廓曲线图元创建

7.4.2 直齿轮参数化建模

(1) 设置齿轮全局参数

① 选择系统主菜单中的"文件"→"新建"命令,系统弹出"新建"对话框。在"类型"选项组中选择"零件"选项,在"子类型"选项组中选择"实体"选项,在"名称"文本框中输入"spur_gear",取消"使用缺省模板"复选框,单击"确定"按钮,弹出"新文件选项"对话框。在"模板"选项中选择"mmns_prt_solid"公制模板,单击"确定"按钮,进入零件模式。

② 选择系统主菜单中的"工具"→"参数"命令,系统弹出"参数"对话框。单击 按钮,设置齿轮全局参数,如图 7-19 所示,单击"确定"按钮,完成参数设置。

图 7-19 设置齿轮全局参数

(2) 齿轮几何尺寸关系的建立

① 选择系统主菜单中的"工具"→"关系"命令,系统弹出"关系"对话框。输入如图 7-20 所示关系式,单击"确定"按钮,完成关系式的设置。

② 单击"特征"工具栏中的 按钮,系统弹出"草绘"对话框。选择"TOP"基准平面作为绘图平面,参照平面及方向使用系统默认,进入草绘环境,以原点为圆心绘制四个不同直径的同心圆,如图 7-21 所示。选择系统主菜单中的"工具"→"关系"命令,系统弹出"关系"对话框。输入如图 7-22(a)所示关系式"sd0=df sd1=db sd2=d sd3=da"(注意分行输入),以设置齿轮齿根圆、齿顶圆、分度圆及基圆的尺寸驱动值,完成草绘后单击工具栏中的 按钮。

③ 退出草绘环境后单击分度圆曲线,分度圆曲线加亮被选中,单击鼠标右键系统显示快捷菜单,选择"属性"命令,系统弹出"线造型"对话框,设置分度圆的线型为"控制线"。最终草绘图元如图 7-22(b)所示。

第7章 Pro/ENGINEER 参数化程序设计

图 7-20 关系式

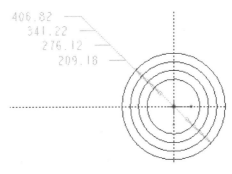

图 7-21 绘制四个任意直径的同心圆

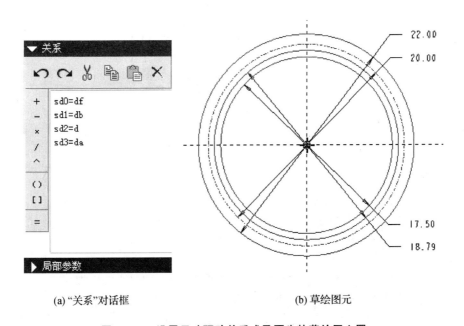

(a) "关系"对话框　　　　　(b) 草绘图元

图 7-22 设置尺寸驱动关系式及再生的草绘同心圆

(3) 齿轮渐开线和齿廓曲线绘制

① 单击"特征"工具栏中的 按钮，系统弹出"坐标系"对话框。选择模型树中的参照坐标系"PRT_CSYS_DEF"作为原点参照，设置所创建新坐标系"CS0"的方向，绕 Y 坐标轴旋转 30°，如图 7-23 所示。

② 单击"特征"工具栏中的 按钮，系统显示"曲线选项"菜单管理器，如图 7-24(a)所示。选择"从方程"命令，系统弹出"曲线：从方程"对话框，并显示"得到坐标系"菜单管理器，如图 7-24(b)所示。在模型树中选择坐标系"CS0"，坐标系类型设置为"笛卡儿"坐标系，在系统

弹出的"rel.ptd-记事本"中输入渐开线方程，如图7-24(c)所示。保存并关闭记事本，完成渐开线曲线特征的创建。

③ 单击"特征"工具栏中的 按钮，系统弹出"基准点"对话框。选择所绘制的渐开线，再按住Ctrl键选择分度圆曲线，创建基准点"PNT0"，如图7-25所示。

④ 单击"特征"工具栏中的 按钮，系统弹出"基准轴"对话框。选择基准平面"RIGHT"和"FRONT"作为参照，以其交

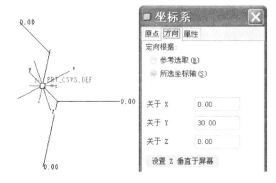

图7-23 创建坐标系CS0

(a) "曲线选项"菜单管理器

(b) "曲线：从方程"对话框及"得到坐标"菜单管理器

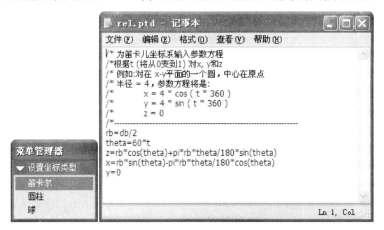

(c) 输入渐开线参数方程

图7-24 创建齿轮渐开线

图7-25 创建基准点PNT0

线创建基准轴"A_1",如图 7 – 26 所示。

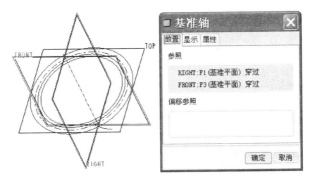

图 7 – 26　创建基准轴 A_1

⑤ 单击"特征"工具栏中的 按钮,系统弹出"基准平面"对话框,分别选择基准点"PNT0"和基准轴"A_1"作为参照,如图 7 – 27(a)所示,创建基准面 DTM1。再单击 按钮,系统弹出"基准面"对话框,选择基准平面"DTM1"和基准轴"A_1"作为参照,如图 7 – 27(b)所示,创建基准面"DTM2"。

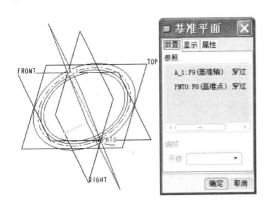

(a) 选择基准点和基准轴

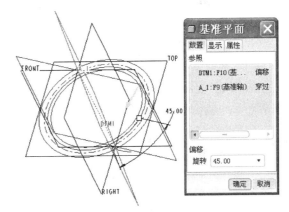

(b) 选择基准平面和基准轴

图 7 – 27　创建基准平面 DTM1 和 DTM2

工程点拨:系统默认的角度是"45°",同时默认的方向偏向渐开线的外侧,因此需要在 45 前输入"－"号,如果默认的方向偏向渐开线的内侧,则不需要添加负号。

⑥ 将基准面 DTM2 设置为由齿数 Z 参数驱动,选择系统主菜单中的"工具"→"关系"命令,弹出"关系"对话框。输入关系式"d#＝360/(z＊4)",单击"确定"按钮。也可以直接在步骤 5 中在创建基准面 DTM2 时的"旋转"文本框中输入"－360/(z＊4)"完成齿数 Z 的参数驱动,如图 7 – 28 所示。单击工具栏中的 按钮,再生模型,如图 7 – 29 所示。

图 7 – 28　输入关系式

尺寸名称的查询方法:

方法一:在绘图区单击"DTM2"基准平面,选中"DTM2"基

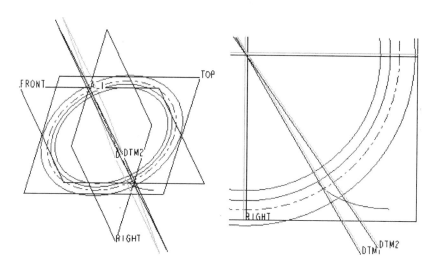

图 7-29 尺寸驱动基准平面 DTM2

准平面并被加亮,单击鼠标右键弹出快捷菜单,选择"编辑"命令,绘图区将出现旋转角度尺寸"45",把鼠标放置"45"上,出现尺寸号"d♯"。其中"♯"为该尺寸编号。

方法二:可在模型树中选择"DTM2"基准平面并右击,在弹出的右键快捷菜单中选择"编辑"命令,选择系统主菜单中的"信息"→"切换尺寸"命令,系统将自动显示其尺寸名称。

⑦ 单击"特征"工具栏中的 按钮,系统打开镜像特征操控板。选择所创建的"DTM2"基准平面作为镜像平面,镜像所创建的渐开线,如图 7-30 所示。

(4) 齿轮实体特征创建

① 单击"特征"工具栏中的 按钮,系统打开拉伸特征操控板。单击"放置"下滑面板中的"定义"按钮,系统弹出"草绘"对话框。选择"TOP"基准平面作为草绘平面,并选择"RIGHT"基准平面作为右参照,进入草绘环境。单击工具栏中的 按钮,选择齿轮的齿根圆曲线作为拉伸图元,绘制拉伸截面。完成草绘后单击工具栏中的 按钮,设置拉伸方向和拉伸深度为 B,单击操控板中的 按钮,创建实体特征,如图 7-31 所示。

工程点拨:齿轮的齿根圆不一定是直径最小的圆,而是齿根圆直径 DF 尺寸对应的草绘圆曲线特征。

图 7-30 镜像渐开线

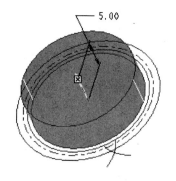

图 7-31 创建实体特征

② 单击"特征"工具栏中的按钮,系统打开拉伸特征操控板。单击"放置"下滑面板中的"定义"按钮,选择"TOP"基准平面作为草绘平面,并选择"RIGHT"基准平面作为右参照,进入草绘环境。如图 7-32 所示,选择封闭的曲线作为拉伸图元(图元倒圆角为 R,并设置圆角与齿根圆弧和渐开线分别相切,删除多余的图元或端点)。完成草绘后单击工具栏中的按钮,设置拉伸方向和拉伸深度为 B,单击操控板中的按钮,创建单个齿部实体特征,如图 7-33 所示。

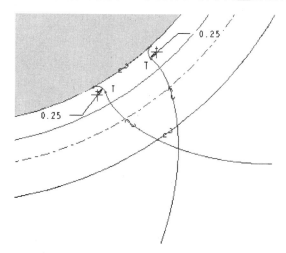
图 7-32 绘制齿廓拉伸截面

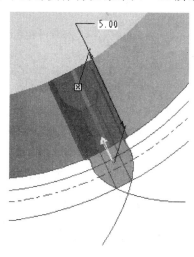
图 7-33 创建单个齿部实体特征

③ 选择系统主菜单中的"编辑"→"特征操作"命令,显示"特征"菜单管理器,选择"复制"→"移动"→"独立"→"完成"命令,系统显示如图 7-34(a)所示的"选取特征"菜单管理器,在绘图区中选择所创建的第一个齿部特征,选择"完成"命令。系统显示如图 7-34(b)所示的"移动特征"菜单管理器,选择菜单中的"移动特征"→"旋转"→"选取方向"→"曲线/边/轴"命令。在绘图区中选择"A_1"基准轴,在消息输入窗口输入旋转角度"360/Z",选择菜单中的"方向"→"正向"→"完成特征"命令。完成齿部特征的旋转复制,如图 7-34(c)所示。

  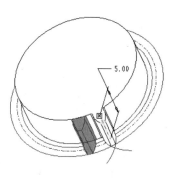

(a) "选取特征"菜单管理器　　(b) "移动特征"菜单管理器　　(c) 旋转复制齿部特征

图 7-34 旋转复制齿部特征

④ 在绘图区中选择创建的第二个齿部特征,单击"特征"工具栏中的按钮,系统打开阵列特征操控板。如图 7-35 所示,选择绘图区显示的驱动角度"18°"作为阵列尺寸增量,通过尺寸

273

阵列所创建的第二个齿部特征 19 个(Z-1 个),从而完成齿轮齿廓特征模型创建。

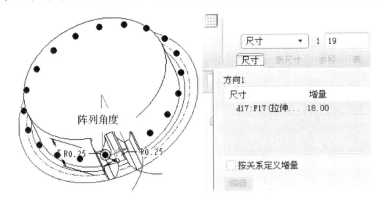

图 7-35 选取阵列驱动尺寸

⑤ 单击工具栏中的 按钮,系统显示模型的层树,选中"03__PART_AII_CURVES"并右击,在弹出的快捷菜单中选择"隐藏"命令。再在层树中右击,在弹出的快捷菜单中选择"保存状态"命令,从而完成所有曲线特征的隐藏。

⑥ 至此,完成齿轮实体的参数化建模,如图 7-36 所示。保存并退出。

(5) 齿轮参数化设计程序

选择系统主菜单中的"工具"→"程序"命令,显示"程序"菜单管理器。选择"编辑设计"命令,系统将在记事本中自动打开其程序文件,在"Input…End Input"、"Relations…End Relations"语句之间进行程序编辑。

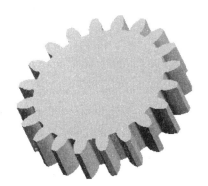

图 7-36 齿轮三维参数化模型

① 在"Input"和"End Input"之间输入如下基本参数语句和提示语句:

Input
M NUMBER
"请输入齿轮的模数:"
Z NUMBER
"请输入齿轮的齿数:"
B NUMBER
"请输入齿轮的宽度:"
X NUMBER
"请输入齿轮的变位系数:"
R NUMBER
"请输入齿轮的齿根半径:"
E NUMBER
"请输入齿轮的齿顶倒角:"
End Input

② 在"Relations"和"End Relations"之间输入如下关系语句:

Relations

...
D12=360/(z*4)   /*渐开线镜像平面 DTM2 绕 A1 轴的旋转角度
D13=B   /*齿轮宽度
D14=B
D15=R   /*齿槽圆角半径
D16=R
D17=360/Z   /*第二个齿槽旋转角度
D22=360/Z   /*阵列增量尺寸
P23=Z-1   /*阵列成员数
End Relations

应当注意的是,D♯是每个特征的尺寸名称,可以在模型树中编辑特征。选择 Pro/ENGINEER 系统主菜单中的"信息"→"切换尺寸"命令,系统将自动显示其尺寸名称。如图 7-37~图 7-40 所示,可查询齿轮主要特征的尺寸名称。

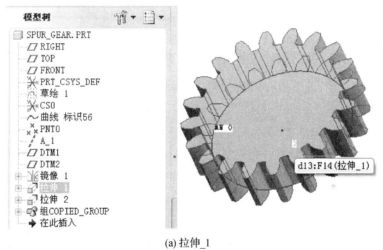

(a) 拉伸_1

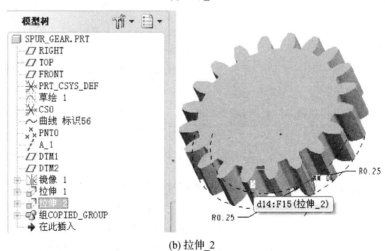

(b) 拉伸_2

图 7-37 拉伸特征的拉伸深度尺寸名称

参数化程序设计完毕,保存记事本所做修改,系统消息栏将弹出"确认"对话框,询问"要将

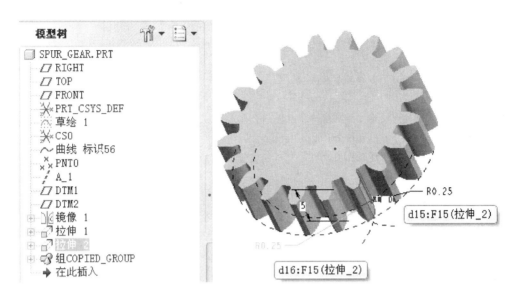

图 7-38 拉伸 2 特征的草绘图元圆角尺寸名称

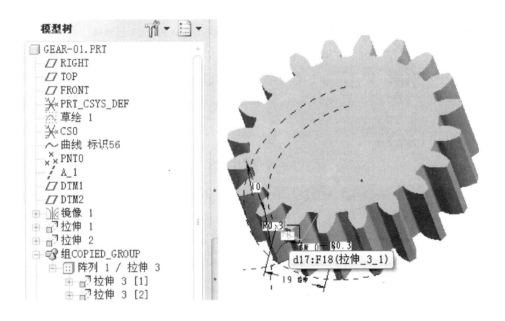

图 7-39 绕轴旋转角度的尺寸名称

所做的修改体现到模型中?",单击"是"按钮,在"程序"菜单管理器中选择"得到输入"→"输入"命令,在显示的"INPUT SEL"菜单中,全部选择复选框中参数变量 Z、M、B、X、R、E,选择"完成选取"命令后消息区弹出"请输入……:",输入参数变量新值,从而完成参数化与自动化设计,生成新的三维实体模型。也可以选择系统主菜单中的"工具"→"参数"命令,修改齿轮全局参数,并选择系统主菜单中的"编辑"→"再生"命令,即可驱动齿轮三维实体模型的重新生成,从而进行不同参数的齿轮参数化设计,如图 7-41 和图 7-42 所示。

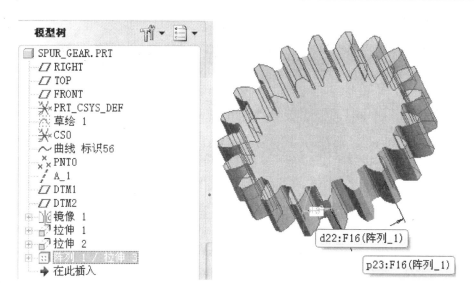

图 7-40 阵列的尺寸增量及成员数的尺寸名称

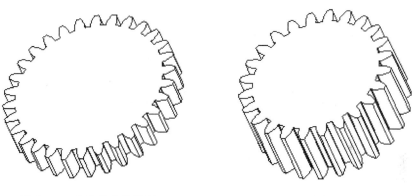

图 7-41 直齿轮实体模型 1　　　　图 7-42 直齿轮实体模型 2

7.4.3 斜齿轮参数化建模

(1) 设置齿轮全局参数

① 选择系统主菜单中的"文件"→"新建"命令,系统弹出"新建"对话框。在"类型"选项组中选择"零件"选项,在"子类型"选项组中选择"实体"选项,在"名称"文本框中输入"skew_gear",取消"使用缺省模板"复选框,单击"确定"按钮,弹出"新文件选项"对话框。在"模板"选项中选择"mmns_prt_solid"公制模板,单击"确定"按钮,进入零件模式。

② 选择系统主菜单中的"工具"→"参数"命令,系统弹出"参数"对话框。单击 按钮,设置齿轮全局参数,如图 7-43 所示,单击"确定"按钮,完成参数设置。

工程点拨:在 Pro/ENGINEER 系统中定义齿轮参数时,因为在参数对话框中不能严格按照国标进行定义,故采用自定义字母或其组合来简洁描述齿轮参数。

(2) 齿轮几何尺寸关系的建立

① 选择系统主菜单中的"工具"→"关系"命令,系统弹出"关系"对话框。输入如图 7-44

所示关系式,单击"确定"按钮,完成关系式的设置。

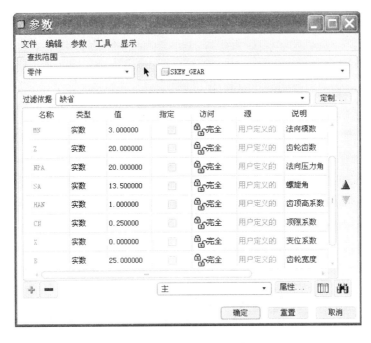

图7-43 添加齿轮全局参数

图7-44 设置关系式

② 单击"特征"工具栏中的 按钮,系统弹出"草绘"对话框。选择"TOP"基准平面作为绘图平面,参照平面及方向使用系统缺省,进入草绘环境,以原点为圆心绘制四个不同直径的同心圆。选择系统主菜单中的"工具"→"关系"命令,系统弹出"关系"对话框。输入关系式"sd0＝df sd1＝db sd2＝d sd3＝da"(注意分行输入),以设置齿轮齿根圆、齿顶圆、分度圆及基圆的尺寸驱

动值,完成草绘后单击工具栏中的 ✓ 按钮,草绘图元如图 7-45 所示。

③ 退出草绘环境后单击分度圆曲线,分度圆曲线加亮被选中并右击,在弹出的右键快捷菜单中选择"属性"命令,系统弹出"线造型"对话框,设置分度圆的线型为"控制线"。

(3) 齿轮渐开线和齿廓曲线绘制

① 单击"特征"工具栏中的 ✳ 按钮,系统弹出"坐标系"对话框。选择模型树中的参照坐标系"PRT_CSYS_DEF"作为原点参照,设置新坐标系"CS0"的方向,绕 Y 坐标轴旋转 30°。

② 单击"特征"工具栏中的 ∼ 按钮,系统显示"曲线选项"菜单管理器。选择"从方程"命令,系统弹出"曲线:从方程"对话框,并显示"得到坐标系"菜单管理器。在模型树中选择坐标系"CS0",坐标系类型设置为"笛卡儿"坐标系,在系统弹出的"rel.ptd -记事本"中如输入渐开线方程,如图 7-46 所示。保存并关闭记事本,完成渐开线曲线特征的创建,如图 7-47 所示。

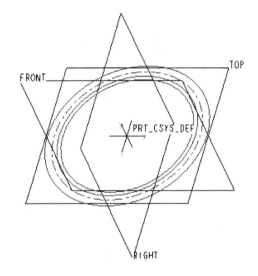

图 7-45 创建齿根圆、齿顶圆、分度圆及基圆曲线   图 7-46 输入渐开线方程

③ 单击"特征"工具栏中的 ✳ 按钮,系统弹出"基准点"对话框。选择所绘制的渐开线,再按住 Ctrl 键选择分度圆曲线,创建基准点"PNT0",如图 7-48 所示。

图 7-47 渐开线曲线   图 7-48 创建基准点 PNT0

④ 单击"特征"工具栏中的 ∕ 按钮,系统弹出"基准轴"对话框。选择基准平面"RIGHT"和"FRONT"作为参照,以其交线创建基准轴"A_1",如图 7-49 所示。

⑤ 单击"特征"工具栏中的 ▱ 按钮,系统弹出"基准面"对话框,分别选择基准点"PNT0"和

基准轴"A_1"作为参照,如图7-50所示,创建基准面DTM1。

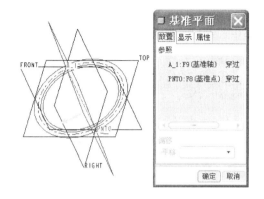

图7-49 创建基准轴A_1　　　　　　　　　图7-50 创建基准平面DTM1

⑥ 单击 按钮,系统弹出"基准面"对话框,选择基准平面"DTM1"和基准轴"A_1"作为参照,如图7-51所示,在创建基准面DTM2时的"旋转"文本框中输入"-360/(z*4)"完成齿数Z的参数驱动。单击工具栏中的 按钮,再生模型。

⑦ 单击"特征"工具栏中的 按钮,系统打开镜像特征操控板。选择所创建的"DTM2"基准平面作为镜像平面,镜像所创建的渐开线,如图7-52所示。

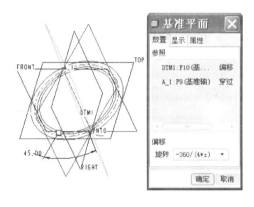

图7-51 创建基准平面DTM2　　　　　　　图7-52 镜像所创建的渐开线

⑧ 单击"特征"工具栏中的 按钮,系统弹出"草绘"对话框。选择"TOP"基准平面作为绘图平面,参照平面及方向使用系统缺省,进入草绘环境,在TOP面里创建齿廓曲线图元,如图7-53所示。

⑨ 选择系统主菜单中的"编辑"→"特征操作"命令,显示"特征"菜单管理器,选择"复制"→"移动"→"独立"→"完成"命令。系统显示"选取特征"菜单管理器和"选取"对话框,在绘图区中选择所创建的第一个齿廓曲线图元,选择"完成"命令。系统显示"移动特征"菜单管理器和"选取"对话框,选择菜单中的"移动特征"→"平移"→"选取方向"→"曲线/边/轴"命令,在绘图区中选择"A_1"基准轴,在消息输入窗口中输入平移距离值为"B",选择菜单中的"方向"→"反向"→"确定"→"完成移动"命令。再在"移动特征"菜单中选择"旋转"→"选取方向"→"曲线/边/轴"命令,在绘图区中选择"A_1"基准轴,在消息输入窗口中输入旋转角度"ASIN(2*B*TAN(SA)/D)",选择菜单中的"方向"→"反向"→"确定"→"完成移动"命令,系统弹出"组元素"对话

框,并显示"组可变尺寸"菜单管理器,选择"完成"命令,单击对话框中的"确定"按钮。完成齿部特征的平移和旋转复制,如图7-54所示。

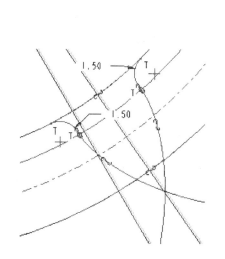

图7-53 创建齿廓曲线

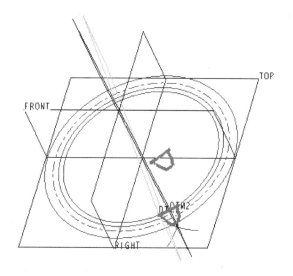

图7-54 创建另一齿廓曲线

(4) 齿轮实体特征创建

① 单击"特征"工具栏中的 按钮,系统打开拉伸特征操控板。单击"放置"下滑面板中的"定义"按钮,系统弹出"草绘"对话框。选择"TOP"基准平面作为草绘平面,并选择"RIGHT"基准平面作为右参照,进入草绘环境。单击工具栏中的 按钮,选择齿轮的分度圆曲线作为拉伸图元,绘制拉伸截面,完成草绘后单击工具栏中的 按钮,单击操控板中的 按钮,设置拉伸方向和拉伸深度为B,单击操控板中的 按钮,创建拉伸曲面特征,如图7-55所示。

② 单击"特征"工具栏中的 按钮,系统打开拉伸特征操控板。单击"放置"下滑面板中的"定义"按钮,系统弹出"草绘"对话框。选择"TOP"基准平面作为草绘平面,并选择"RIGHT"基准平面作为右参照,进入草绘环境。单击工具栏中的 按钮,选择齿轮的齿根圆曲线作为拉伸图元,绘制拉伸截面,完成草绘后单击工具栏中的 按钮,设置拉伸方向和拉伸深度为B,单击操控板中的 按钮,创建实体特征,如图7-56所示。

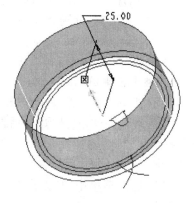

图7-55 创建拉伸曲面特征

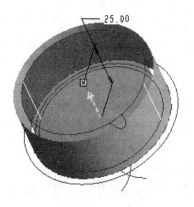

图7-56 创建拉伸实体特征

③ 单击"特征"工具栏中的 按钮,系统弹出"草绘"对话框。选择"FRONT"基准平面作为绘图平面,参照平面及方向使用系统缺省,进入草绘环境,绘制斜线,使其与轴线 A_1 的夹角为螺旋角 SA,如图 7-57(a)所示。同上如图 7-57(b)所示绘制直线。在绘图区选中所创建的斜直线,选择系统主菜单中的"编辑"→"投影"命令,选择分度圆圆柱曲面作为投影曲面,选择"FRONT"基准平面作为方向参照,创建投影曲线,如图 7-57(c)所示。

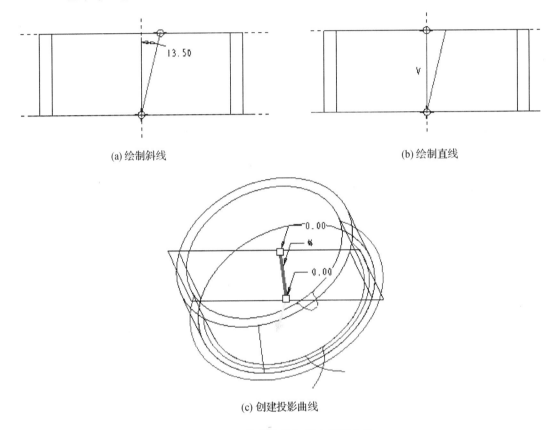

图 7-57 草绘曲线和创建投影曲线

④ 选择系统主菜单中的"插入"→"混合扫描"命令,选择投影曲线作为原点轨迹,剖面控制采用"垂直于轨迹"方式,选择草绘的斜直线作为原点轨迹,再选草绘直线作为法向轨迹和 X 轨迹。单击"截面"按钮,在"截面"下滑面板中选择"所选截面"复选框,分别选择两个齿廓曲线图元作为扫描混合截面,创建单个齿廓特征,如图 7-58 所示。

工程点拨:选择齿廓曲线图元时,单击"截面"下滑面板中的"细节"按钮,在过滤器栏中选择"曲线",再按住 Ctrl 键选择齿廓图元每一条曲线,即可完成整个齿廓图元的选取。

⑤ 选择系统主菜单中的"编辑"→"特征操作"命令,显示"特征"菜单管理器,选择"复制"→"移动"→"独立"→"完成"命令。系统显示"选取特征"菜单管理器并弹出"选取"对话框,在绘图区中选择所创建的第一个齿部特征,选择"完成"命令。系统显示"移动特征"菜单管理器和"选取"对话框,选择菜单中的"移动特征"→"旋转"→"选取方向"→"曲线/边/轴"命令,在绘图区中选择"A_1"基准轴,在消息输入窗口输入旋转角度"360/Z",选择菜单中的"方向"→"正向"→"完成移动"命令。完成齿部特征的旋转复制,如图 7-59 所示。

⑥ 在绘图区中选择创建的第二个齿部特征,单击"特征"工具栏中的 按钮,系统打开阵列

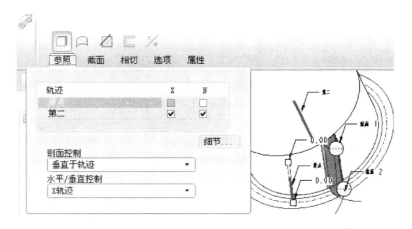

图 7-58 混合扫描齿部特征

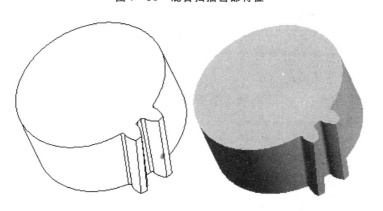

图 7-59 旋转复制齿部特征

特征操控板。如图 7-60 所示选择绘图区显示的驱动角度"18°"作为阵列尺寸增量,通过尺寸阵列所创建的第二个齿部特征 19 个(Z-1 个),从而完成齿轮齿廓特征模型创建。

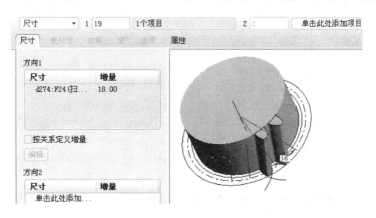

图 7-60 阵列齿部特征

⑦ 单击工具栏中的 按钮,系统显示模型的层树,选中"03_PART_AII_CURVES"并右击,在弹出的快捷菜单中选择"隐藏"命令。再在层树中右击,在弹出的快捷菜单中选择"保存状态"命令,从而完成所有曲线特征的隐藏。

⑧ 至此,完成齿轮实体的参数化建模,如图 7-61 所示。保存并退出。

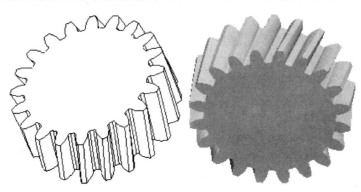

图 7-61　斜齿轮模型

(5) 齿轮参数化设计程序

选择系统主菜单中的"工具"→"程序"命令,显示"程序"菜单管理器。选择"编辑设计"命令,系统将在记事本中自动打开其程序文件,在"Input…End Input"、"Relations…End Relations"语句之间进行程序编辑。

① 在"Input"和"End Input"之间输入基本参数语句和提示语句:

```
Input
MN NUMBER
"请输入齿轮的法向模数:"
Z NUMBER
"请输入齿轮的齿数:"
NPA NUMBER
"请输入齿轮的法向压力角:"
SA NUMBER
"请输入齿轮的螺旋角:"
B NUMBER
"请输入齿轮的宽度:"
HAN NUMBER
"请输入齿轮的齿顶高系数:"
CN NUMBER
"请输入齿轮的顶隙系数:"
X NUMBER
"请输入齿轮的变位系数:"
End Input
```

② 在"Relations"和"End Relations"之间输入关系语句:

```
Relations
…
D# = 360/(4*Z)           /*渐开线镜像平面的偏移角度
D# = B                   /*复制渐开线的偏移距离
D# = ASIN(2*B*TAN(SA)/D) /*复制渐开线的旋转角度
```

D# = B	/* 分度圆圆柱曲面的拉伸深度	
D# = B	/* 齿轮实体的拉伸深度	
D# = SA	/* 投影曲线的角度	

```
IF HAN<1
    D# = 0.46 * MN            /* 定义齿廓图元1的圆角半径
    D# = 0.46 * MN            /* 定义齿廓图元2的圆角半径
ENDIF
IF HAN> = 1
    D# = 0.38 * MN
    D# = 0.38 * MN
    D# = 0.38 * MN
    D# = 0.38 * MN
ENDIF                         /* 定义齿廓的圆角半径
    D# = 360/Z                /* 第二个齿廓的旋转角度
    D# = 360/Z                /* 阵列的增量尺寸
    P# = Z - 1                /* 阵列特征的成员数
End Relations
```

工程点拨：D#是每个特征的尺寸名称，可以在模型树中编辑特征。选择 Pro/ENGINEER 系统主菜单中的"信息"→"切换尺寸"命令，系统将自动显示其尺寸名称。但是在参数化建模过程中，由于建模的顺序或建模的重复次数不一致，将导致尺寸名称不一致，即尺寸名称不是一成不变。因此在参数化建模过程中，必须明确不同特征建模的目的所在，才能准确把握特征本身与特征名称的内在关系，即本质（特征本身）和形式（特征名称）的内在关系。

读者请自行完成斜齿轮的参数化程序设计，最终完成的文件保存副本为"skew_gear_paratics.prt"。

7.5 参数化程序设计工程实例

塑料齿轮由于噪声低、惯性小、耐腐蚀、成型工艺好、成本低、具有自润滑性能，因此广泛应用于仪器仪表和各种家用电器的机械传动中。如图7-73所示为某电器设备中的一种双联塑料齿轮，其中小齿轮为斜齿轮，法向模数为0.4，螺旋角为18.4°；大齿轮为直齿轮，模数为0.4，齿轮精度较高。

(1) 设置工作目录

选择系统主菜单中的"文件"→"设置工作目录"命令，系统弹出"选取工作目录"对话框。选取"…\chapter7-5\unfinish\"作为文件工作目录，单击"确定"按钮。

(2) 小齿轮参数化设计

打开已经参数化的斜齿轮文件"skew_gear_paratics.prt"，选择系统主菜单中的"工具"→"参数"命令，修改齿轮全局参数，设置法向模数为0.4，螺旋角为18.4°，齿数为39，齿轮宽度为15。并选择系统主菜单中的"编辑"→"再生"命令，即可驱动齿轮三维实体模型的重新生成，完成小齿轮的参数化设计，如图7-62所示。保存副本为"duplex_gear_1.prt"。

(3) 大齿轮参数化设计

打开已经参数化的直齿轮文件"spur_gear.prt"，选择系统主菜单中的"工具"→"参数"命令，修改齿轮全局参数，设置模数为0.4，齿数为120，齿轮宽度为5，齿根圆角为0.1。并选择系统主菜单中的"编辑"→"再生"命令，即可驱动齿轮三维实体模型的重新生成，完成大齿轮的参数化设计，如图7-63所示。保存副本为"spur_gear_1.prt"。

(4) 新建坐标系

打开文件"duplex_gear_1.prt"，单击"特征"工具栏中的 按钮，系统弹出"坐标系"对话框。选择模型树中的参照坐标系"CS0"作为原点参照，设置新坐标系"CS1"的方向，在Y轴方向偏移"-2.5"，如图7-64所示。

图7-62 小齿轮

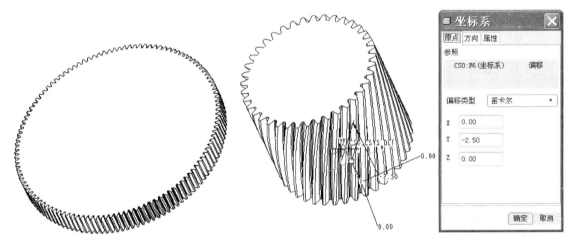

图7-63 大齿轮   图7-64 创建基准坐标系CS1

(5) 合并外部数据

① 在绘图区选择小齿轮的顶面作为种子曲面，然后按住Shift键，选择小齿轮底面作为边界曲面，系统将会自动选择种子曲面和边界曲面之间的所有相邻曲面（边界曲面除外），再按住Ctrl键选择排除小齿轮的顶面，先按Ctrl+C键，再按Ctrl+V键，系统打开曲面粘贴特征操控板。单击操控板中的 按钮，完成小齿轮圆柱曲面的复制，如图7-65所示。

② 选择系统主菜单中的"插入"→"共享数据"→"合并/继承"命令，系统打开合并外部数据操控板。单击操控板中的 按钮，打开工作目录下的文件"spur_

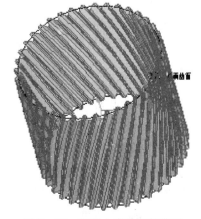

图7-65 复制小齿轮圆柱曲面

gear_1.prt",系统弹出"外部合并"对话框,如图7-66所示。选择约束类型为"坐标系",分别选择"spur_gear_1.prt"的基准坐标系"CS0"和"duplex_gear_1.prt"的基准坐标系"CS1"作为约束参照,单击 ✓ 按钮,完成外部特征的放置。单击操控板中的 ✓ 按钮,完成外部数据的合并,如图7-67所示。

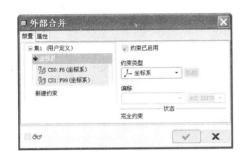

图7-66 "外部合并"对话框

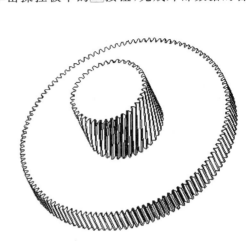

图7-67 合并外部特征

工程点拨:

共享数据的使用方法:

① 在组件(装配体)模式通过激活相应的模型然后进行共享数据的操作。这是结构设计时常用的共享方法,这种方法在要进行数据共享的两个零件之间有显式的装配关系的时候采用。这种共享方法的复制几何不受原来的默认坐标系的影响,完全依照不同的零件在装配中的定位或装配位置而定,具有更大的灵活性。

② 直接在零件文件下用从外部零件复制的方法来进行,主要是在要共享数据的两个模型之间没有显式的装配关系的情况下采用。这种情况只能使用坐标系的定位方法,从效果来看,它就像是一个使用坐标系对齐方式来进行装配之后的数据共享方式,后面带有自外部模型的共享方法都是这类。缺点是定位方式单一,优点是不需要建立一个装配辅助。

(6) 创建辅助特征

① 单击"拉伸"工具按钮 ,弹出拉伸特征操控板。单击"放置"下滑面板中的"定义"按钮,系统弹出"草绘"对话框。选择大齿轮顶面作为草绘平面,选择"RIGHT"基准平面作为草绘顶参照,绘制圆如图7-68(a)所示,完成草绘后单击工具栏中的 ✓ 按钮,单击操控板中的 按钮,设置单侧拉伸深度为"1.5",如图7-68(b)所示。选择"选项"下滑面板中的"封闭端"复选框,单击操控板中的 ✓ 按钮,完成拉伸曲面特征的创建。

② 在绘图区分别选择所创建的复制曲面和拉伸曲面,选择系统主菜单中的"编辑"→"合并"命令,创建合并曲面,如图7-69所示。应当注意合并方向的设置。

③ 在绘图区选择所创建的合并曲面,选择系统主菜单中的"编辑"→"实体化"命令,系统打开实体化特征操控板。单击操控板中的 按钮,注意实体化方向的设置,如图7-70(a)所示。单击操控板中的 ✓ 按钮,完成实体化切除特征的创建,如图7-70(b)所示。

④ 单击"拉伸"工具按钮 ,弹出拉伸特征操控板。单击"放置"下滑面板中的"定义"按钮,系统弹出"草绘"对话框。选择大齿轮底面作为草绘平面,选择"RIGHT"基准平面作为草绘顶

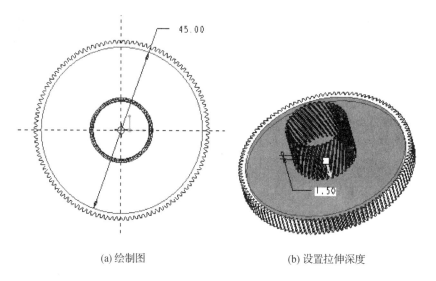

(a) 绘制图　　　　　　　　　(b) 设置拉伸深度

图 7-68　创建拉伸曲面特征

参照,绘制圆如图 7-71(a)所示,完成草绘后单击工具栏中的 ✓ 按钮,设置单侧拉伸深度为"1.5"。单击操控板中的 ✓ 按钮,完成拉伸切除特征的创建,如图 7-71(b)所示。

⑤ 单击"拔模"工具按钮 ,系统打开拔模特征操控板。在"拔模曲面"选项中单击将其激活,选择零件大齿轮切除特征的内侧面作为拔模曲面,如图 7-72 所示。在"拔模枢轴"选项中单击将其激活,然后选择大齿轮切除材料特征的水平面作为拔模枢轴。在拔模特征操控板中的文本框中输入拔模角度值"2"。单击操控板的 ✗ 按钮,改变拔模角度方向,保证塑件可以顺利脱模。单击拔模特征操控板中的 ✓ 按钮。同上,创建大齿轮底部拉伸切除特征内侧面拔模斜度。

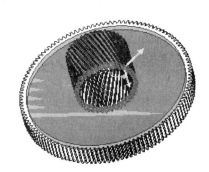

图 7-69　创建合并曲面

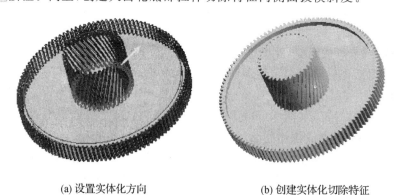

(a) 设置实体化方向　　　　　(b) 创建实体化切除特征

图 7-70　创建实体化切除特征

工程点拨:为了便于塑件脱模,防止脱模时擦伤塑件,设计时必须在塑件内外壁脱模方向上留有足够的斜度,以确保塑件顺利脱模,该斜度称为脱模斜度,在 Pro/ENGINEER 中称为拔模斜度。设计拔模特征的基本原则是在满足制品尺寸公差要求前提下尽量取大值,一般收缩率、

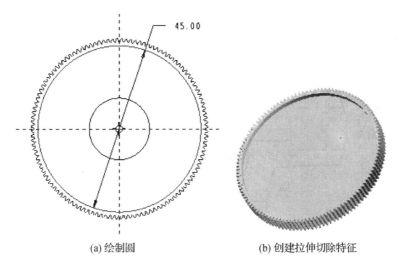

(a) 绘制圆　　　　　　(b) 创建拉伸切除特征

图 7-71　创建拉伸切除特征

壁厚大取大值,精度高、尺寸大时取小值。当制品高度很小时可以不设置拔模。注意必须保证拔模方向的正确设置。

⑥ 应用拉伸、阵列等特征工具创建其他辅助特征,最终完成双联齿轮的创建,如图 7-73 所示。保存副本为"duplex_gear_1.prt"。

工程点拨:辅助特征的创建既可满足产品装配的需要,同时又可保证塑件壁厚厚薄适中、均匀一致。读者可以应用"厚度检测"功能分析该塑件的壁厚设计合理与否。

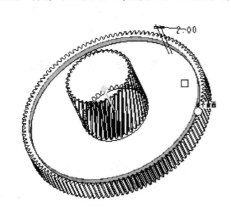

图 7-72　创建拔模特征

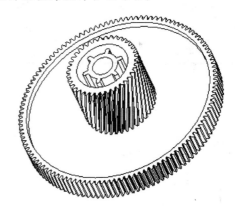

图 7-73　双联齿轮

7.6　参数化程序设计工程实战

双联齿轮产品零件图如图 7-74 所示,其主要齿轮参数如表 7-6 所列,请进行该产品的特征建模,如图 7-75 所示。

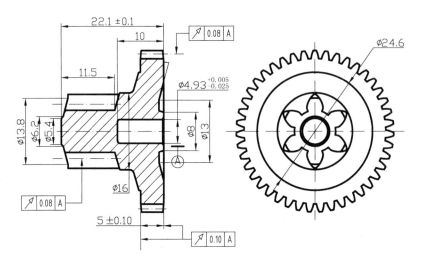

图 7-74 双联齿轮零件图

表 7-6 双联齿轮参数

渐开线齿轮参数		齿轮1	齿轮2
齿数	z	43	6
模数	m	0.75	1.75
变位系数	χ	−0.069	0
压力角	α	20°	20°
分度圆直径/mm	d	32.25	10.50
精度等级		8 GB 10095—1988	

图 7-75 双联齿轮模型图

第8章 Pro/ENGINEER 装配设计与运动仿真

8.1 装配设计概述

8.1.1 设计方法

自下而上(Down - Top)设计：用户从元件级开始分析产品，然后向上设计到主组件，如图8-1所示。成功的自下而上设计要求对主组件有基本的了解。基于自下而上方式的设计不能完全体现设计意图。尽管可能与自顶向下设计的结果相同，但加大了设计冲突和错误的风险，从而导致设计不灵活。目前，自下而上设计仍是设计界最广泛采用的范例。设计相似产品或不需要在其生命周期中进行频繁修改的产品的公司均采用自下而上的设计方法。

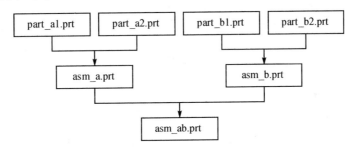

图8-1 自下而上设计

自顶向下(Top - Down)设计：从已完成的产品对产品进行分析，然后向下设计，如图8-2所示。因此，可从主组件开始，将其分解为组件和子组件。然后标识主组件元件及其关键特征。最后，了解组件内部及组件之间的关系，并评估产品的装配方式。掌握了这些信息，就能规划设计并能在模型中体现总体设计意图。自顶向下设计是各公司的业界范例，用于设计历经频繁设计修改的产品，被设计各种产品的各公司所广泛采用。

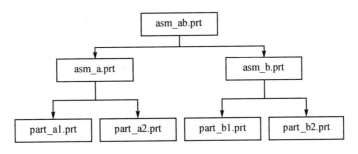

图8-2 自顶向下设计

采用自下而上的设计方法,可将复杂设计的特征和零件装配到组件和子组件中,最终可装配为主组件。如果采用自顶向下的方向进行处理,可将主组件分解为子组件、零件和特征。无论使用哪种设计方法,都是为了正确捕获设计意图,以提供某种程度的灵活性。模型的灵活性越大,则在产品生产周期中更改设计时出现的问题就越少。

8.1.2 装配设计

在组件模式下,产品的全部或部分结构一目了然,这有助于检查各个零件间的关系和干涉问题,从而更佳地把握产品细节结构的优化设计。组件是指由多个零件或零部件按一定约束关系构成的装配体,组件中的零件称为"元件",零部件称为"子组件"(子装配体)。

(1) 新建组件文件

选择系统主菜单中的"文件"→"新建"命令,弹出"新建"对话框,如图8-3(a)所示。在"类型"选项组中选择"组件"选项,在对应的"子类型"选项组中选择"设计"选项,输入新文件名"asm_name",取消"使用缺省模板"复选框,单击"确定"按钮,弹出"新文件选项"对话框,如图8-3(b)所示。在"模板"选项组中选择"mmns_asm_design",单击"确定"按钮,进入装配设计模块。

(a) "新建"对话框　　　　(b) "新文件选项"对话框

图8-3　新建组件文件

(2) 设置模型树显示项目

单击模型树中的设置按钮,在显示的下拉菜单中选择"树过滤器"命令,系统弹出"模型树"对话框,如图8-4所示。选择"特征"及"放置文件夹"复选框,以显示装配模式下组件和元件的特征,放置约束也在模型树中一一列出,便于组件和元件的特征编辑和修改。

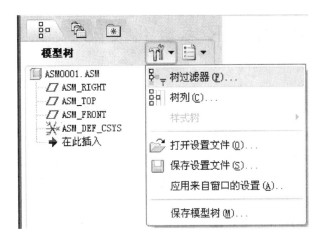

图 8-4 设置模型树显示项目

(3) 元件放置操控板

在组件模式下,单击工具栏中的 按钮,或者选择系统主菜单中的"插入"→"元件"→"装配"命令,系统弹出"打开"对话框。选择将要装配的元件,单击"打开"按钮,系统将打开元件放置操控板,如图 8-5 所示,绘图区出现将要装配的元件。其不同的工具按钮如表 8-1 所列。

图 8-5 元件放置操控板

表 8-1 元件放置操控板工具按钮

图 标	功 能
	约束装配和连接装配的转换
	重合——将元件放置于与组件参照重合的位置
	定向——将元件参照定向到组件参照
	偏移——将元件偏移放置到组件参照
	更改约束方向
	指定约束时,在单独的窗口中显示元件
	指定约束时,在组件窗口中显示元件

8.2 Pro/ENGINEER 参数化装配

8.2.1 约束装配

将要装配进来的零件或子组件作为固定时,采用约束装配形式,如图 8-6 所示。约束装配主要有自动、配对、对齐、插入、坐标系、相切、线上点、曲面上的点、曲面上的边以及带有偏移值的角度值。除了坐标系、固定、缺省以外,组件至少需要两种以上约束才能确定彼此的相对关系及位置。约束装配的基本类型如表 8-2 所列。

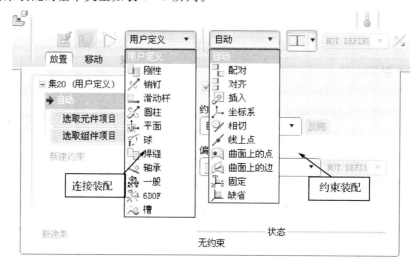

图 8-6 装配类型

表 8-2 约束装配的基本类型

类 型	装配方式
自动	自动判断约束条件的类型与位置关系的元件装配
配对	两个元件的平面相互贴合,且两个平面的法线方向相反
对齐	两个元件的平面相互对齐,且两个平面的法线方向相同,或两个元件的轴线共线
插入	圆轴与圆孔的配合
坐标系	两元件的坐标系定位装配
相切	两个曲面以相切的方式装配
线上点	元件的任意一点在组件线(或延伸线)上的装配
曲面上的点	元件的任意一点在组件曲面(或延伸曲面)上的装配
曲面上的边	元件的任意一边在组件曲面(或延伸曲面)上的装配
固定	直接将元件固定在当前位置的装配
缺省	将元件以默认的方式进行装配。

8.2.2 连接装配

将要装配进来的零件或子组件作为活动件时,一般采用连接的装配形式,如图8-6所示。连接装配的零件间具有机构运动的自由度,具有相对运动的各零部件通过一定连接关系装配在一起。在机构系统中,自由度的数量表示在系统中指定每个主体的位置或运动所需的独立参数的数量。

预定义的连接集的作用是约束或限制主体之间的相对运动,减少系统可能的总自由度。完全不受约束的主体有六个自由度:三个平移自由度和三个旋转自由度。如果将销钉连接应用于主体,则会限制主体绕着轴所进行的旋转运动,而主体的自由度也将由六个减少为一个。

选取一个应用到模型的预定义的连接集之前,应知道要对主体加以限制的运动及所允许的运动。表8-3列出了可在元件放置期间创建的预定义连接集及相应的自由度。应当注意的是,对于一般连接类型,该表显示与指定自由度相关的Pro/ENGINEER约束组。

表8-3 连接装配的基本类型

连接类型	连接定义	总自由度	旋转	平移	约束
焊缝	将两个主体粘在一起	0	0	0	坐标系对齐
刚性	在改变底层主体定义时将两个零件黏结在一起。受刚性连接约束的零件构成单一主体	0	0	0	完全约束
滑动杆	沿轴移动,不能绕轴旋转	1	0	1	轴对齐,平面对齐/匹配/点对齐
销钉	绕轴旋转,不能沿轴移动	1	1	0	轴对齐,平面对齐/匹配/点对齐
圆柱	沿指定轴平移并绕该轴旋转	2	1	1	轴对齐
球	在任何方向上旋转,不能沿轴移动	3	3	0	坐标中心点对齐
平面	通过平面接头连接的主体在一个平面内做二维相对运动。相对于垂直该平面的轴旋转	3	1	2	平面对齐/匹配
轴承	组合球形接头及滑块接头	4	3	1	点与边或轴线对齐

8.3 Pro/ENGINEER 高级装配

选择系统主菜单中的"插入"→"元件"命令,如图8-7所示,在其下拉菜单中有如下插入元件的方式。

① 装配:将元件添加到组件上。
② 创建:在组件模式下创建元件。
③ 封装:没有严格放置规范下创建。
④ 包括:在活动组件中包括未放置的元件。
⑤ 挠性:向所选组件添加挠性元件。

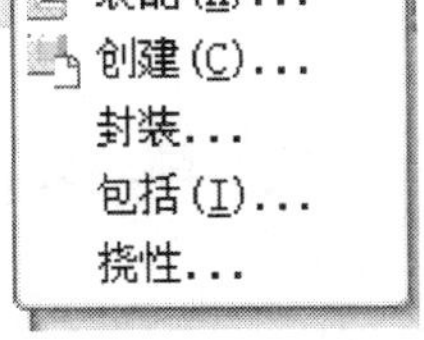

图8-7 插入元件下拉菜单

单击工具栏中的 按钮,或选择系统主菜单中的"插入"→"元件"→"创建"命令,系统将弹

出"元件创建"对话框,如图8-8(a)所示。可以有如下不同元件的创建:

① 零件:创建组件下的新元件。

② 子组件:创建组件下的新子组件(子装配体)。

③ 骨架模型:创建骨架模型。

④ 主体项目:创建新的项目。

⑤ 包络:创建新的包络。

骨架模型捕捉并定义设计意图和产品结构。骨架可以使设计者将必要的设计信息从一个子系统或组件传递至另一个。这些必要的设计信息要么是几何的主定义,要么是在其他地方定义的设计中的复制几何。对骨架所做的任何更改也会更改其元件。

在"元件创建"对话框中,选择"类型"选项组中的"零件"单选按钮,在"子类型"选项组中选择"实体"单选按钮,单击"确定"按钮,系统弹出"创建选项"对话框,如图8-8(b)所示。可通过如下创建方法创建元件:

① 复制现有:从已有零件复制来建立新的零件。

② 定位缺省基准:从其他零部件复制已有信息建立新零件。

③ 空:建立的新零件没有初始几何,并用缺省定位约束定位或用保持为未放置状态定位。

④ 创建特征:用于只关心基本结构形状,而不关心外部参考的新零件建立。

选择系统主菜单中的"插入"→"Manikin"命令,如图8-9所示,在其下拉菜单中列出了9种人体模型的装配设置方式:

(a) "元件创建"对话框

(b) "创建选项"对话框

图8-8 创建元件

图8-9 Manikin下拉菜单

8.4 装配设计工程实例

8.4.1 路由器装配设计

(1) 新建组件并缺省装配

① 设置工作目录为"路由器"文件夹所在的路径。选择系统主菜单中的"文件"→"设置工

作目录"命令,系统弹出"选取工作目录"对话框。选取"…\chapter8 – 4\unfinish"作为文件工作目录,单击"确定"按钮。

② 选择系统主菜单中的"文件"→"新建"命令,弹出"新建"对话框。在"类型"选项组中选择"组件"选项,在对应的"子类型"选项组中选择"设计"选项,输入新文件名"luyouqi",取消"使用缺省模板"复选框,单击"确定"按钮。弹出"新文件选项"对话框。在"模板"选项组中选择"mmns_asm_design"公制模板,单击"确定"按钮,进入装配设计模块。

③ 单击工具栏中的 按钮,系统弹出"打开"对话框。选择底座文件"hougai.prt",单击"打开"按钮,系统打开元件放置操控板,并在绘图区显示零件底座,选择"缺省"作为"约束类型",以默认约束方式装配底座零件,约束状态显示底座现在被"完全约束",单击操控板中的 按钮,这将把该零件定义为基础主体,完成后盖的默认装配,如图 8 – 10 所示。

图 8 – 10 默认装配

(2) 新建上盖子组件

① 单击工具栏中的 按钮,系统弹出"元件创建"对话框,如图 8 – 11(a)所示。选择"子组件"类型和"标准"子类型,输入名称为"shanggai",单击"确定"按钮,在弹出的"创建选项"对话框中选择"定位缺省基准"和"对齐坐标系与坐标系"单选按钮,如图 8 – 11(b)所示,单击"确定"按钮,完成子组件的创建。

② 单击模型树右边的"设置"按钮 ,选择"树过滤器"选项,系统弹出"模型树"对话框。在"显示"选项组中选择"特征"和"放置文件夹"选项,单击"确定"按钮,在模型树中将显示如图 8 – 12 所示,系统已创建子组件"SHANGGAI.ASM"。

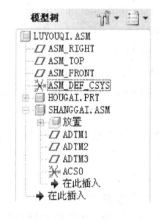

(a) "元件创建"对话框　　(b) "创建选项"对话框

图 8 – 11 创建子组件　　　　　　　　图 8 – 12 模型树

(3) 约束装配后盖 3

① 在模型树中选择所创建的子组件"SHANGGAI.ASM"并右击,在弹出的快捷菜单中选择"激活"命令,使其处于激活状态,以进行子组件的零件装配。

② 单击工具栏中的 按钮,系统弹出"打开"对话框。选择后盖 3 文件"shanggai_3.prt",单击"打开"按钮,系统打开元件放置操控板,并在绘图区显示零件后盖 3。

③ 单击操控板中的"放置"按钮,打开"放置"下滑面板。单击"新建约束",从"约束类型"列表中选择"对齐",如图 8-13 所示,分别选择"shanggai_3.prt"的"DTM3"基准平面和主组件"luyouqi.prt"的"ASM_FRONT"基准平面,从"偏移"选项中选择"重合"。再单击"新建约束",从"约束类型"列表中选择"对齐",分别选择"shanggai_3.prt"的"DTM1"基准平面和主组件"luyouqi.prt"的"ASM_RIGHT"基准平面,从"偏移"选项中选择"重合"。再单击"新建约束",从"约束类型"列表中选择"对齐",分别选择"shanggai_3.prt"的"DTM2"基准平面和主组件"luyouqi.prt"的"ASM_TOP"基准平面,从"偏移"选项中选择"重合"。约束状态显示后盖 3 现在被"完全约束",单击操控板中的 按钮,完成后盖 3 的装配。

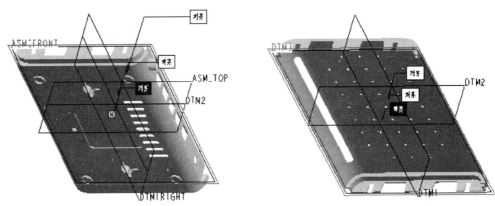

图 8-13 约束装配"shanggai_3.prt"

(4) 约束装配后盖 1 和 2

① 单击工具栏中的 按钮,系统弹出"打开"对话框。选择后盖 1 文件"shanggai_1.prt",单击"打开"按钮,系统打开元件放置操控板,并在绘图区显示零件后盖 1。从"约束类型"列表中选择"坐标系"选项,在绘图区分别选择"shanggai_1.prt"的"CS0"基准坐标系和主组件"luyouqi.prt"的"ASM_DEF_CSYS"基准坐标系。约束状态显示后盖 1 现在被"完全约束",单击操控板中的 按钮,完成后盖 1 的装配。

② 同上步骤,完成后盖 2 文件"shanggai_2.prt"的坐标系约束装配。完成装配后如图 8-14 所示。

图 8-14 约束装配后盖 1 和 2

(5) 约束装配左右侧盖

① 在模型树中选择主组件"LUOYOUQI.ASM"并右击,在弹出的快捷菜单中选择"激活"命令,使其处于激活状态,以进行左右侧盖零件装配。

② 单击工具栏中的 按钮,系统弹出"打开"对话框。选择侧盖文件"cegai.prt",单击"打开"按钮,系统打开元件放置操控板,并在绘图区显示侧盖零件。

③ 单击操控板中的"放置"按钮,打开"放置"下滑面板。单击"新建约束",从"约束类型"列表中选择"对齐",如图 8-15(a)和图 8-15(b)所示分别选择"cegai.prt"的平面和主组件"luyouqi.prt"的平面,从"偏移"选项中选择"重合"。再单击"新建约束",从"约束类型"列表中选择"对齐",如图8-15(c)所示分别选择"cegai.prt"的"DTM1"基准平面和主组件"luyouqi.prt"的"ASM_RIGHT"基准平面,从"偏移"选项中选择"重合"。再单击"新建约束",从"约束类型"列表中选择"对齐",如图8-15(c)所示分别选择"cegai.prt"的"DTM3"基准平面和主组件"luyouqi.prt"的"ASM_FRONT"基准平面,从"偏移"选项中选择"重合"。约束状态显示侧盖现在被"完全约束",单击操控板中的✓按钮,完成右侧盖的装配。

④ 单击工具栏中的 按钮,系统弹出"打开"对话框。选择侧盖文件"cegai.prt",单击"打开"按钮,系统打开元件放置操控板,并在绘图区显示侧盖零件。

⑤ 单击操控板中的"放置"按钮,打开"放置"下滑面板。单击"新建约束",从"约束类型"列表中选择"配对",如图8-15(d)所示分别选择"cegai.prt"的平面和主组件"luyouqi.prt"的平面,在"偏移"选项中选择"重合"。再单击"新建约束",从"约束类型"列表中选择"配对",如图8-15(d)所示分别选择"cegai.prt"的"DTM1"基准平面和主组件"luyouqi.prt"的"ASM_RIGHT"基准平面,从"偏移"选项中选择"重合"。再单击"新建约束",从"约束类型"列表中选择"对齐",如图8-15(d)所示分别选择"cegai.prt"的"DTM3"基准平面和主组件"luyouqi.prt"的"ASM_FRONT"基准平面,从"偏移"选项中选择"重合"。约束状态显示侧盖现在被"完全约束",单击操控板中的✓按钮,完成左侧盖的装配。

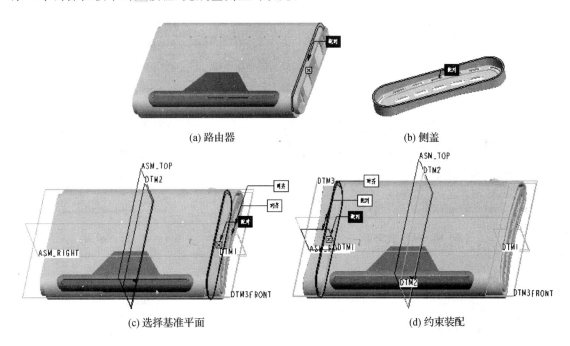

图 8-15 约束装配"cegai.prt"

⑥ 最终完成路由器的装配图,如图8-16所示。

(6) 创建分解视图

① 选择系统主菜单中的"视图"→"分解"→"分解视图"命令,系统自动分解视图,再选择主菜单中的"视图"→"分解"→"编辑位置"命令,系统打开编辑位置操控板,如图8-17所示。其中工具按钮的意义如下:

▣ 平移组件中的元件。
◐ 旋转组件中的元件。
▣ 在视图平面移动组件中的元件。
▣ 切换选定元件的分解状态。
✐ 创建修饰偏移线,以说明分解元件的运动。

② 单击▣按钮,选择右侧盖零件作为要移动的元件,选择如图8-18所示的坐标系X轴作为平移参照,向右移动该元件一定距离。同上完成其他元件的分解。完成的分解视图如图8-19所示。保存文件后退出。

图 8-16 装配模型

图 8-17 编辑位置操控板

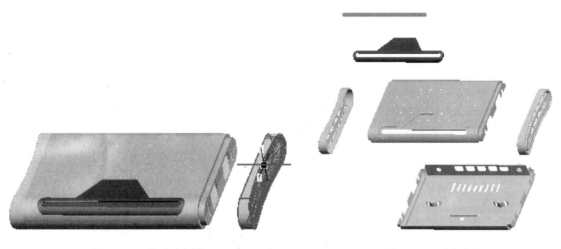

图 8-18 平移右侧盖　　　　图 8-19 分解视图

8.4.2 电饭煲装配设计

(1) 打开装配文件

设置工作目录为"电饭煲"文件夹所在的路径。选择系统主菜单中的"文件"→"设置工作目录"命令,系统弹出"选取工作目录"对话框。选取"…\chapter8-5\unfinish"作为文件工作目录,单击"确定"按钮。并打开组件文件"dianfanbao.prt"。

(2) 装配上盖子组件

单击▣按钮,打开"打开"对话框。选取上盖组件"SHANGGAI.ASM"单击"打开"按钮,系统出现"元件装配"操控板和子组件零件,从"用户定义"列表中选择"销钉"连接类型,单击"放置",打开操控板中的"放置"下滑面板,在"SHANGGAI_XIA_1"和"ZK"上分别选取"A_39"轴和"A_4"轴。在"放置"下滑面板中,单击"平移",在"SHANG_GAI"和主组件上分别选取"ASM_FRONT"和"ASM_FRONT"基准平面。在"放置"下滑面板中,单击"旋转轴",在"SHANG_GAI"和主组件上分别选取"ASM_TOP"和"ASM_TOP"基准平面,如图 8-20 所示,设置最小限制值为"-100",最大限制值为"0"。当前位置值"-100"表示装配的当前位置,如图 8-21 所示。注意输入的值为子组件相对参照平面"ASM_TOP"绕销钉轴旋转的角度,输入当前位置值为"0",选择"启动再生值"复选框。此时约束状态显示子组件现在被"完全约束",单击 ✓ 按钮。

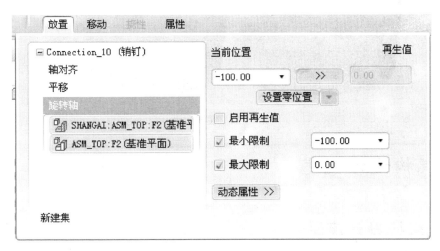

图 8-20　设置旋转轴

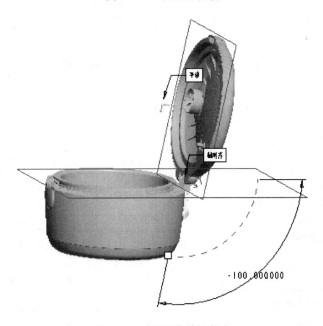

图 8-21　子组件装配状态

(3) 约束装配销钉

约束装配销钉,完成电饭煲的装配,如图 8-22 所示。

图 8-22 装配模型

8.5 机构设计概述

8.5.1 机构设计流程

机构(Mechanism)是 Pro/ENGINEER 的一个应用模块。其功能是对组件产品进行机构运动分析及仿真。所谓运动分析及仿真,是指通过模拟组件模型在真实工作情况中的机械运动规律,来验证所设计的机械组件的可行性,如机构运动时的干涉分析和机械运动效果的确认。

应用 Pro/ENGINEER 系统提供的"机构"模块进行装配体的机构运动仿真,主要工作包括模型创建、添加建模图元(伺服电动机、执行电动机、弹簧、阻尼器、力/力矩负荷和重心等)、运动分析和结果回放与测量,其设计流程如表 8-4 所列。

表 8-4 机械设计流程

流 程	具体内容	流 程	具体内容
创建模型	① 定义主体 ② 指定质量属性 ③ 生成连接。 ④ 定义运动轴设置 ⑤ 生成特殊连接	准备分析	① 定义初始位置快照 ② 创建测量
检测模型	拖动组件	分析模型	① 运行运动分析 ② 运行动态分析 ③ 运行一个静态分析 ④ 运行力平衡分析 ⑤ 运行位置分析
添加建模图元	① 应用伺服电动机 ② 应用弹簧 ③ 应用阻尼器 ④ 应用执行电动机 ⑤ 定义力/力矩负荷 ⑥ 定义重力	查看结果	① 回放结果 ② 检查干涉 ③ 查看定义的测量和动态测量 ④ 创建轨迹曲线和运动包络 ⑤ 创建要转移到 Mechanica 结构的负荷集

8.5.2 机构设计主界面

选择系统主菜单中的"应用程序"→"机构"命令,进入机构设计主界面,如图 8-23 所示。与标准模式不同之处是其模型树分两层,即上层的模型树和下层的机构树,以及机构设计工具栏图标,如图 8-24 所示和表 8-5 所列。

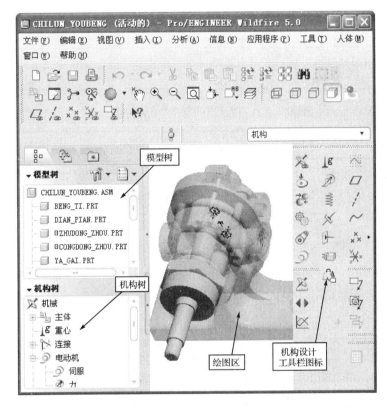

图 8-23 机构设计主界面

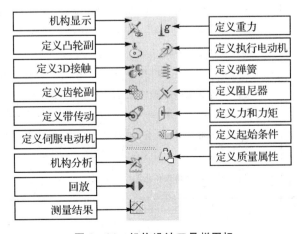

图 8-24 机构设计工具栏图标

表 8-5 机构设计工具

菜 单	工 具	图 标	功 能
编 辑	重新连接		锁定或解锁任意主体。添加或改变伺服电动机、或改变连接定义后,应检查相关机构是否可正确装配
	质量属性		指定零件的质量属性,或指定组件的密度
	重定义主体		移除组件约束以重定义组件中的主体
	重力		定义重力
视 图	加亮主体		加亮主体,以绿色显示基础主体
	机构显示		打开或关闭组件上机构图标的可见性
插 入	凸轮		定义凸轮从动机构
	齿轮		定义齿轮副
	带传动		定义带传动
	3D 接触		定义 3D 接触
	伺服电动机		定义伺服电动机。使用伺服电动机可规定机构以特定方式运动
	执行电动机		定义执行电动机。使用执行电动机可向机构施加特定的负荷
	力/扭矩		定义力或扭矩。可以应用力或扭矩来模拟对机构运动的外部影响
	弹簧		定义弹簧
	阻尼器		定义阻尼器。阻尼器用于机构仿真运动中起阻力作用
	初始条件		指定初始位置快照并且为点、运动轴或者主体定义速度初始条件
	轨迹曲线		记录轨迹和凸轮合成曲线

续表 8-5

菜 单	工 具	图 标	功 能
分 析	机构分析		进行位置分析、运动分析、动态分析、静态分析和力平衡分析
	回放		回放分析运行的结果,也可保存或输出结果,或者恢复先前保存的结果
	测量		创建测量并且选取要显示的测量和结果集,也可以对结果出图或将其保存到一个表中
工 具	机构设置		指定用于装配机构的公差、分析或组件运行失败时采取的措施,并控制运行期间的图像显示
	碰撞检测设置		指定结果集回放中是否包含冲突检测、如何处理冲突以及回放如何显示冲突检测

① 模型树。显示组件的所有元件:固定的基底元件、可运动的连接方式装配的元件,以及约束方式装配至可运动元件的并与之固定构成一个主体的元件。

② 机构树。显示机构设计的所有项目:主体、重心、连接、电动机、弹簧、阻尼器、力和扭矩、起始条件、分析及回放。

8.5.3 机构设计工程实例

(1) 新建组件

① 设置工作目录为"路由器"文件夹所在的路径。选择系统主菜单中的"文件"→"设置工作目录"命令,系统弹出"选取工作目录"对话框。选取"…\chapter8-4\unfinish"作为文件工作目录,单击"确定"按钮。

② 选择系统主菜单中的"文件"→"新建"命令,系统弹出"新建"对话框。在"类型"选项组中选择"组件"选项,在对应的"子类型"选项组中选择"设计"选项,输入新文件名"helical_gear",取消"使用缺省模板"复选框,单击"确定"按钮,弹出"新文件选项"对话框。在"模板"选项组中选择"mmns_asm_design"公制模板,单击"确定"按钮,进入装配设计模块。

(2) 创建骨架模型

① 单击工具栏中的按钮,系统弹出"元件创建"对话框,如图8-25(a)所示。选择"骨架模型"类型和"标准"子类型,接受系统默认名称,单击"确定"按钮,在弹出的"创建选项"对话框中选择"创建特征"单选按钮,如图8-25(b)所示。单击"确定"按钮,完成骨架模型的创建。

② 单击"特征"工具栏中的按钮,系统弹出"基准轴"对话框。选择"ASM_RIGHT"基准平面和"ASM_TOP"基准平面作为参照,以其交线创建基准轴"A_1",如图8-26所示。

③ 单击"特征"工具栏中的按钮,系统弹出"基准轴"对话框。选择"ASM_FRONT"基准平面作为"法向"参照,再选择"ASM_RIGHT"基准平面和"ASM_TOP"基准平面作为偏移参照,并设置偏移"ASM_RIGHT"基准平面值为"162.819",以创建基准轴"A_2",如图8-27所示。

④ 在模型树中激活主组件,完成骨架模型特征的创建。

(a) "元件创建"对话框　　　　　(b) "创建选项"对话框

图 8-25　创建骨架模型

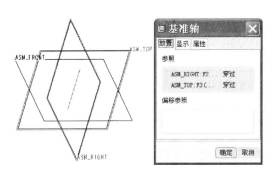
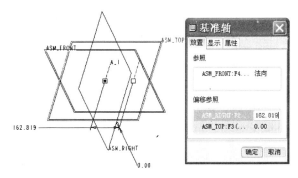

图 8-26　创建基准轴 A_1　　　　　图 8-27　创建基准轴 A_2

工程点拨：骨架模型中两个基准轴的距离是齿轮副的中心距。

（3）装配斜齿轮 1

单击 按钮，弹出"打开"对话框，选取斜齿轮 1"helical_left_gear.prt"，单击"打开"按钮，系统打开"元件装配"操控板和斜齿轮 1 零件。从"用户定义"列表中选择"销钉"连接类型，单击"放置"，打开操控板中的"放置"下滑面板。在"helical_left_gear.prt"和绘图区上分别选取"GEAR－AXIS"轴和"A_1"轴，在"放置"下滑面板中，单击"平移"，在"helical_left_gear.prt"和绘图区上分别选取如图 8-28(a)所示的齿轮端面和"ASM_FRONT"基准平面。在"放置"下滑面板中，单击"旋转轴"，在"helical_left_gear.prt"和绘图区上分别选取"HA_DTM"平面和"ASM_RIGHT"平面，选择"启动再生值"复选框，并输入当前位置为"0"。此时约束状态显示齿轮被"完全约束"，单击 按钮。

（4）装配斜齿轮 2

单击 按钮，弹出"打开"对话框，选取斜齿轮 2"helical_right_gear.prt"，单击"打开"按钮，系统打开"元件装配"操控板和斜齿轮 2 零件。从"用户定义"列表中选择"销钉"连接类型，单击"放置"，打开操控板中的"放置"下滑面板。在"helical_right_gear.prt"和绘图区上分别选取"GEAR－AXIS"轴和"A_1"轴，在"放置"下滑面板中，单击"平移"，在"helical_right_gear.prt"和绘图区上分别选取如图 8-28(b)所示的齿轮端面和"ASM_FRONT"基准平面。在"放置"下滑面板中，单击"旋转轴"，在"helical_right_gear.prt"和绘图区上分别选取"HA_DTM"平面和"ASM_RIGHT"平面，选择"启动再生值"复选框，并输入当前位置为"0"。此时约束状态显示齿轮被"完全约束"，单击 按钮。

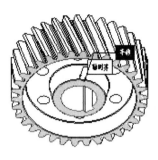 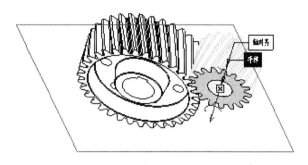

(a) 选取齿轮端面和基准平面　　　　(b) 选择绘图区齿轮端面和基准平面

图 8-28　选择平移齿轮端面

(5) 定义齿轮副

单击系统主菜单的"应用程序"→"机构"命令,进行机构模块设计。单击工具栏中的"齿轮副定义"按钮,弹出"齿轮副定义"对话框,如图 8-29(a)、(b)所示。首先选取斜齿轮 1 相应的销钉连接作为"运动轴",输入齿轮节圆直径"217.092",单击对话框中的"应用"按钮。然后选取斜齿轮 2 相应的销钉连接作为"运动轴",输入齿轮节圆直径"108.546",单击对话框中的"应用"和"确定"按钮,完成齿轮副的定义,如图 8-30 所示。

(6) 定义伺服电动机

单击 按钮,弹出"伺服电动机定义"对话框,如图 8-31 所示。在"类型"选项卡上,对于"从动图元",选取"运动轴",并选择将斜齿轮 2"helical_right_gear.prt"连接到主组件的运动轴(Connection_3._axis_1),在"轮廓"选项卡上,将"规范"改为"速度","模"设为"常数",为 A 输入值 72,单击"确定"按钮,完成伺服电动机的定义,如图 8-31 所示。

(7) 执行运动学分析

单击 按钮,弹出"分析定义"对话框。在"类型"选项下,选取"运动学"分析定义类型,在"首选项"选项卡上,接受系统默认值,在"电动机"选项卡上,如图 8-32 所示,确保列出了"伺服电动机 1"(ServoMotor1),如果未列出,请单击 按钮然后添加它。单击"运行"按钮,模型按指定运动进行移动。必须将分析结果保存为回放文件,以便在"机构设计"的后续进程中使用。

(8) 保存并查看结果

① 回放结果。单击 按钮,弹出"回放"对话框,如图 8-33(a)所示,AnalysisDefinition1 显示在"结果集"字段中。单击对话框中的 按钮,系统将自动计算干涉。计算完毕"动画"对话框打开,如图 8-33(b)所示,可以播放动画。单击"关闭"按钮退出。

② 在"回放"对话框中,单击 按钮将结果保存为"AnalysisDefinition1.pbk"文件,在"保存分析结果"对话框中,接受系统默认名称。单击"关闭"按钮退出。

③ 单击 按钮,弹出"测量结果"对话框。单击 按钮,"测量定义"对话框打开。如图 8-34 所示,保留"measure1"作为测量名称,在"类型"下选取"速度",在从动齿轮齿部选取一个顶点,在"分量"下选取"Y 分量",并保留 WCS 作为"坐标系",在"评估方法"下保留"每个时间步长"。"机械设计"显示一个洋红色箭头指示 Y 方向,单击"确定"按钮。在"测量结果"对话框中,选取"测量"下的"measure1",分别选取"结果集"下的"AnalysisDefinition1"。"图形类型"设为"测量与时间",单击 按钮,测量的结果如图 8-35 所示。

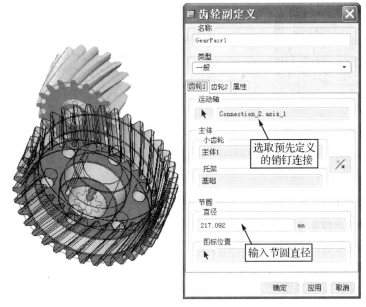

(a) 齿轮1定义

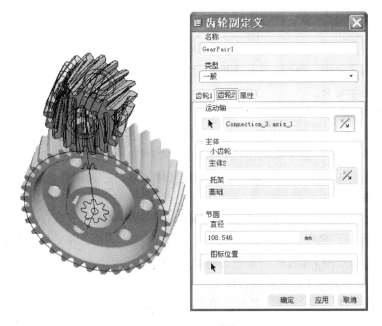

(b) 齿轮2定义

图8-29 "齿轮副定义"对话框

第 8 章 Pro/ENGINEER 装配设计与运动仿真

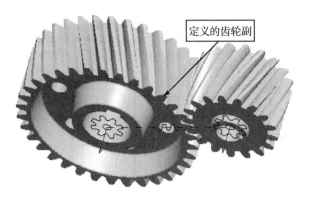

图 8-30 定义齿轮副

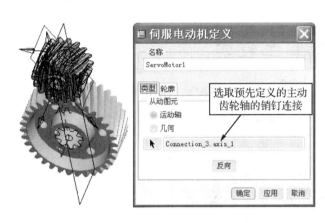

图 8-31 定义伺服电动机

图 8-32 "分析定义"对话框

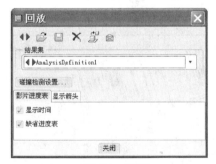

(a) "回放"对话框

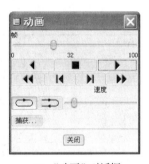

(b) "动画"对话框

图 8-33 回放结果

图 8-34 测量定义

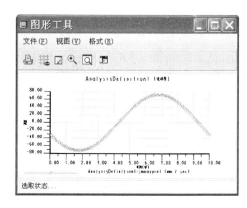

图 8-35 测量结果

8.6 装配设计与运动仿真工程实战

在 Pro/ENGINEER 系统中进行表 8-6 所列产品的装配与运动仿真。

表 8-6 产品设计项目

项 目	图 例
内啮合传动	
直齿圆柱传动	
斜齿锥齿轮传动	

第 9 章 Pro/ENGINEER 工程图设计

9.1 Pro/DETAIL 工程图概述

使用 Pro/ENGINEER 绘图模式即 Pro/DETAIL 工程图模块,可创建所有 Pro/ENGINEER 模型的绘图,或从其他系统输入绘图文件。可以用注解来注释绘图、处理尺寸以及使用层来管理不同项目的显示。绘图中的所有视图都是相关的:如果改变一个视图中的尺寸值,系统就相应地更新其他绘图视图。而且,Pro/ENGINEER 使这些绘图与其父模型相关。模型会自动反映您对绘图所做的任何尺寸更改。另外,相应的绘图也反映用户对零件、钣金件、组件或制造模式中的模型所做的任何改变(如添加或删除特征和尺寸变化)。

9.1.1 Pro/DETAIL 主界面

选择系统主菜单中的"文件"→"新建"命令,系统弹出"新建"对话框。选择"绘图"类型选项,输入工程图名称或使用缺省名称,取消"使用缺省模板"复选框,如图 9-1 所示,单击"确定"按钮,系统弹出"新建绘图"对话框,如图 9-2 所示。选择模型,使用任一模板,单击"确定"按钮,进入 Pro/ENGINEER 绘图模式,如图 9-3 所示。

图 9-1 "新建"对话框

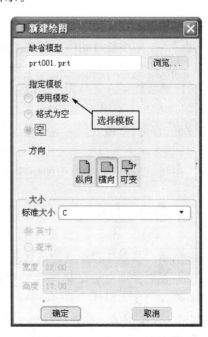

图 9-2 "新建绘图"对话框

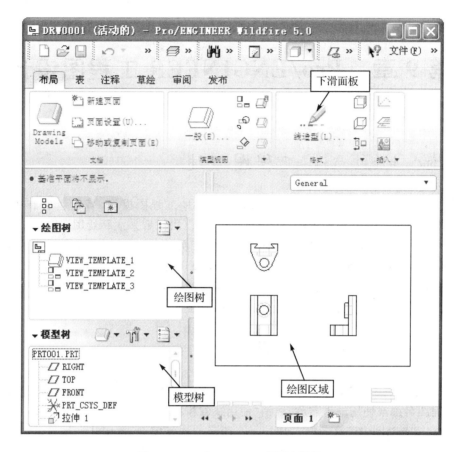

图 9-3 Pro/DETAIL 工程图主界面

新建绘图的类型如下：
① 使用模板：使用模板自动生成新的工程图。
② 格式为空：指定使用格式自动生成新的工程图。
③ 空：选择图纸放置方向与大小生成的空白工程图。

在 Pro/DETAIL 工程图主界面中，与 Pro/ENGINEER 零件模式不同的是，在信息栏上出现布局、表、注释、草绘、审阅及发布等下滑面板，且下滑面板上有不同的相应功能的工具图标。相比以前版本，将传统的下拉菜单式操作方式改进为操控板和工具图标结合的新操作方式，模型树上出现绘图树，以便记录工程图的创建过程，并对工程图特征进行编辑。

9.1.2 绘图环境设置

配置文件选项控制零件和组件的设计环境，而绘图设置文件选项会向细节设计环境添加附加控制。绘图设置文件选项确定诸如尺寸和注释文本高度、文本方向、几何公差标准、字体属性、绘制标准、箭头长度等特性。

Pro/ENGINEER 用每一单独的绘图文件保存这些绘图设置文件选项设置，系统将这些值保存在一个名为 filename.dtl 的设置文件中。该文件的位置 drawing_setup_dir 配置文件选项确定。系统默认的位置是"X:\Program Files\proeWildfire 5.0\text\iso.dtl"。

iso.dtl 是工程图重要的配置文件,控制工程图中的变量,其中几个重要参数说明如下:
① drawing_text_height 3.500000 设置字体高度。
② text_width_factor 0.8500000 设置字体宽度因子。
③ projection_type FIRST_ANGLE 设置第一视角投影方式。

1. 工程图配置文件的设置

选择系统主菜单中的"文件"→"绘图选项"命令,系统弹出如图9-4所示的"选项"对话框。可在其中创建、检索和修改工程图配置文件。

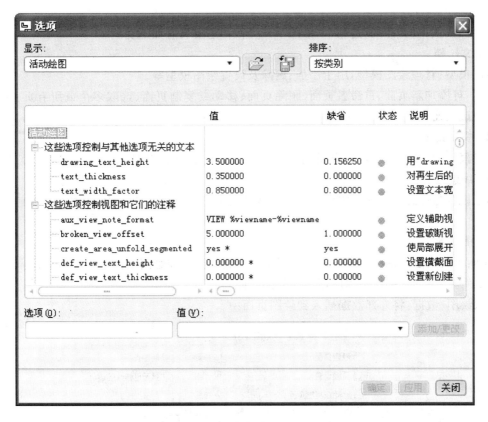

图9-4 "选项"对话框

应当注意的是,修改工程图配置文件,只会改变当前绘图环境,而不会影响到Pro/ENGINEER其他模块和其他绘图。

实际工作中企业一般都有内部使用的绘图标准和习惯,因此常常在国家标准前提下自行设置配置文件,建立更为细致全面的企业标准以便实施,提高绘图效率。

2. 加载自行设置的配置文件

加载自行设置的配置文件,可在config.pro中指定绘图配置文件目录的完整路径和名称。设置方法是选择系统主菜单中的"工具"→"选项"命令,设置"drawing_setup_file:X:\…\filename.dtl",指定工程图配置文件所在目录的完整路径和名称,并保存所做修改,重新启动Pro/ENGINEER生效。

也可以在绘图模式中,选择系统主菜单中的"文件"→"绘图选项"命令,系统弹出"选项"对话框。单击 按钮,系统弹出"打开"对话框,选择自行设置的配置文件"filename.dtl",单击"应用"→"确定"按钮,完成绘图选项的设置。

9.2 Pro/DETAIL 视图创建

9.2.1 布局工具

在绘图模式中的"布局"选项卡(如图 9-5 所示)主要具有如下功能。

(1) 文　档

绘图模型:管理绘图模型,用于添加、删除及设置绘图模型等。

页面:可添加新页面、重命名页面、删除页面、移动或复制页面、选取多个或所有页面、更新页面和更改页面设置。

(2) 模型视图

创建模型的一般视图、投影视图、辅助视图、详细视图、旋转视图及截面视图等。

(3) 线造型

用于修改与任意选定视图中绘图项目的线造型关联的以下元素:图线种类、字体宽度及颜色等。

(4) 插　入

叠加:可将选定的视图或某一绘图的整个页面叠加到当前绘图页面上。

插入对象:插入外部应用程序创建的外部文件到绘图页面。

导入绘图/数据:将外部数据插入到绘图页面中。

图 9-5 "布局"选项卡

9.2.2 创建一般视图

一般视图是工程图中所创建的第一个视图,只有生成第一个一般视图,"视图类型"对话框中的"视图类型"中的其他选项方可显示,因此一般视图可作为投影视图和其他导出视图的父项视图。一般视图可以是主视图、后视图、左视图、右视图、俯视图、仰视图,还可以是等轴测、斜轴测视图或者是自己定义视角的视图等,也可作为标准三视图的主视图。Pro/DETAIL 与国家图样表达标准对应表如表 9-1 所列。

表 9-1　Pro/DETAIL 与国家图样表达标准对应表

序号	Pro/DETAIL	国家图样表达标准
1	一般视图 (全视图、半视图、局部视图、破断视图)	基本视图 (主视图、后视图、左视图、右视图、俯视图、仰视图)
2	投影视图	基本视图 (后视图、左视图、右视图、俯视图、仰视图)
3	辅助视图	向视图
4	详细视图	局部放大视图
5	旋转视图	断面图
6	2D 截面视图(完全)	全剖视图(斜剖视图、阶梯剖视图)
7	2D 截面视图(一半)	半剖视图(斜剖视图、阶梯剖视图)
8	2D 截面视图(局部)	局部剖视图(斜剖视图、阶梯剖视图)
9	2D 截面视图(展开、全部展开、全部对齐)	旋转剖视图
10	3D 截面视图 单个零件曲面截面视图	3D 剖视图 向视图

创建一般视图的步骤如下:

① 选择系统主菜单中的"文件"→"新建"命令,系统弹出"新建"对话框。选择"绘图"类型选项,输入工程图名称或使用缺省名称,取消"使用缺省模板"复选框,单击"确定"按钮,弹出"新建绘图"对话框。单击"浏览"按钮添加模型(如果系统绘图前已打开零件或组件,则不需添加模型使用默认即可),使用某一模板,单击"确定"按钮,进入 Pro/ENGINEER 工程图模式。

② 单击"布局"下滑面板中的"一般视图创建"按钮 ,选择绘图区中一个放置位置单击左键,绘图区显示着色 3D 模型,随即弹出"绘图视图"对话框,如图 9-6 所示。

③ 在"绘图视图"对话框中,逐一设置视图类型、可见区域、比例、截面、视图显示与原点等。

在"视图类型"类别中,可以设置视图名称、改变视图类型、设置视图方向和设置视图属性等。

在"可见区域"类别中,可以选择视图可见性类型、Z 方向修剪等。

在"比例"类别中,可以定制比例、创建透视图等。

在"截面"类别中,可以创建 2D 剖面、3D 剖面以及设置单个零件曲面剖面等。

在"视图状态"类别中,可以定义组件的分解视图和简化组件视图的表示。

在"视图显示"类别中,可以控制视图线型、相切边、剖面线等的显示状态。

在"原点"类别中,可以指定视图原点所在的位置。

在"对齐"类别中,可以通过对齐参照,实现视图与其他视图对齐的操作。

图 9-6 "绘图视图"对话框

9.2.3 创建投影视图

创建投影视图的一般步骤如下所述。
① 创建一般视图作为主视图。
② 单击"布局"下滑面板中的"投影视图创建"按钮 ,选取某一主视图,将鼠标移至适当位置,单击左键放置投影视图。也可以选中主视图(视图由矩形虚线框显示)并右击,在弹出的快捷菜单中选择"插入投影视图"命令来创建投影视图。
应当注意的是,如果绘图区只有一个主视图,系统将默认该视图为投影视图的父项视图。
③ 双击所创建的投影视图,可弹出"绘图视图"对话框。设置投影视图的绘图选项,如添加投影箭头,通过"对齐"类别取消投影视图与其父项视图的对齐等。

9.2.4 创建辅助视图

创建辅助视图的一般步骤如下:
① 创建一般视图作为主视图。
② 单击"布局"下滑面板中的"辅助视图创建"按钮 ,选取主视图的边、轴或者基准平面,将鼠标移至适当位置,单击左键放置辅助视图。应当注意的是,如果绘图区只有一个一般视图,系统将默认该视图为投影视图的父项。
③ 双击所创建的辅助视图,可弹出"绘图视图"对话框,设置辅助视图的绘图选项。

9.2.5 创建详细视图

创建详细视图的一般步骤如下所述。
① 创建一般视图、投影视图或其他视图作为主视图。

② 单击"布局"下滑面板中的"详细视图创建"按钮 详细(D)... ，选取主视图的边上某一参考点，并以此点为中心参照，绘制环形的且内部不相交的样条曲线，作为详细视图的轮廓曲线，绘制完成后单击中键封闭曲线，将鼠标移至适当位置，单击左键放置详细视图。

③ 双击所创建的详细视图，系统弹出"绘图视图"对话框，设置详细视图的绘图选项，并可以在详细视图属性中修改边界类型，来大致定义父项主视图上的样条曲线的边界。

9.2.6 创建旋转视图

创建旋转视图的一般步骤如下所述。

① 创建一般视图、投影视图或其他视图作为主视图。

② 单击"布局"下滑面板中的"旋转视图创建"按钮 旋转(R)... ，选取一个位置，作为旋转视图的放置中心，系统弹出"绘图视图"对话框，如图9-7(a)所示。如果主视图已经存在剖截面，在"旋转视图属性"的"截面"中将自动默认选取该截面。如果主视图不存在剖截面，单击"创建新…"按钮，系统弹出"剖截面创建"菜单管理器，如图9-7(b)所示。单击"完成"命令，系统弹出"输入剖面名"消息框，如图9-7(c)所示。输入剖面名称，单击 ✓ 按钮，系统弹出"设置平面"菜单管理器和"选取"对话框，如图9-7(d)所示，在主视图上选取剖面。

(a) "绘图视图"对话框

(b) "剖截面创建"菜单管理器

(c) "输入剖面名"消息框

(d) "设置平面"菜单管理器和"选取"对话框

图9-7 创建旋转视图

③ 双击所创建的旋转视图,系统弹出"绘图视图"对话框,设置旋转视图的绘图选项。

9.2.7 创建截面视图

1. 创建 2D 截面视图

创建 2D 截面视图的一般步骤如下所述。
① 创建一般视图、投影视图或其他视图作为主视图。
② 双击所创建的主视图,系统弹出"绘图视图"对话框,如图 9-8 所示。选择"截面"类别,选择"剖面选项"中的"2D 剖面"选项。单击 按钮,在"名称"中可选择剖面,或者单击"创建新…"按钮,创建新的剖面;单击 按钮可从视图中移除剖面;单击 按钮,可改变视图方向。

图 9-8 "绘图视图"对话框

③ 设置剖面类型。在"剖切区域"中有以下不同剖切类型。
完全:创建全剖视图。
一半:创建半剖视图。
局部:创建局部剖视图。
全部(展开):创建全剖视图,且显示绕某一轴的展开区域的剖面。
全部(对齐):创建全剖视图,且显示一般视图的全部展开的剖面。
④ 选取"模型边可见性",可设置视图以下显示方式。
全部:显示剖截面时,显示模型的可见边。
区域:仅显示剖截面,不显示模型几何。
⑤ 在"绘图视图"对话框中设置截面视图的绘图选项,单击"确定"按钮完成。

2. 创建 3D 截面视图

① 创建一般视图、投影视图或其他视图作为主视图。
② 双击所创建的主视图,系统弹出"绘图视图"对话框。选择"截面"类别,选择"3D 剖面"选项,选取已经在"视图管理器"中创建好的 X 剖面。
③ 在"绘图视图"对话框中设置截面视图的绘图选项,单击"确定"按钮完成。

3. 创建单个零件面截面视图

① 创建一般视图、投影视图或其他视图作为主视图。

② 双击所创建的主视图,系统弹出"绘图视图"对话框。选择"截面"类别,选择"单个零件曲面"选项,并选取相应的模型曲面。

③ 在"绘图视图"对话框中设置截面视图的绘图选项,单击"确定"按钮完成。

9.2.8 视图编辑

(1) 修改视图

选取将要修改的视图,单击鼠标左键,视图四周出现虚线矩形框,表明选中视图,双击左键,系统弹出"绘图视图"对话框(或单击鼠标右键,从系统弹出的快捷菜单中选择"属性"命令)。在其不同类别中,可以进行相应的视图名称、比例、视图方向等修改。

(2) 移动视图

选取将要移动的视图,单击鼠标左键,视图四周出现虚线矩形框和移动符号,表明选中视图。然后单击鼠标右键,从系统弹出的快捷菜单中选择"锁定视图移动"命令可锁定视图不能移动,或解除锁定可以移动。移动方法是出现移动符号,按住左键移动到合适位置即可。但必须注意父项视图和子项视图的位置相对关系的变更。

如果在弹出的快捷菜单中选择"移动特殊"命令,则可进行视图的特殊移动,如图 9-9 所示。

图 9-9 视图特殊移动

: 移动视图至相应的 X 和 Y 坐标值处。

: 移动视图至相对于 X 和 Y 偏移距离值处。

: 移动视图至指定的参考点上。

: 移动视图至指定的参照顶点上。

(3) 转换为绘制图元

工程图模块所创建的视图都是与 3D 模型数据相关,3D 模型的数据变更将很快体现至视图当中。如果将视图转换为绘制图元,视图将失去与 3D 模型的数据相关性。

单击布局下滑面板中的按钮 ,可将视图转换为绘制(草绘)图元。

(4) 复制与对齐视图

单击布局下滑面板中方的"复制与对齐视图"按钮,可从绘图区复制并对齐视图。

(5) 删除、拭除和恢复视图

选取将要删除的视图,单击鼠标左键,视图四周出现虚线矩形框和移动符号,表明选中视图。单击鼠标右键,从系统弹出的快捷菜单中选择"删除"命令,即可删除视图。

单击布局下滑面板中的拭除视图或恢复视图按钮,可从绘图区拭除或恢复选中的视图。

9.3 Pro/DETAIL 工程图标注

9.3.1 标注工具

在绘图模式中,单击"注释"标签,系统弹出"注释"选项卡,如图 9-10 所示。其主要功能是创建绘图的标注,现介绍如下。

图 9-10 注 释

1. 删 除

① 移除全部角拐:移除绘图中的全部角拐标注。

② 移除全部断点:移除绘图中的全部断点。

③ 删除:删除选定项目。

2. 参 数

① 切换尺寸:在模型尺寸名称和尺寸值之间进行切换。

② 小数位数:修改标注尺寸的小数位数。

3. 插 入

① 显示模型注释:系统自动显示模型的相关注释,如图 9-11 所示。

② 插入模型注释:通过注释工具进行模型标注。

图 9-11 显示模型注释

4. 排 列

对绘图中所创建的注释进行相应编辑。

5. 格式化

对绘图"文本样式"、"箭头样式"等进行设置。

标注工具如表 9-2 所列

表 9-2 标注工具

图标	功能	图标	功能
	使用新参照创建尺寸		创建纵坐标参照尺寸
	使用公共参照创建尺寸		自动创建纵坐标参照尺寸
	创建注释		在尺寸延伸线、引线、视图箭头、轴线或 2D 图元间插入断点
	创建表面粗糙度		
	使用新参照创建参照尺寸		创建半径尺寸
	使用公共参照创建参照尺寸		创建球标注释
	插入引线或尺寸界线的角拐		从标准调色板插入符号实例
	创建纵坐标尺寸		创建坐标尺寸
	自动创建纵坐标尺寸		草绘基准平面
	创建几何公差		草绘基准轴
	插入绘图符号的定制实例		草绘基准点
	创建模型基准平面		创建轴对称线
	创建模型基准轴		创建实际尺寸注释

9.3.2 创建尺寸

在工程图模式中,创建元件或组件的尺寸的步骤如下所述。

① 单击"注释"选项卡中的"插入"按钮。

② 打开"依附类型"菜单管理器,如图 9-12 所示。选择依附类型其中一项,以放置尺寸线及尺寸界线。

③ 在绘图尺寸标注处,按照不同的依附类型选项,进行设置。若弹出"尺寸方向"菜单管理器,如图 9-13 所示,选择尺寸放置方向。

④ 单击鼠标中键,放置尺寸值至合理位置,拖动尺寸可更新放置位置,完成尺寸创建。

图 9-12 "依附类型"菜单管理器　　图 9-13 "尺寸方向"菜单管理器

下面介绍尺寸标注的依附类型选项。
- 图元上：根据创建常规尺寸的规则，将该尺寸附着在图元的拾取点处。
- 在曲面上：将尺寸附着到所选的曲面上。
- 中点：将尺寸附着到所选图元的中点。
- 中心：将尺寸附着到圆边的中心。圆边包括圆几何（孔、倒圆角、曲线、曲面等）和圆形草绘图元。如果选择的是非圆形图元，则采用与选择"图元上"的操作相同的方式，将尺寸附着在该图元上。
- 求交：将尺寸附着到所选两个图元的最近交点处。
- 做线：参照当前模型视图方向的 x 和 y 轴。

9.3.3 创建注释

单击"注释"选项卡中的"插入"按钮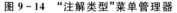，打开"注解类型"菜单管理器，如图 9-14 所示。可以辅助定义注释的起始点或终点，如图 9-15 所示。

图 9-14 "注解类型"菜单管理器　　图 9-15 "获得点"菜单管理器

9.3.4 尺寸公差

1. 显示尺寸公差的设置

选择系统主菜单中的"文件"→"绘图选项"命令，打开"选项"对话框。将"tol_display"的选项值设置为 yes，以显示尺寸公差。

2. 公差标准的设置

选择系统主菜单中的"文件"→"公差标准"命令,打开"公差设置"菜单管理器。选择"ASNI 或 ISO/DIN"作为公差显示标准,系统默认的是 ANSI 标准。

3. 编辑尺寸公差

选择需修改公差的尺寸并右击,弹出的快捷菜单中选择"属性"命令,或者直接双击需要修改公差的尺寸,弹出"属性"对话框,如图 9-16 所示。可在其中进行尺寸值、公差模式、格式、显示及文本样式的编辑。

图 9-16 "属性"选项卡

公差模式有以下几种选项:
① 公称:尺寸以公称尺寸形式显示。
② 限制极限:尺寸以最大和最小极限尺寸形式显示。
③ 加-减:尺寸以带有上、下偏差数值的公称尺寸的形式显示。
④ +-对称:尺寸以公称尺寸加上正负号及偏差数值的形式显示。

9.3.5 几何公差

Pro/ENGINEER 中几何公差是指零件经过加工产生的形状与位置误差,即形位公差。

单击"注释"选项卡中的插入按钮 ,打开"几何公差"对话框,如图 9-17 所示。从中可进行模型几何公差的标注。

模型参照:指定要在其中添加几何公差的模型和参照图元,以及几何公差的放置。
基准参照:指定几何公差的参照基准和材料条件,以及复合公差的值及参照基准。
公差值:指定公差值和材料条件。
符号:指定几何公差的符号及投影公差区域或轮廓边界。
附加文本:添加注释的文本。
基准面创建方法:单击"注释"选项卡中的插入按钮 ,打开"基准"对话框。输入其名称,

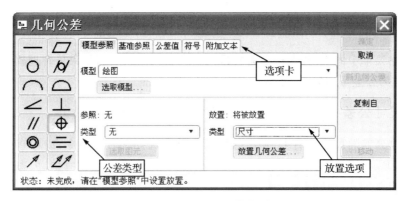

图 9-17 "几何公差"对话框

并定义基准平面,设置类型及放置方式,即可完成基准面的创建。

基准轴创建方法:单击"注释"选项卡中的插入按钮 ,打开"轴"对话框。输入其名称并定义基准轴,设置类型及放置方式,即可完成基准轴的创建。

9.3.6 表面粗糙度

单击"注释"选项卡中的插入按钮 ,打开"注释类型"菜单管理器,可以定义模型的表面粗糙度特征。

表面粗糙度的创建步骤如下:

① 选择系统主菜单中的"插入"→"表面粗糙度"命令,弹出"得到符号"菜单管理器,如图 9-18 所示。

名称:从名称列表中选择符号名称。

选出实例:选择当前视图中的表面粗糙度符号作为符号类型。

检索:直接选择表面粗糙度符号所在的文件及其路径。

② 打开"打开"对话框,在文件目录中选择所需要的符号。

③ 弹出"实例依附"菜单管理器,如图 9-19 所示。按如下选项选取图元并放置符号:

引线:使用引线连接符号。

图元:将实例连接至图元上。

法向:连接垂直图元的实例。

无引线:放置不带引线的实例并与图分离。

偏移:放置与图元相关的无引线实例。

图 9-18 "得到符号"菜单管理器   图 9-19 "实例依附"菜单管理器

9.4 Pro/DETAIL 工程图高级应用

9.4.1 草 绘

下面介绍绘图模式中的参数化草绘。

单击绘图模式中的"草绘"标签,系统弹出"草绘"选项卡,如图 9-20 所示。其具体功能和操作介绍如下:

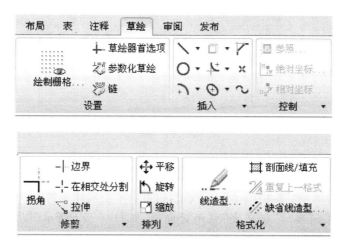

图 9-20 绘 图

(1)"设置"选项

① 绘制栅格:设置草绘栅格。
② 草绘器首选项:设置草绘捕捉环境。
③ 参数化草绘:启动参数化草绘参照。
④ 链:启用草绘链。

(2)"插入"选项

在"插入"选项中可通过"捕捉参照"创建线、圆、倒角、倒圆角、点、椭圆、圆弧及样条曲线,也可使用已存在的图元作为参照通过"使用边"、"偏移边"及"断点"工具创建草绘图元。具体的创建方法与 Pro/ENGINEER 草绘模式中创建草绘图元相同。

(3)"控制"选项

在创建草绘图元时,通过"参照"、"绝对坐标"、"相对坐标"指定参照图元或者参照点。

(4)"修剪"选项

对所创建的草绘图元进行修剪编辑。

(5)"排列"选项

对所创建的草绘图元进行平移、缩放、旋转、镜像及平移复制、旋转复制等编辑。

(6)"格式化"选项

对所创建的草绘图元的线性进行设置,以及填充或添加剖面线。

9.4.2 表　格

在绘图模式中单击"表"标签，系统弹出"表"选项卡，如图 9-21 所示。

图 9-21　表

创建绘图表的具体步骤如下：

① 打开绘图。

② 在"表"选项卡的"表"组中单击"表"按钮，也可以单击鼠标右键，并在弹出的快捷菜单上选择"创建表"命令，系统显示"创建表"菜单管理器，如图 9-22 所示。从中可进行表创建的设置。

图 9-22　"创建表"菜单管理器

③ 完成设置后，在绘图区进行表格的创建。

9.4.3 发　布

使用"发布"选项可打印、出图、配置、保存或导出绘图。可将绘图发布为打印或出图文件、PDF 文件或外部数据文件。

单击绘图模式中的"发布"标签,系统弹出"发布"选项卡,如图9-23所示。其具体功能和操作介绍如下。

图 9-23 "发布"选项卡

(1) 页面设置

在"发布"选项卡中选择"设置"选项,系统弹出"打印机配置"对话框,可进行打印的设置。其中打印的类型如下所述。

① MS Printer Manager:使用操作系统安装的打印机直接打印工程图。

② 屏幕:在屏幕中显示工程图。

③ 普通模型 Postscript:为绘图仪或激光打印机生成 Postscript data 图形并打印。

④ 普通模型彩色 Postscript:为绘图仪或激光打印机生成 Postscript data 图形并彩色打印。

同时也可以在"页面"、"打印机"以及"模型"选项中对打印进行相应的设置。

(2) 输出格式

系统支持的外部数据文件格式有 Medusa、DWG、CGM、DXF、IGES、Stheno、TIFF、PDF、STEP 和 SET 等。输出的文件格式类型如表 9-3 所列。可以根据需要输出不同的文件格式,其中对于"DWG"、"CGM"、"DXF"、"IGES"和"PDF"选项,可单击"设置"按钮,系统弹出相应的"DWG 导出环境"、"导出 CGM"、"DXF 导出环境"、"IGES 导出环境"及"PDF 导出设置"对话框,可分别进行打印输出细节设置。

表 9-3 打印输出的文件格式类型

类 型	功 能
Medusa	生成 Medusa 文件的输出
DWG	使用"DWG 导出环境"对话框配置,生成 DWG 文件输出
CGM	使用"导出 CGM"对话框配置,生成 CGM 文件输出
DXF	使用"DXF 导出环境"对话框配置,生成 DXF 文件输出
IGES	使用"IGES 导出环境"对话框配置,生成 IGES 文件输出
Stheno	生成 Stheno 文件的输出
TIFF	生成 TIFF 文件的输出
PDF	使用"PDF 导出设置"对话框配置,生成 PDF 文件输出
STEP	生成 STEP 文件输出
SET	生成 SET 文件输出

(3) 打印步骤

① 单击"设置"按钮,进行必要的配置。

② 选择需要生成文件的相应选项,或单击"设置"按钮,对其进行必要的配置。

③ 单击"预览"按钮生成打印预览,然后单击"打印"按钮进行打印。

9.5 工程图设计工程实例

(1) 设置工作目录

选择系统主菜单中的"文件"→"设置工作目录"命令,系统弹出"选取工作目录"对话框。选取"…\chapter9-4\unfinish"作为文件工作目录,单击"确定"按钮。打开上盖文件"cover.prt",如图9-24所示。

图 9-24 上盖模型

(2) 新建绘图

选择系统主菜单中的"文件"→"新建"命令,系统弹出"新建"对话框,如图9-25所示。选择"绘图"类型,取消"使用缺省模板"复选框,输入名称"cover",单击"确定"按钮,系统弹出"新建绘图"对话框。选择"cover.prt"模型,分别选择"指定模板"为"空"、"方向"为"横向"、"标准大小"为"A3"选项,单击"确定"按钮,进入绘图模式。

(a) "新建"对话框   (b) "新建绘图"对话框

图 9-25 新建绘图文件

(3) 设置绘图选项

选择系统主菜单中的"文件"→"绘图选项"命令,系统弹出"选项"对话框,如图9-26所示。

单击,系统弹出"打开"对话框,选择符合国际标准的活动绘图文件"drawing.dtl",单击"应用"→"确定"按钮,完成绘图选项的设置。

图 9-26 设置绘图选项

(4) 创建主视图

① 单击"布局"下滑面板中的"一般视图创建"按钮,选择绘图区中一个放置位置,单击左键,绘图区显示 3D 着色模型,随即弹出"绘图视图"对话框。

② 在"视图类型"类别中,设置视图方向为"FRONT",单击"确定"按钮。在"比例"类别中,定制比例为"1",单击"确定"按钮。在"视图显示"类别中,设置显示样式为"消隐",相切边显示样式为"无",单击"应用"和"关闭"按钮,完成主视图的设置,如图 9-27 所示。

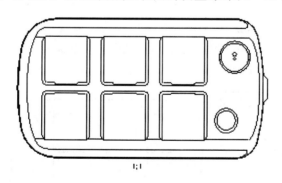

图 9-27 创建视图 1

③ 单击所创建的主视图,系统弹出快捷菜单,选择"锁定视图移动"命令,把视图移至合适位置,再选择"锁定视图移动"命令,以锁定视图移动。

(5) 创建投影视图

① 单击所创建的视图 1,系统弹出快捷菜单,选择"插入投影视图"命令,创建水平方向的投影视图,注意鼠标移至视图 1 左边,双击所创建的投影视图 1,系统弹出"绘图视图"对话框。

② 在"视图显示"类别中,设置显示样式为"消隐",设置相切边显示样式为"无"。单击"应用"和"关闭"按钮,完成视图的设置。创建的投影视图如图 9-28 所示。

③ 单击所创建的投影视图 1,系统弹出快捷菜单,选择"锁定视图移动"命令,把视图移至合

适位置,再选择"锁定视图移动"命令,以锁定视图移动。

④ 同上创建垂直方向的投影视图 2,如图 9-28 所示。

⑤ 同上创建投影视图 2 的投影视图 3,如图 9-28 所示。

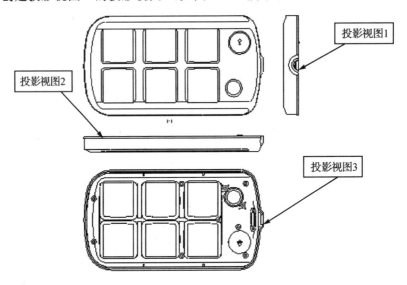

图 9-28 创建投影视图

(6) 创建辅助视图 1

① 单击"布局"下滑面板中的"辅助视图创建"按钮 ![辅助(A)...]，如图 9-29(a)所示,单击左键分别选择视图 1 的边,并移至适当位置,单击左键放置辅助视图。分别双击所创建的辅助视图,系统弹出"绘图视图"对话框。

② 在"视图类型"类别中,设置"显示样式"为"消隐",设置"相切边显示样式"为"无",单击"确定"按钮,设置"视图类型"中的视图名为"A",投影箭头设置为"单一",单击"确定"按钮。创建的辅助视图 1 如图 9-29(b)所示。

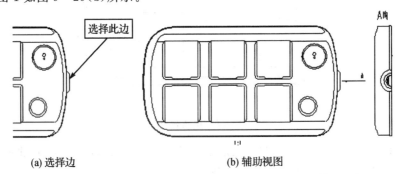

(a) 选择边　　　　　　(b) 辅助视图

图 9-29 创建辅助视图

③ 移动辅助视图的视图方向箭头和视图名称,以放置合适的位置。

(7) 创建剖视图

① 双击步骤 5 所创建的投影视图 1,系统弹出"绘图视图"对话框。选择"截面"类别,选择"2D 截面"选项。单击 ![+] 按钮,单击"创建新…"创建新的剖面,系统显示"剖截面创建"菜单管理器,选择"完成"命令,在消息提示栏中输入剖面名称"B",显示绘图的基准平面特征,选择主

视图中的"DTM1"基准平面,关闭绘图视图,完成剖视图的创建,如图9-30(a)所示。

② 选中B-B剖视图并右击,在弹出的快捷菜单中选择"添加箭头"命令,再选中主视图,将在主视图上显示剖切方向线和箭头。

③ 双击所创建的投影视图2,系统弹出"绘图视图"对话框。选择"截面"类别,选择"剖面选项"中的"2D剖面"选项。单击 按钮,系统弹出"剖切面创建"菜单管理器,选择菜单中的"剖截面创建/偏移/双侧/单一/完成"命令,系统弹出"输入剖面名"消息框,输入剖面名称"C",单击 按钮。

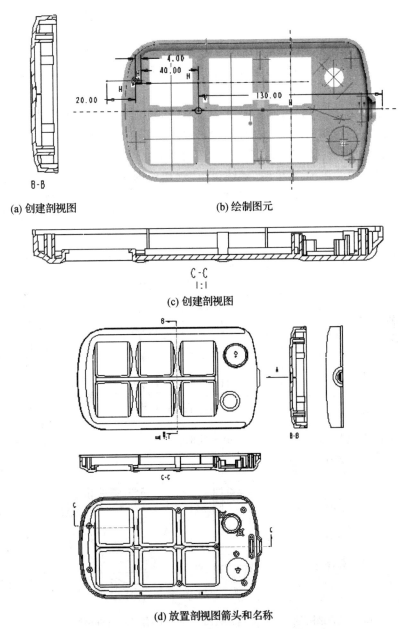

(a) 创建剖视图　　(b) 绘制图元

(c) 创建剖视图

(d) 放置剖视图箭头和名称

图9-30　创建剖视图

④ 系统弹出"设置草绘平面"菜单管理器,显示"设置平面"菜单,并返回至零件打开的窗口,选择"FRONT"基准平面作为草绘平面,使用默认相反方向和缺省参照,进入草绘界面,如图9-30(b)所示绘制图元。完成后返回"绘图视图",在"剖切区域"中选择"完全",单击"确定"/"关闭"按钮,完成剖视图的创建,如图9-30(c)所示。

工程点拨:草绘剖切面图元时,可以在模型树中取消隐藏特征,选择需要的草绘参照。

⑤ 选中C-C剖视图并右击,弹出快捷菜单,选择"添加箭头"命令,再选中投影视图3,将在投影视图3上显示剖切方向线和箭头。

⑥ 移动剖视图箭头和名称,以放置合适的位置,如图9-30(d)所示。

(8) 创建局部放大视图

① 右击所创建的投影视图3,在弹出的快捷菜单中选择"插入投影视图"命令,创建水平方向的投影视图。注意鼠标移至视图1右边,双击所创建的投影视图4,系统弹出"绘图视图"对话框。

② 在"视图显示"类别中,设置显示样式为"消隐",设置相切边显示样式为"无"。单击"应用"和"关闭"按钮,完成视图的设置。创建的投影视图如图9-31(a)所示。

③ 双击所创建的投影视图2,系统弹出"绘图视图"对话框。选择"截面"类别,选择"剖面选项"中的"2D剖面"选项。单击 ➕ 按钮,系统弹出"剖切面创建"菜单管理器,选择菜单中的"剖截面创建/偏移/双侧/单一/完成"命令,系统弹出"输入剖面名"消息框,输入剖面名称"D",单击 ✓ 按钮。

④ 系统弹出"设置草绘平面"菜单管理器,显示"设置平面"菜单,并返回至零件打开的窗口。选择"FRONT"基准平面作为草绘平面,使用默认相反方向和缺省参照,进入草绘界面,如

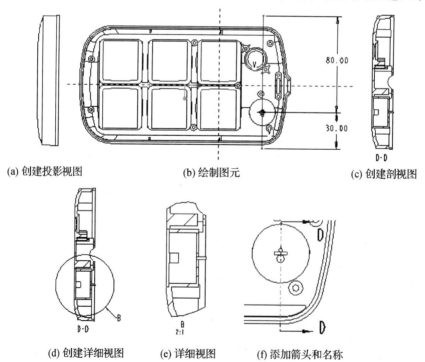

(a) 创建投影视图　　(b) 绘制图元　　(c) 创建剖视图

(d) 创建详细视图　　(e) 详细视图　　(f) 添加箭头和名称

图 9-31　创建局部放大视图

图 9-31(b)所示绘制图元。完成后返回"绘图视图",在"剖切区域"中选择"完全",单击"确定"/"关闭"按钮,完成剖视图的创建,如图 9-31(c)所示。

⑤ 单击"布局"下滑面板中的"详细视图创建"按钮 详细(D)...,如图 9-31(d)所示,选取主视图的边上某一参考点,并以此点为中心参照,绘制环形的且内部不相交的样条曲线,作为详细视图的轮廓曲线,绘制完成后单击中键封闭曲线,将鼠标移至适当位置,单击左键放置详细视图。

⑥ 双击所创建的详细视图,系统弹出"绘图视图"对话框。设置详细视图的绘图选项,在"比例"类别中,定制比例为"4",单击"确定"与"关闭"按钮。创建的详细视图如图 9-31(e)所示。

⑦ 选中 D-D 剖视图,并右击,在弹出的快捷菜单中选择"添加箭头"命令,再选中投影视图3,将在投影视图3上显示剖切方向线和箭头。移动剖视图箭头和名称,以放置合适的位置,如图 9-31(f)所示。

(9) 创建辅助视图 2

① 单击"布局"下滑面板中的"辅助视图创建"按钮 辅助(A)...,单击左键选择投影视图 3 中的"DTM18"基准平面,并移至适当位置,单击左键放置辅助视图。

② 双击所创建的右视图,系统弹出"绘图视图"对话框。选择"截面"类别,选择"剖面选项"中的"2D 剖面"选项。单击 + 按钮,系统弹出"剖切面创建"菜单管理器,选择菜单中的"剖截面创建/平面/单一/完成"命令,系统弹出"输入剖面名"消息框,输入剖面名称"E",单击 ✓ 按钮,系统弹出"设置平面"菜单管理器和"选取"对话框,选取"DTM2"基准平面。在"剖切区域"中选择"完全",单击"确定"/"关闭"按钮,完成剖视图的创建,如图 9-32 所示。

③ 单击斜视图的剖面线,系统弹出"修改剖面线"菜单管理器,可设置该剖面线的角度为"90"、间距为"一半"。双击所创建的视图,系统弹出"绘图视图"对话框。选择"对齐"类别,取消"将此视图与其他视图对齐"复选框,完成辅助视图 2 的创建,如图 9-32 所示。

④ 选中 E-E 剖视图并右击,弹出的快捷菜单中选择"添加箭头"命令,再选中投影视图3,将在投影视图3上显示剖切方向线和箭头。移动剖视图箭头和名称,以放置合适的位置。

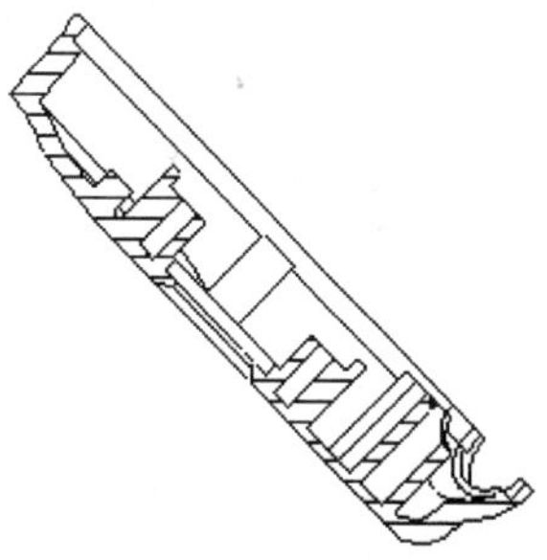

(10) 创建辅助视图 3

① 单击"布局"下滑面板中的"辅助视图创建"按钮 辅助(A)...,单击左键选择投影视图 3 中的"DTM18"基准平面,并移至适当位置,单击左键放置辅助视图。

图 9-32 创建辅助视图 2

② 双击所创建的右视图,系统弹出"绘图视图"对话框。选择"截面"类别,选择"剖面选项"中的"2D 剖面"选项。单击 + 按钮,系统弹出"剖切面创建"菜单管理器,选择菜单中的"剖截面创建/平面/单一/完成"命令,系统弹出"输入剖面名"消息框,输入剖面名称"F",单击 ✓ 按钮,系统弹出"设置平面"菜单管理器和"选取"对话框,选取"DTM3"基准平面。在"剖切区域"中选择"局部",如图 9-33(a)所示,在视图右侧选择中心点,绘制样条曲线作为视图边界,单击"确定"/"关闭"按钮,完成剖视图的创建。

③ 双击所创建的视图,系统弹出"绘图视图"对话框。设置"可见区域"中的视图可见性为

"局部视图",如图9-33(b)所示。选取视图的边上某一参考点,并以此点为中心参照,绘制环形的且内部不相交的样条曲线,作为辅助视图的轮廓曲线。绘制完成后单击中键封闭曲线,单击"应用"和"关闭"按钮,完成视图的设置。

④ 单击斜视图的剖面线,系统弹出"修改剖面线"菜单管理器。可设置该剖面线的角度为"120"、间距为"一半"。双击所创建的视图,系统弹出"绘图视图"对话框。选择"对齐"类别,取消"将此视图与其他视图对齐"复选框,完成辅助视图3的创建,如图9-33(c)所示。

⑤ 选中F-F剖视图并右击,在弹出的快捷菜单中,选择"添加箭头"命令,再选中投影视图3,将在投影视图3上显示剖切方向线和箭头。移动剖视图箭头和名称,以放置合适的位置,如图9-33(d)所示。

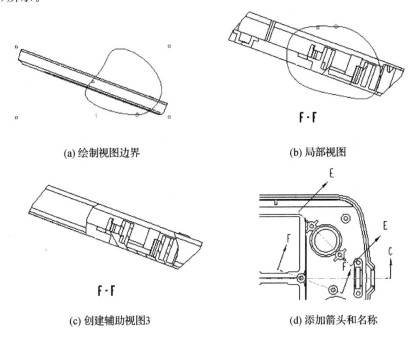

(a) 绘制视图边界　　(b) 局部视图

(c) 创建辅助视图3　　(d) 添加箭头和名称

图9-33　创建辅助视图3

(11) 参数化草绘

单击草绘下滑面板中的 按钮,系统弹出"捕捉参照"对话框。如图9-34(a)、图9-34(b)所示选择草绘参照,创建草绘图元,如图9-34(c)所示,作为模型的中心线,并右击所创建的草绘直线,在弹出的快捷菜单中选择"线造型"命令,系统弹出"线造型"对话框,设置线型为中心线。再完成其他中心线的创建,如图9-34(d)所示。

(12) 注释视图

① 在绘图模式中,选择"注释"命令,系统弹出"注释"下滑面板。

② 单击"注释"下滑面板中的"插入按钮" ,进行模型尺寸的手动标注,如图9-35(a)所示。

③ 单击"注释"下滑面板中的 按钮,进行表面粗糙度的标注。

④ 单击"注释"下滑面板中的 按钮,进行技术要求的标注,如图9-35(b)所示。

⑤ 选择视图中不需要的注释并右击,在弹出的快捷菜单中选中"删除"命令,将其删除。

工程点拨:显示尺寸公差值的方法:标注尺寸完毕,选择系统主菜单中的"文件"/"绘图选

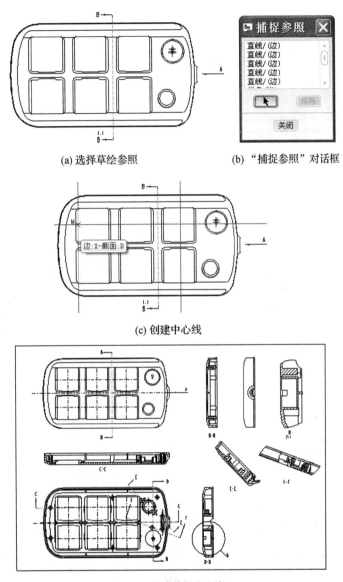

图 9-34　创建视图中心线

项"命令,系统打开"选项"对话框,设置"tol_display"的值为"yes",以显示尺寸公差。再返回到注释模式,双击需要设置公差值的尺寸,系统打开"尺寸属性"对话框,如图 9-36 所示。在"公差"选项,设置公差模式为加一减(或限制、+－对称、+－对称上标),输入公差值,即可完成公差的标注。

(13) 绘制标题栏

在绘图模式中单击"表"选项,系统弹出"表"下滑面板。单击"表"按钮,弹出"创建表"菜单管理器,选择"升序/左对齐/按字符数/选出点"→"确定表的右下角"→"标识第一列宽度"→"标识下一列宽度"命令,依次创建每行表格的高度和行数。通过合并表格并输入文字,创建的标题栏如图 9-37 所示。

(a) 手动标注模型尺寸

技术要求

1. 产品无明显缩水、熔接痕、气纹、杂色、拉花、顶白等注塑缺陷。
2. 未注脱模斜度为2°。
3. 未注尺寸公差从MT 4级公差中选取。

(b) 技术要求标注

图9-35 注释视图

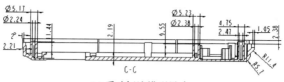

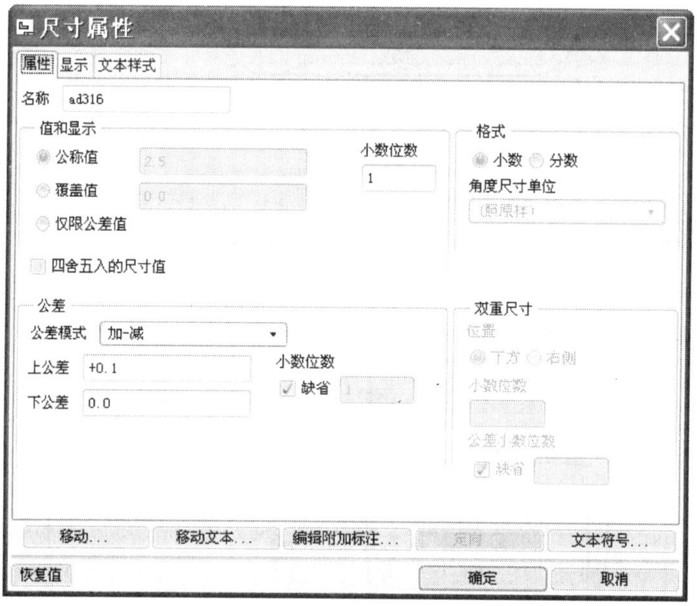

图9-36 设置尺寸属性

			页码		图幅	A3
设计		工艺		版本号		比例	1:1
校对		批准		名称	上盖		
审核		日期		材料	ABS		

图9-37 创建表

(14) 保存视图

最终完成的工程图如图9-38所示,保存文件并退出。

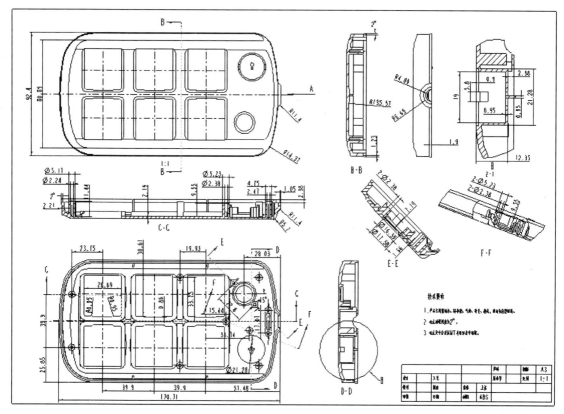

图 9-38 工程图

9.6 工程图设计工程实战

在 Pro/ENGINEER 系统进行如表 9-4 所列的产品工程图设计。

表 9-4 工程图设计项目

名　称	零件模型
电器塑件	
线　轮	
电流线圈骨架